썸유패스 Q PASS

지게차 운전기능사 필기

다락원아카데미 편

다락원

머리말

최근 건설 및 토목 등의 분양에서 각종 건설기계가 다양하게 사용되고 있습니다. 건설 산업현장에서 건설기계는 효율성이 매우 높기 때문에 국가산업 발전뿐만 아니라, 각종 해외 공사에서도 중요한 역할을 수행하고 있습니다. 이에 따라 건설 산업현장에는 건설기계 조종인력이 많이 필요하고 건설기계 조종 면허에 대한 효용가치도 높아졌습니다.

〈2024 원큐패스 지게차운전기능사 필기〉는 '빠른 시간 안에 지게차 운전 기능사 필기 시험'을 준비하는 수험생들이 지게차 운전에 대한 이론을 마스터하는 것에 중점을 두었습니다.

또한, 최근 지게차운전기능사 출제기준 및 시험형태(CBT 형식)가 변경되면서 기존과는 다르게 난이도 높은 문제가 출제되고 있는 현실을 감안하여, 이론 요약에 더욱 심혈을 기울였습니다.

〈 원큐패스 지게차운전기능사 필기 특징 〉

1. 핵심 이론 요약 정리
건설기계의 방대한 이론 중에서 출제기준에 부합하는 핵심만을 요약하여 상세한 일러스트와 함께 수록하였습니다.

2. 기출문제 분석에 따른 출제 예상 문제 수록
각 이론에 해당하는 출제 예상 문제는 기존 기출문제를 철저히 분석하여 출제 빈도가 높은 유형의 문제로 구성하였습니다.

3. CBT 기반 실전 모의고사 제공
CBT 시험과 유사하게 구성한 최종 마무리 실전 모의고사 3회를 수록하여 시험 직전 자신의 실력을 테스트할 수 있도록 하였으며, 별도로 CBT 모바일 모의고사 1회를 제공하여 모바일로 간편하게 모의고사를 풀어볼 수 있도록 구성하였습니다.

수험생 여러분들의 앞날에 합격의 기쁨과 발전이 있기를 기원하며, 이 책의 부족한 점은 여러분들의 조언으로 계속 수정, 보완할 것을 약속드립니다.

이 책에 대한 문의사항은
원큐패스 카페(**http://cafe.naver.com/1qpass**)로 하시면 친절히 답변해 드립니다.

시험안내

개요

건설 및 유통구조가 대형화되고 기계화됨에 따락 각종 건설공사, 항만 또는 생산작업 현장에서 지게차 등, 운반용 건설기계가 많이 사용되고 있습니다. 이에 따라 고성능기종의 운반용 건설기계의 개발과 더불어 지게차의 안전운행과 기계수명 연장 및 작업능률 재고를 위해 숙련기능 인력양성이 요구되고 있는 상황입니다.

수행직무

지게차를 사용하여 작업현장에서 화물을 적재 또는 하역하거나 운반하는 직무입니다.

진로 및 전망

주로 각종 건설업체, 건설기계 대여업체, 토목공사업체, 건설기계 제조업체, 금속제품 제조업체, 항만하역업체, 운송 및 창고업체, 시·도 건설사업소 등으로 진출할 수 있습니다.

운반용 건설기계는 건설 및 제조분야에서 주로 활용되지만 그 밖의 산업부문에서도 활용됩니다. 그렇기 때문에 건설, 제조업 및 산업전반의 경기변동에 민감하게 반응합니다. 건설부문의 경우 다른 업종에 비해 회복이 더딘 편이나 2000년대에 들어서면서 대규모 정부정책사업(고속철도, 신공항건설 등)의 활성화와 민간부문의 주택건설 증가, 경제발전에 따른 건설촉진 등에 의해 꾸준한 발전이 기대됩니다. 또한 수출부문도 빠른 회복세를 보임에 따라 항만하역 분야의 운반용 건설기계 운전인력의 증가가 기대됩니다. 동시에 유통구조의 기계화와 대형화에 따른 기능인력 수요도 늘어날 전망입니다.

취득방법

시행처 : 한국산업인력공단
관련학과 : 전문계 고등학교 등의 특수장비과 대학

시험과목
- 필기 : 지게차 주행, 화물적재, 운반, 하역, 안전관리
- 실기 : 지게차운전 작업 및 도로주행

검정방법
- 필기 : 객관식 4지 택일형 60문항(60분)
- 실기 : 작업형(10~30분 정도)

합격기준
- 필기 : 100점을 만점으로 하여 60점 이상
- 실기 : 100점을 만점으로 하여 60점 이상

시험수수료

- 필기 : 14,500원
- 실기 : 25,200원

시험일정

상시시험으로 자세한 일정은 Q-net(www.q-net.or.kr)에서 확인

출제경향

- 국가기술자격의 현장성과 활용성 제고를 위해 국가직무능력표준(NCS)를 기반으로 자격의 내용(시험과목, 출제기준 등)을 직무 중심으로 개편하여 시행
- 적용시기 2020.1.1.부터

필기

과목명 : 지게차 주행, 화물적재, 운반, 하역, 안전관리
필기 검정방법 : 객관식 4지 택일형 60문항
시험시간 : 1시간
주요항목

안전관리	1. 안전보호구 착용 및 안전장치 확인 2. 위험요소 확인 3. 안전운반 작업 4. 장비 안전관리
작업 전 점검	1. 외관점검 2. 누유·누수 확인 3. 계기판 점검 4. 마스트·체인 점검 5. 엔진시동 상태 점검
화물적재 및 하역작업	1. 화물의 무게중심 확인 2. 화물 하역작업
화물운반 작업	1. 전·후진 주행 2. 화물운반 작업
운전시야 확보	1. 운전시야 확보 2. 장비 및 주변상태 확인
작업 후 점검	1. 안전주차 2.연료 상태 점검 3. 외관점검 4. 작업 및 관리일지 작성
도로주행	1. 교통법규 준수 2. 안전운전 준수 3. 건설기계관리법
응급대처	1. 고장 시 응급처치 2. 교통사고 시 대처
장비구조	1. 엔진구조 2. 전기장치 3. 전·후진 주행장치 4. 유압장치 5. 작업장치

실기

과목명 : 지게차 운전작업 및 도로주행
실기 검정방법 : 작업형
시험시간 : 10~30분 정도
주요항목

안전관리	1. 안전보호구 착용 및 안전장치 확인 2. 위험요소 확인 3. 안전운반 작업 4. 장비 안전관리
작업 전 점검	1. 외관점검 2. 누유·누수 확인 3. 계기판 점검 4. 마스트·체인 점검 5. 엔진시동 상태 점검
화물 적재 및 하역작업	1. 화물의 무게중심 확인 2. 화물 적재 및 하역작업
화물운반 작업	1. 전·후진 주행 2. 화물운반 작업
운전시야 확보	1. 운전시야 확보 2. 장비 및 주변 상태 확인
작업 후 점검	1. 안전주차 2. 연료 및 충전 상태 점검 3. 외관점검 4. 작업 및 관리일지 작성
도로주행	1. 교통법규 준수 2. 안전운전 준수
응급대처	1. 고장 시 응급처치 2. 교통사고 시 대처

이 책의
구성

이론

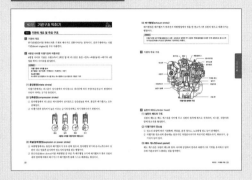

- 새롭게 변경된 출제기준에 맞추어 중요한 이론만을 간추려 핵심 요약 정리하였다.
- 반드시 암기하여야 할 개념만을 수록하였다.

출제 예상 문제

- 각 이론에 해당하는 출제 예상 문제를 수록하여 이론에 대한 이해도를 한층 높일 수 있도록 구성하였다.
- 기출문제의 철저한 분석을 통하여 출제 빈도가 높은 유형의 문제를 수록하였다.

최종 마무리 실전 모의고사 3회

- CBT 시험과 유사하게 구성하여 시험 직전 실제로 자신의 실력을 테스트해 볼 수 있도록 구성하였다.

CBT 모바일 모의고사 1회

- 최종 마무리 실전 모의고사와 별도로 간편하게 모바일로 모의고사에 응시할 수 있도록 CBT 모바일 모의고사를 수록하였다.

차례

[이론]

[부록]

제1편

지게차 구조

제1장 지게차의 작업 장치 익히기

01 지게차의 개요

지게차는 비교적 무거운 화물의 짧은 거리를 운반(100m 이내), 적재·적하작업을 하기 위한 건설기계로, 앞바퀴 구동, 뒷바퀴 조향방식을 사용한다.

지게차의 건설기계 범위는 타이어식으로 들어 올림 장치와 조종석을 가진 것으로 하며, 다만, 전동식으로 솔리드타이어를 부착한 것 중 도로가 아닌 장소에서만 운행하는 것은 제외한다(차량계 하역운반기계). 규격표시는 들어 올림 용량(ton)으로 한다.

02 동력원 형식에 따른 지게차의 분류

1 엔진을 탑재한 지게차

디젤엔진을 동력원으로 하는 지게차이며, 이동성능이 좋고 중량물 운반 작업에 사용된다.

2 전동 지게차(배터리 지게차)

축전지(Battery)를 동력원으로 하는 지게차이며, 소음이 없고, 공해물질 배출이 없어 주로 실내작업용으로 사용된다. 종류에는 카운터 웨이트형과 리치래그형이 있다.

(1) 카운터 웨이트형(counter weight type)

카운터 웨이트형은 엔진을 탑재한 지게차와 비슷한 구조로, 시트에 앉아서 작업하며, 뒤쪽에 평형추(카운터 웨이트)가 부착되어 있다.

(2) 리치 래그형(reach lag type)

리치 래그형은 서서 작업하며, 평형추가 없고 리치래그가 설치되어 있어 마스트를 앞뒤로 전진 및 후진시킬 수 있다. 주행을 할 때에는 페달을 밟고 주행레버를 앞으로 밀거나 또는 뒤쪽으로 당겨야 한다.

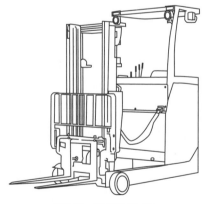

리치 래그형 전동 지게차

03 작업용도에 따른 지게차의 분류

하이 마스트 (High mast, 2단 마스트)	3단 마스트 (Triple stage mast)	로드 스태빌라이저 (Road stabilizer)
• 비교적 높은 위치의 작업에 적당하다. • 작업 공간을 최대한 활용할 수 있는 표준형 지게차이다.	• 마스트가 3단으로 되어있어 하이 마스트보다 높은 장소에서의 적재·적하 작업에 유리하다.	• 고르지 못한 노면이나 경사지 등에서 깨지기 쉬운 화물이나 불안전한 화물의 낙하를 방지하기 위해 포크 상단에 상하로 작동할 수 있는 압력판을 부착한 것이다.

스키드 포크 (Skid fork)	힌지드 버킷 (Hinged bucket)	힌지드 포크 (Hinged fork and bucket)
• 포크에 적재된 화물이 주행 중 또는 하역작업 중에 미끄러져 떨어지지 않도록 화물 위쪽을 지지할 수 있는 장치가 있다.	• 석탄, 소금, 비료, 모래 등 흘러내리기 쉬운 화물의 운반에 사용된다. • 작업을 할 때마다 질량이 다르기 때문에 질량을 확인한 후 사용해야 한다.	• 원목, 파이프 등의 운반 및 적재에 사용한다. • 포크의 하향 각도가 크므로 포크 끝부분이 지면에 닿지 않도록 주의해야 한다.

램 (Ram)	로테이팅 포크 (Rotating fork)	포크 포지셔너 (Fork positioner)
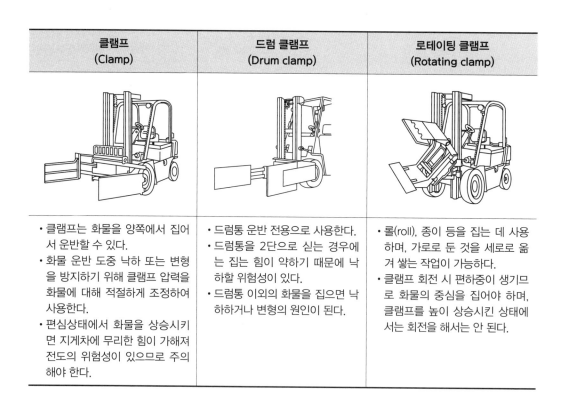		
• 원통형(코일 등)의 화물을 램에 끼워 운반할 때 사용한다. • 중량물을 취급할 때는 화물을 램의 뒷부분까지 삽입한 후 주행해야 한다. • 긴 화물을 취급할 때는 주변의 작업자나 설비에 접촉하지 않도록 주의하고, 선회할 때는 주행속도를 충분히 낮추어야 한다.	• 포크를 360°회전시킬 수 있어 박스 팔레트에 낱개 물품의 적재 및 적하 작업도 가능하다. • 포크를 급회전시키면 화물의 무게 변동에 의해 마스트가 비틀리거나 전도될 위험성이 있으므로 주의해야 한다.	• 레버 조작으로 포크 간격을 조절할 수 있어 팔레트나 화물의 폭이 고르지 않을 때 사용한다. • 포크를 한쪽으로 과도하게 이동시킨 상태로 작업을 해서는 안 된다.

클램프 (Clamp)	드럼 클램프 (Drum clamp)	로테이팅 클램프 (Rotating clamp)
• 클램프는 화물을 양쪽에서 집어서 운반할 수 있다. • 화물 운반 도중 낙하 또는 변형을 방지하기 위해 클램프 압력을 화물에 대해 적절하게 조정하여 사용한다. • 편심상태에서 화물을 상승시키면 지게차에 무리한 힘이 가해져 전도의 위험성이 있으므로 주의해야 한다.	• 드럼통 운반 전용으로 사용한다. • 드럼통을 2단으로 싣는 경우에는 집는 힘이 약하기 때문에 낙하할 위험성이 있다. • 드럼통 이외의 화물을 집으면 낙하하거나 변형의 원인이 된다.	• 롤(roll), 종이 등을 집는 데 사용하며, 가로로 둔 것을 세로로 옮겨 쌓는 작업이 가능하다. • 클램프 회전 시 편하중이 생기므로 화물의 중심을 집어야 하며, 클램프를 높이 상승시킨 상태에서는 회전을 해서는 안 된다.

롤 클램프 암 (Roll clamp with long arm)	푸시 풀 (Push pull)
• 긴 암(long arm)의 끝부분이 둥근(roll) 형태의 화물을 취급할 수 있도록 클램프 암이 설치된 것이다. • 컨테이너 안쪽 또는 지게차 포크가 닿지 않는 작업 범위에 있는 화물을 취급할 때 사용한다.	• 컨베이어 벨트에 있는 시멘트 자루, 쌀자루 등의 화물을 취급하는 작업장치이다. • 푸시풀을 앞쪽으로 내민 상태로 적재한 후 주행하면 불안정하여 위험하다. • 작업 후에는 푸시풀을 지게차의 중심으로 복귀시켜야 한다.

04 지게차 작업 장치의 구성

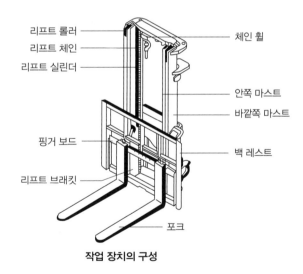

작업 장치의 구성

1 마스트(mast)

마스트는 백 레스트와 포크가 가이드 롤러(또는 리프트 롤러)를 통하여 상·하 미끄럼 운동을 할 수 있는 레일(rail)역할을 한다.

2 백 레스트(back rest)

백 레스트는 포크의 화물 뒤쪽을 받쳐주는 부분이다.

3 핑거 보드(finger board)

핑거 보드는 포크가 설치되는 부분으로 백 레스트에 지지되며, 리프트 체인의 한쪽 끝이 부착되어 있다.

4 리프트 체인(트랜스퍼 체인)

① 리프트 체인은 포크의 좌우수평 높이 조정 및 리프트 실린더와 함께 포크의 상하작용을 도와준다.

② 리프트 체인의 한쪽은 바깥쪽 마스터 스트랩에 고정되고 다른 한쪽은 로드의 상단 가로축의 스프로킷을 지나서 핑거보드에 고정된다.

5 포크(fork)

포크는 L자형의 2개로 되어 있으며, 핑거보드에 체결되어 화물을 받쳐 드는 부분이다. 포크의 간격은 팔레트 폭의 1/2~3/4 정도가 좋다.

6 포크 가이드(fork guide)

포크 가이드는 포크를 이용하여 다른 화물을 이동할 목적으로 사용하기 위한 기구이다.

7 조작 레버(control lever) – 리프트 레버(lift lever)의 작동

(1) 포크를 상승시킬 때

① 리프트 레버를 당기면 유압유가 리프트 실린더에 압송되므로 피스톤 로드가 팽창되어 포크가 상승한다.

② 포크에 중량물을 탑재한 경우에는 왼발로 인칭페달을 밟고, 오른발로 가속페달을 밟으면서 리프트 레버를 당긴다.

(2) 포크를 하강시킬 때

리프트 레버를 밀면 리프트 실린더 아래쪽 방의 유압유는 탱크로 복귀하며 포크와 화물의 자체 중량에 의해 내려간다.

8 조작 레버(control lever) – 틸트 레버(tilt lever)의 작동

(1) 마스트를 앞으로 기울일 때(전경)

틸트 레버를 앞으로 밀면 피스톤 로드가 팽창하면서 마스트가 앞으로 기울어진다.

(2) 마스트를 뒤로 기울일 때(후경)

틸트 레버를 뒤로 당기면 피스톤 로드가 수축되면서 마스트가 뒤로 기울어진다.

출제 예상 문제

01 지게차에 대한 설명으로 틀린 것은?

① 지게차는 화물을 운반하거나 하역작업을 한다.
② 지게차는 뒷바퀴 구동방식을 주로 사용한다.
③ 조향은 뒷바퀴로 한다.
④ 디젤기관을 주로 사용한다.

지게차는 앞바퀴 구동, 뒷바퀴 조향방식을 사용한다.

답 : ②

02 지게차의 특징이 아닌 것은?

① 앞바퀴 조향방식이다.
② 완충장치가 없다.
③ 기관은 뒤쪽에 설치되어 있다.
④ 틸트와 리프트 실린더가 있다.

답 : ①

03 지게차의 구성부품이 아닌 것은?

① 마스트   ② 블레이드
③ 평형추   ④ 틸트 실린더

지게차는 마스트, 백레스트, 핑거보드, 리프트 체인, 포크, 리프트 실린더, 틸트 실린더, 평형추(밸런스 웨이트) 등으로 구성되어 있다.

답 : ②

04 축전지와 전동기를 동력원으로 하는 지게차는?

① 전동지게차   ② 유압지게차
③ 기관지게차   ④ 수동지게차

전동지게차는 축전지와 전동기를 동력원으로 한다.

답 : ①

05 전동지게차의 동력전달 순서로 맞는 것은?

① 축전지→제어 기구→구동 모터→변속기→종감속 및 차동기어장치→뒷바퀴
② 축전지→구동 모터→제어 기구→변속기-종감속 및 차동기어장치→뒷바퀴
③ 축전지→제어 기구→구동 모터→변속기→종감속 및 차동기어장치→앞바퀴
④ 축전지→구동 모터→제어 기구→변속기→종감속 및 차동기어장치→앞바퀴

전동지게차의 동력전달 순서
축전지→제어 기구→구동 모터→변속기→종감속 및 차동기어장치→앞바퀴

답 : ③

06 작업용도에 따른 지게차의 종류가 아닌 것은?

① 로테이팅 클램프(rotating clamp)
② 곡면 포크(curved fork)
③ 로드 스태빌라이저(load stabilizer)
④ 힌지드 버킷(hinged bucket)

지게차 작업 장치에는 하이 마스트, 3단 마스트, 사이드 시프트 마스트 포크, 로드 스태빌라이저, 로테이팅 클램프, 블록 클램프, 힌지드 버킷, 힌지드 포크 등이 있다.

답 : ②

07 지게차의 작업 장치 중 깨지기 쉬운 화물이나 불안전한 화물의 낙하를 방지하기 위하여 포크 상단에 상하 작동할 수 있는 압력판을 부착한 형식은?

① 로드 스태빌라이저
② 힌지드 포크
③ 사이드 시프트 포크
④ 하이 마스트

로드 스태빌라이저는 깨지기 쉬운 화물이나 불안전한 화물의 낙하를 방지하기 위하여 포크 상단에 상하 작동할 수 있는 압력판을 부착한 지게차이다.

답 : ①

08 지게차를 작업용도에 따라 분류할 때 원추형 화물을 조이거나 회전시켜 운반 또는 적재하는 데 적합한 것은?

① 로드 스태빌라이저
② 로테이팅 클램프
③ 사이드 시프트 포크
④ 힌지드 버킷

로테이팅 클램프는 원추형 화물을 조이거나 회전시켜 운반 또는 적재하는 데 적합하다.

답 : ②

09 지게차의 작업 장치 중 석탄, 소금, 비료, 모래 등 비교적 흘러내리기 쉬운 화물 운반에 이용되는 작업 장치는?

① 블록 클램프
② 로테이팅 포크
③ 힌지드 버킷
④ 사이드 시프트 포크

힌지드 버킷은 석탄, 소금, 비료, 모래 등 흘러내리기 쉬운 화물의 운반용이다.

답 : ③

10 지게차의 작업 장치 중 둥근 목재나 파이프 등을 작업하는 데 적합한 것은?

① 힌지드 포크
② 사이드 시프트
③ 하이 마스트
④ 블록 클램프

힌지드 포크는 둥근 목재, 파이프 등의 화물을 운반 및 적재하는 데 적합하다.

답 : ①

11 지게차에서는 화물의 종류에 따라서 포크 대신 부속장치를 장착하여 사용할 수 있다. 이 부속장치에 속하지 않는 것은?

① 크레인
② 버킷
③ 디퍼
④ 램

답 : ①

12 지게차에서 사용하는 부속장치가 아닌 것은?

① 밸런스 웨이트
② 백레스트
③ 현가 스프링
④ 핑거 보드

답 : ③

13 지게차 마스트 어셈블리의 구성부품이 아
닌 것은?

① 리프트 체인   ② 오일펌프
③ 포크   ④ 핑거보드

답 : ②

14 지게차의 주된 구동방식은 어느 것인가?

① 전후구동   ② 중간차축 구동
③ 앞바퀴 구동   ④ 뒷바퀴 구동

지게차의 구동방식은 앞바퀴 구동이다.

답 : ③

15 지게차의 앞바퀴는 어느 곳에 설치되는가?

① 너클 암에 설치된다.
② 등속 조인트에 설치된다.
③ 섀클 핀에 설치된다.
④ 직접 프레임에 설치된다.

지게차의 앞바퀴는 직접 프레임에 설치된다.

답 : ④

16 지게차에서 하중을 지지하는 것은?

① 구동차축   ② 마스터 실린더
③ 차동장치   ④ 최종 구동장치

지게차에서 하중을 지지하는 것은 구동차축(앞 차축)
이다.

답 : ①

17 지게차의 작업 장치에 대한 설명으로 틀린
것은?

① 마스트(mast) : 상·하 미끄럼 운동을
할 수 있는 레일이다.
② 핑거 보드(finger board) : 포크가 설
치되며, 백 레스트에 지지되어 있다.
③ 백 레스트(back last) : 화물이 운전석
쪽으로 넘어지지 않도록 받쳐주는 부
분이다.
④ 리프트 체인(lift chain) : 포크의 상하
운동을 도와주고 한쪽 끝은 백 레스트
에, 다른 한쪽은 마스트 스트랩에 고
정된다.

리프트 체인은 한쪽은 바깥쪽 마스터 스트랩에 고정
되고 다른 한쪽은 로드의 상단 가로축의 스프로킷을
지나서 핑거보드에 고정된다.

답 : ④

18 지게차 작업 장치에 부착된 것이 아닌 것
은?

① 마스트(mast)
② 포크(fork)
③ 백 레스트(back rest)
④ 밸런스 웨이트(balance weight)

작업 장치는 마스트, 백 레스트, 핑거 보드, 리프트 체
인(트랜스퍼 체인), 포크로 구성되어 있다.

답 : ④

19 지게차의 마스트(mast)에 설치되어 있지
않은 것은?

① 조정밸브
② 틸트 실린더
③ 포크
④ 리프트 실린더

답 : ①

20 지게차의 체인길이는 무엇으로 조정하는가?

① 핑거보드 이너 레일을 이용하여
② 틸트 실린더 조정로드를 이용하여
③ 핑거 보드 롤러의 위치를 이용하여
④ 리프트 실린더 조정로드를 이용하여

체인길이는 핑거 보드 롤러의 위치를 이용하여 조절한다.

답 : ③

21 지게차 포크의 간격은 팔레트 폭의 어느 정도로 하는 것이 가장 적당한가?

① 팔레트 폭의 1/2~1/3
② 팔레트 폭의 1/3~2/3
③ 팔레트 폭의 1/2~2/3
④ 팔레트 폭의 1/2~3/4

포크의 간격은 팔레트 폭의 1/2~3/4 정도가 좋다.

답 : ④

22 토크컨버터를 장착한 지게차의 동력전달 순서로 맞는 것은?

① 기관→토크컨버터→변속기→앞 구동축→종 감속기어 및 차동장치→최종 감속기어→앞바퀴
② 기관→토크컨버터→변속기→종 감속기어 및 차동장치→앞 구동축→최종 감속기어→앞바퀴
③ 기관→변속기→토크컨버터→종 감속기어 및 차동장치→최종 감속기어→앞 구동축→앞바퀴
④ 기관→변속기→토크컨버터→종 감속기어 및 차동장치→앞 구동축→최종 감속기어→앞바퀴

토크컨버터를 장착한 지게차의 동력전달 순서
기관→토크컨버터→변속기→종 감속기어 및 차동장치→앞 구동축→최종 감속기어→앞바퀴

답 : ②

23 지게차 스프링 장치에 대한 설명으로 맞는 것은?

① 스프링 장치를 사용하지 않는다.
② 코일 스프링 장치를 사용한다.
③ 판스프링 장치를 사용한다.
④ 탠덤 드라이브 장치를 사용한다.

지게차에는 주행 중 완충작용을 하는 스프링 장치를 사용하지 않는다.

답 : ①

24 지게차가 자동차와 다르게 현가 스프링을 사용하지 않는 이유를 설명한 것으로 옳은 것은?

① 롤링이 생기면 화물이 떨어질 수 있기 때문에
② 현가장치가 있으면 조향이 어렵기 때문에
③ 화물에 충격을 줄여주기 위해
④ 앞차축이 구동축이기 때문에

지게차에서 현가 스프링을 사용하지 않는 이유는 롤링(좌우 진동)이 생기면 화물이 떨어지기 때문이다.

답 : ①

25 지게차의 뒷부분에 설치되어 있으며 포크에 화물을 실었을 때 차체가 앞쪽으로 기울어지는 것을 방지하기 위하여 설치되어 있는 것은?

① 변속기   ② 평형추
③ 기관   ④ 클러치

평형추(밸런스 웨이트)는 지게차의 뒷부분에 설치되어 있으며 포크에 화물을 실었을 때 차체가 앞쪽으로 기울어지는 것을 방지하기 위하여 설치한다.

답 : ②

26 지게차의 조종 레버 명칭이 아닌 것은?

① 리프트 레버   ② 틸트 레버
③ 전·후진 레버   ④ 밸브 레버

지게차의 조종레버에는 전·후진 레버, 리프트 레버, 틸트 레버가 있다.

답 : ④

27 지게차의 리프트 실린더에서 사용하는 유압 실린더의 형식으로 맞는 것은?

① 단동식   ② 복동식
③ 왕복식   ④ 틸트식

리프트 실린더는 포크가 상승할 때에만 유압이 작용하는 단동식이다.

답 : ①

28 지게차 리프트 실린더의 주된 역할은?

① 마스터를 틸트시킨다.
② 마스터를 하강 이동시킨다.
③ 포크를 상승·하강시킨다.
④ 포크를 앞뒤로 기울게 한다.

리프트 실린더(lift cylinder)는 포크를 상승·하강시키는 작용을 한다.

답 : ③

29 지게차 포크를 하강시키는 방법으로 가장 적합한 것은?

① 가속페달을 밟지 않고 리프트 레버를 뒤로 당긴다.
② 가속페달을 밟지 않고 리프트 레버를 앞으로 민다.
③ 가속페달을 밟고 리프트 레버를 앞으로 민다.
④ 가속페달을 밟고 리프트 레버를 뒤로 당긴다.

리프트 실린더는 포크를 상승시킬 때만 유압이 작동하는 단동형이므로 포크를 하강시킬 때에는 가속페달을 밟지 않고 리프트 레버를 앞으로 민다.

답 : ②

30 지게차의 리프트 레버 조작에 대한 설명 중 틀린 것은?

① 리프트 레버를 앞쪽으로 밀면 포크가 내려간다.
② 리프트 레버를 당기면 포크가 올라간다.
③ 포크를 상승시킬 때에는 가속페달을 밟아야 한다.
④ 포크를 하강시킬 때에는 가속페달을 밟아야 한다.

답 : ④

31 지게차의 리프트 실린더 작동회로에 사용되는 플로우 레귤레이터(슬로우 리턴)밸브의 역할은?

① 포크의 하강속도를 조절하여 포크가 천천히 내려오도록 한다.
② 포크가 상승하다가 리프트 실린더 중간에서 정지 시 실린더 내부 누유를 방지한다.
③ 포크 상승 시 작동유의 압력을 높여준다.
④ 화물을 하강할 때 신속하게 내려오도록 한다.

리프트 실린더 작동회로에 플로우 레귤레이터(flow regulator ; 슬로우 리턴)밸브를 사용하는 이유는 포크를 천천히 하강시키도록 하기 위함이다.

답 : ①

32 지게차의 리프트 실린더(lift cylinder) 작동회로에서 플로우 프로텍터(벨로시티 퓨즈)를 사용하는 주된 목적은?

① 화물을 하강할 때 신속하게 내려올 수 있도록 작용한다.
② 포크의 정상 하강 시 천천히 내려올 수 있게 한다.
③ 제어밸브와 리프트 실린더 사이에서 배관파손 시 화물의 급강하를 방지한다.
④ 리프트 실린더 회로에서 포크상승 중 중간정지 시 내부 누유를 방지한다.

플로우 프로텍터(flow protector ; 벨로시티 퓨즈)는 제어밸브와 리프트 실린더 사이에서 배관이 파손되었을 때 화물의 급강하를 방지한다.

답 : ③

33 지게차에서 리프트 실린더의 상승력이 부족한 원인과 거리가 먼 것은?

① 리프트 실린더에서 유압유 누출
② 틸트 록 밸브의 밀착 불량
③ 오일필터의 막힘
④ 유압펌프의 불량

리프트 실린더의 상승력이 부족한 원인은 유압펌프의 불량, 오일필터의 막힘, 리프트 실린더에서의 유압유 누출이다.

답 : ②

34 지게차 포크의 상승속도가 느린 원인이 아닌 것은?

① 유압유가 부족할 때
② 제어밸브가 손상되었거나 마모되었을 때
③ 피스톤의 마모가 심할 때
④ 포크가 약간 휘었을 때

답 : ④

35 지게차의 리프트 레버를 당겨 상승상태를 점검하였더니 2/3정도는 잘 상승하다가 그 후 상승이 잘 안 되는 경우가 있다. 이때 점검해야 하는 부분은?

① 기관오일량
② 유압탱크의 오일량
③ 냉각수량
④ 틸트 레버의 작동상태

포크가 2/3정도는 잘 상승하다가 그 후 상승이 잘 안 되는 경우에는 유압탱크 내의 오일량을 점검한다.

답 : ②

36 지게차에서 틸트 실린더의 역할은?

① 차체 수평유지
② 포크의 상하 이동
③ 마스트 앞·뒤 경사
④ 차체 좌우 회전

틸트 실린더(tilt cylinder)는 마스트 앞·뒤로 경사시키는 작용을 한다.

답 : ③

37 지게차의 틸트 레버를 운전석에서 운전자 몸 쪽으로 당기면 마스트는 어떻게 기울어지는가?

① 운전자의 몸 쪽에서 멀어지는 방향으로 기운다.
② 지면방향 아래쪽으로 내려온다.
③ 운전자의 몸 쪽 방향으로 기운다.
④ 지면에서 위쪽으로 올라간다.

틸트 레버(tilt lever)를 운전자 몸 쪽으로 당기면 마스트는 운전자의 몸 쪽 방향으로 기운다.

답 : ③

38 지게차에서 포크에 화물을 적재한 상태의 마스트 경사로 적합한 것은?

① 진행방향 왼쪽으로 기울어지도록 한다.
② 진행방향 오른쪽으로 기울어지도록 한다.
③ 진행방향 뒤쪽으로 기울어지도록 한다.
④ 진행방향 앞쪽으로 기울어지도록 한다.

포크에 화물을 적재한 상태에서 마스트는 진행방향 뒤쪽으로 기울여야 한다.

답 : ③

39 지게차의 화물운반 작업 중 가장 적당한 것은?

① 마스트를 뒤로 6° 정도 경사시켜서 운반한다.
② 샤퍼를 뒤로 6° 정도 경사시켜서 운반한다.
③ 댐퍼를 뒤로 3° 정도 경사시켜서 운반한다.
④ 바이브레이터를 뒤로 8° 정도 경사시켜서 운반한다.

포크에 화물을 적재한 상태에서는 마스트는 뒤로 6° 정도 경사시켜서 운반하여야 한다.

답 : ①

40 지게차의 마스트를 기울일 때 갑자기 기관의 시동이 정지되면 어떤 밸브가 작동하여 그 상태를 유지하는가?

① 스로틀 밸브 　② 리듀싱 밸브
③ 리프트 밸브 　④ 틸트 록 밸브

틸트 록 밸브(tilt lock valve)는 마스트를 기울일 때 갑자기 기관의 시동이 정지되면 작동하여 그 상태를 유지시키며, 이때 틸트 레버를 조작하여도 마스트가 경사되지 않는다.

답 : ④

제2장

기관구조 익히기

01 기관의 개요 및 주요 구조

1 기관의 개요

열기관(엔진)이란 열에너지를 기계적 에너지로 변환시켜주는 장치이다. 건설기계에서는 디젤기관(diesel engine)을 주로 사용한다.

2 4행정 사이클 디젤기관의 작동과정

4행정 사이클 기관은 크랭크축이 2회전 할 때 피스톤은 흡입→압축→폭발(동력)→배기의 4행정을 하여 1사이클을 완성한다.

> **POINT**
>
> **디젤기관의 사이클 순서**
> 공기흡입→공기압축→연료분사→착화연소→배기
> **피스톤 행정**
> 피스톤이 상사점에서 하사점 또는 하사점에서 상사점으로 이동한 거리

(1) 흡입행정(intake stroke)

디젤기관에서는 피스톤이 상사점에서 하사점으로 내려감에 따라 부압(부분진공)이 발생하며 실린더 내에는 공기만 흡입된다.

(2) 압축행정(compression stroke)

① 압축행정에서 피스톤은 하사점에서 상사점으로 상승운동을 하며, 흡입과 배기밸브는 모두 닫혀있다.
② 디젤기관의 압축비가 높은 이유는 공기의 압축열로 자기 착화시키기 위함이다.

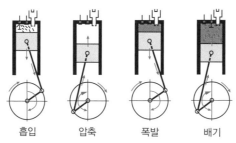

흡입 　　압축 　　폭발 　　배기
4행정 사이클 디젤기관의 작동 순서

(3) 폭발(동력)행정(explosion or power stroke)

① 폭발행정에서는 흡입과 배기밸브가 모두 닫혀 있으며, 압축행정 말기에 분사노즐로부터 실린더 내로 연료를 분사하여 연소시켜 동력을 얻는 행정이다.
② 블로다운(blow down)이란 폭발행정 끝 부분 즉 배기행정 초기에 배기밸브가 열려 실린더 내의 압력에 의해서 배기가스가 배기밸브를 통해 스스로 배출되는 현상이다.

(4) 배기행정(exhaust stroke)

배기행정은 배기밸브가 열리면서 폭발행정에서 일을 한 연소가스를 실린더 밖으로 배출시키는 행정이다.

> **POINT**
>
> 디젤기관은 공기만을 흡입하고 고온·고압으로 압축한 후 고압의 연료(경유)를 미세한 안개 모양으로 분사시켜 자기(自己)착화시키므로 압축착화 기관이라고 부른다.

3 기관의 주요 구조

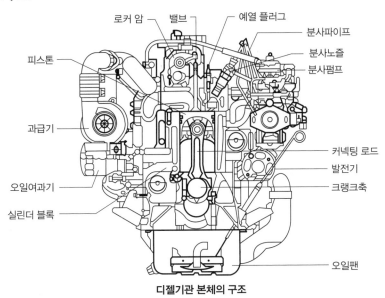

디젤기관 본체의 구조

4 실린더 헤드(cylinder head)

(1) 실린더 헤드의 구조

실린더 헤드는 헤드 개스킷을 사이에 두고 실린더 블록에 볼트로 설치되며, 피스톤, 실린더와 함께 연소실을 형성한다.

(2) 디젤기관의 연소실

① 연소실 모양에 따라 기관출력, 열효율, 운전 정숙도, 노크발생 빈도 등이 관계된다.
② 디젤기관 연소실의 종류에는 단실식인 직접분사실식과 복실식인 예연소실식, 와류실식, 공기실식 등이 있다.

(3) 헤드 개스킷(head gasket)

헤드 개스킷은 실린더 헤드와 블록 사이에 삽입하여 압축과 폭발가스의 기밀을 유지하고 냉각수와 기관오일이 누출되는 것을 방지한다.

5 실린더 블록(cylinder block)

(1) 일체식 실린더

일체식 실린더는 실린더 블록과 같은 재질로 실린더를 일체로 제작한 형식으로 특징은 다음과 같다.

① 부품수가 적고 무게가 가볍다.
② 강성 및 강도가 크다.
③ 냉각수 누출 우려가 적다.
④ 라이너 방식보다 내마모성과 정비성능이 떨어진다.

(2) 실린더 라이너(cylinder liner)

실린더 라이너는 실린더 블록과 라이너(실린더)를 별도로 제작한 후 라이너를 실린더 블록에 끼우는 형식으로 습식과 건식이 있다.

(3) 실린더 내경과 행정비율에 의한 분류

① 장 행정기관(under square engine) : 장 행정기관은 실린더 내경보다 피스톤 행정이 큰 형식이다.
② 스퀘어 기관(square engine) : 스퀘어(정방형)기관은 실린더 내경과 피스톤 행정의 크기가 똑같은 형식이다.
③ 단 행정기관(over square engine) : 단 행정기관은 실린더 내경이 피스톤 행정보다 큰 형식이다.

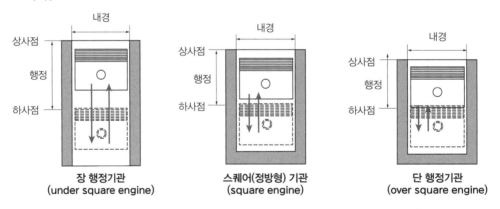

장 행정기관 (under square engine) 스퀘어(정방형) 기관 (square engine) 단 행정기관 (over square engine)

6 피스톤(piston)과 피스톤 링

(1) 피스톤의 구비조건

① 피스톤 중량이 작아야 한다.
② 고온·고압가스에 견딜 수 있어야 한다.
③ 열전도율이 크고, 열팽창률이 작아야 한다.
④ 블로바이(blow by)가 없어야 한다.

(2) 피스톤 간극이 작을 때의 영향

① 피스톤 간극이 작으면 기관 작동 중 열팽창으로 인해 실린더와 피스톤 사이에서 고착(소결)이 발생한다.

② 피스톤이 고착되는 원인은 피스톤 간극이 작을 때, 기관오일이 부족하였을 때, 기관이 과열되었을 때, 냉각수의 양이 부족할 때 등이다.

(3) 피스톤 간극이 클 때의 영향

① 기관 시동성능 저하 및 출력이 감소한다.

② 피스톤 링의 기능저하로 기관오일이 연소실에 유입되어 오일소비가 많아진다.

③ 연료가 기관오일에 떨어져 희석되어 오일의 수명이 단축된다.

④ 피스톤 슬랩(피스톤이 운동방향을 바꿀 때 실린더 벽에 충격을 주는 현상)이 발생한다.

⑤ 블로바이에 의해 압축압력이 낮아진다.

(4) 피스톤 링(piston ring)의 종류

피스톤 링의 종류에는 압축가스가 새는 것을 방지하는(기밀작용) 압축 링과 오일제어 작용을 하는 오일 링이 있다.

(5) 피스톤 링의 작용

① 기밀작용(밀봉작용)

② 오일제어 작용(실린더 벽의 오일 긁어내리기 작용)

③ 열전도 작용(냉각작용)

7 크랭크축(crank shaft)

(1) 크랭크축의 구조

① 크랭크축은 피스톤의 직선운동을 회전운동으로 변환시키는 장치이다.

② 구조는 회전중심을 형성하는 메인저널, 커넥팅로드 대단부와 결합되는 크랭크 핀, 메인저널과 크랭크 핀을 연결하는 크랭크 암, 회전평형을 유지하기 위해 크랭크 암에 설치한 밸런스 웨이트(평형추) 등으로 되어있다.

③ 4실린더 기관은 크랭크축의 위상각이 180°이고 5개의 메인 베어링에 의해 크랭크 케이스에 지지된다.

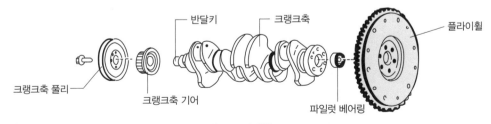

크랭크축과 플라이휠 구조

(2) 크랭크축 비틀림 진동발생의 관계

① 기관의 주기적인 회전력 작용에 의해 발생한다.
② 크랭크축의 강성이 작을수록, 기관의 회전속도가 느릴수록 크다.
③ 기관의 회전력 변동이 클수록, 크랭크축의 길이가 길수록 크다.

(3) 크랭크축 베어링(crank shaft bearing)의 구비조건

① 하중 부담능력 및 매입성이 있어야 한다.
② 내부식성 및 내피로성이 있어야 한다.
③ 마찰계수가 적고, 추종유동성이 있어야 한다.
④ 길들임성이 좋아야 한다.

8 플라이휠(fly wheel)

① 기관의 맥동적인 회전을 관성력을 이용하여 원활한 회전으로 바꾸어주는 역할을 한다.
② 실린더 내에서 폭발이 일어나면 피스톤→커넥팅로드→크랭크축→플라이휠(클러치)순서로 전달된다.

9 밸브기구(valve train)

(1) 캠축과 캠(cam shaft & cam)

① 기관의 밸브 수와 같은 캠이 배열된 축으로 크랭크축으로부터 동력을 받아 흡입 및 배기밸브를 개폐시키는 작용을 한다.
② 4행정 사이클 기관의 크랭크축 기어와 캠축 기어의 지름비율은 1 : 2 이고, 회전비율은 2 : 1 이다.

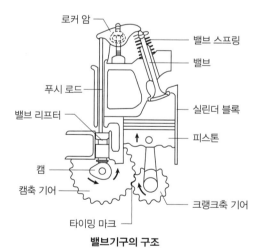

밸브기구의 구조

(2) 유압식 밸브 리프터(hydraulic valve lifter)

오일의 비압축성과 윤활장치의 순환압력을 이용한 장치이며, 기관의 작동온도 변화에 관계없이 밸브간극을 0으로 유지시키는 방식이며, 특징은 다음과 같다.

① 밸브간극이 자동으로 조절된다.
② 밸브개폐 시기가 정확하고, 밸브기구의 내구성이 좋다.
③ 밸브기구의 구조가 복잡하다.
④ 윤활장치가 고장 나면 기관의 작동이 정지된다.

(3) 흡입 및 배기밸브(intake & exhaust valve)의 구비조건

① 열에 대한 저항력이 커야 한다.
② 열전도율이 좋아야 한다.
③ 무게가 가볍고, 열팽창률이 작아야 한다.
④ 고온과 가스에 잘 견딜 수 있어야 한다.

(4) 밸브의 구조

① 밸브 헤드(valve head) : 고온·고압가스에 노출되므로 특히 배기밸브는 열부하가 매우 크다. 또 흡입효율을 증대시키기 위해 흡입밸브의 지름을 크게 한다.
② 밸브 페이스(valve face, 밸브 면) : 밸브 시트(seat)에 밀착되어 연소실 내의 기밀작용을 한다. 밸브 페이스의 양부는 실린더 내의 압축압력과 밀접한 관계가 있으며 기관의 출력에 큰 영향을 미친다.
③ 밸브 스템(valve stem) : 밸브 가이드 내부를 상하왕복 운동하며 밸브 헤드가 받는 열을 가이드를 통해 방출하고, 밸브의 개폐를 돕는다.
④ 밸브 가이드(valve guide) : 밸브의 상하운동 및 시트와 밀착을 바르게 유지하도록 밸브 스템을 안내한다.
⑤ 밸브 스프링(valve spring) : 밸브가 닫혀있는 동안 밸브시트와 밸브 페이스를 밀착시켜 기밀을 유지시킨다.
⑥ 밸브 시트(valve seat) : 밸브 페이스에 밀착되어 연소실의 기밀유지 작용과 밸브헤드의 냉각작용을 한다.

(5) 밸브간극(valve clearance)

① 기관 작동 중 열팽창을 고려하여 로커 암과 밸브 스템 끝 사이에 둔 간극이다.
② 밸브간극이 너무 크면 정상 작동온도에서 밸브가 완전히 열리지 못한다.
③ 밸브간극이 작으면 밸브가 열려 있는 기간이 길어지므로 실화(miss fire)가 발생할 수 있다.

출제 예상 문제

01 열에너지를 기계적 에너지로 변환시켜 주는 장치는?

① 유압펌프 ② 전기모터
③ 기관   ④ 제어밸브

기관(열기관)이란 열에너지(연료의 연소)를 기계적 에너지(크랭크축의 회전)로 바꾸어 유효한 일을 할 수 있도록 하는 장치이다.

답 : ③

02 디젤기관의 설명으로 옳지 않은 것은?

① 압축비가 가솔린 기관보다 높다.
② 압축 착화한다.
③ 경유를 연료로 사용한다.
④ 점화장치 내에 배전기가 필요하다.

디젤기관은 압축착화 방식이므로 점화장치가 필요 없으며, 경유를 연료로 사용하고, 압축비는 15~22 : 1 정도로 가솔린 기관보다 높다.

답 : ④

03 고속 디젤기관의 장점에 속하지 않는 것은?

① 가솔린 기관보다 최고 회전수가 빠르다.
② 연료소비량이 가솔린 기관보다 적다.
③ 열효율이 가솔린 기관보다 높다.
④ 인화점이 높은 경유를 사용하므로 취급이 용이하다.

디젤기관은 가솔린 기관보다 최고 회전수가 낮다.

답 : ①

04 4행정 사이클 기관에서 1사이클을 완료할 때 크랭크축은 몇 회전하는가?

① 4회전   ② 3회전
③ 2회전   ④ 1회전

4행정 사이클 기관은 크랭크축이 2회전하고, 피스톤은 흡입→압축→폭발(동력)→배기의 4행정을 하여 1사이클을 완성한다.

답 : ③

05 디젤기관의 순환운동 순서로 옳은 것은?

① 공기흡입→공기압축→연료분사→착화연소→배기
② 연료흡입→연료분사→공기압축→착화연소→연소·배기
③ 공기흡입→공기압축→연소·배기→연료분사→착화연소
④ 공기압축→가스폭발→공기흡입→배기→점화

디젤기관의 순환운동 순서
공기흡입→공기압축→연료분사→착화연소→배기

답 : ①

06 왕복형 기관에서 상사점과 하사점까지의 거리를 무엇이라고 하는가?

① 사이클   ② 피스톤 행정
③ 과급   ④ 소기

피스톤 행정이란 상사점과 하사점까지의 거리이다.

답 : ②

07 4행정 사이클 디젤기관에서 흡입행정 시 실린더 내에 흡입되는 것은?

① 연료 ② 스파크
③ 공기 ④ 혼합기

4행정 사이클 디젤기관의 흡입행정은 흡입밸브가 열려 공기만 실린더로 흡입하며 이때 배기밸브는 닫혀 있다.

답 : ③

08 디젤기관의 압축비가 높은 이유는?

① 공기의 압축열로 착화시키기 위함이다.
② 연료의 분사를 높게 하기 위함이다.
③ 기관 과열과 진동을 적게 하기 위함이다.
④ 연료의 무화를 양호하게 하기 위함이다.

디젤기관의 압축비가 높은 이유는 공기의 압축열로 자기 착화시키기 위함이다.

답 : ①

09 실린더의 압축압력이 저하하는 원인에 속하지 않는 것은?

① 실린더 벽의 마멸이 클 때
② 연소실 내부에 카본이 누적되었을 때
③ 헤드 개스킷의 파손에 의해 압축가스가 누설되고 있을 때
④ 피스톤 링의 탄력이 부족할 때

압축압력이 저하되는 원인
• 실린더 벽의 마모
• 피스톤 링의 파손 또는 과다 마모
• 피스톤 링의 탄력 부족
• 헤드 개스킷에서 압축가스 누설
• 밸브의 밀착불량

답 : ②

10 디젤기관의 점화(착화) 방법으로 옳은 것은?

① 전기점화 ② 마그넷점화
③ 자기점화 ④ 전기착화

디젤기관은 흡입행정에서 공기만을 실린더 내로 흡입하여 고압축비로 압축한 후 압축열에 연료를 분사하는 자기착화(압축착화)기관이다.

답 : ③

11 4행정 사이클 기관에서 흡기밸브와 배기밸브가 모두 닫혀 있는 행정은?

① 흡입행정과 압축행정
② 압축행정과 동력행정
③ 배기행정과 흡입행정
④ 폭발행정과 배기행정

4행정 사이클 기관에서 흡입과 배기밸브가 모두 닫혀 있는 행정은 압축과 동력(폭발)행정이다.

답 : ②

12 배기행정 초기에 배기밸브가 열려 실린더 내의 연소가스가 스스로 배출되는 현상은?

① 블로 다운 ② 블로 바이
③ 피스톤 슬랩 ④ 피스톤 행정

블로 다운(blow down)이란 폭발행정 끝 부분 즉 배기행정 초기에 배기밸브가 열려 실린더 내의 압력에 의해서 배기가스가 배기밸브를 통해 스스로 배출되는 현상이다.

답 : ①

13 2행정 사이클 디젤기관의 흡입과 배기행정에 관한 설명으로 옳지 않은 것은?

① 피스톤이 하강하여 소기포트가 열리면 예압된 공기가 실린더 내로 유입된다.

② 압력이 낮아진 나머지 연소가스가 압출되어 실린더 내는 와류를 동반한 새로운 공기로 가득 차게 된다.

③ 동력행정의 끝 부분에서 배기밸브가 열리고 연소가스가 자체의 압력으로 배출이 시작된다.

④ 연소가스가 자체의 압력에 의해 배출되는 것을 블로바이라고 한다.

연소가스가 자체의 압력에 의해 배출되는 현상은 블로다운이다.

답 : ④

14 2행정 사이클 기관에만 해당되는 과정(행정)은?

① 흡입   ② 소기
③ 동력   ④ 압축

소기행정은 2행정 사이클 기관에만 해당되는 과정(행정)이다.

답 : ②

15 2행정 사이클 디젤기관의 소기방식에 속하지 않는 것은?

① 복류 소기식   ② 횡단 소기식
③ 루프 소기식   ④ 단류 소기식

2행정 사이클 디젤기관의 소기방식에는 단류 소기식, 횡단 소기식, 루프 소기식이 있다.

답 : ①

16 디젤기관에서 실화할 때 일어나는 현상은?

① 연료소비가 감소한다.
② 기관이 과냉한다.
③ 기관회전이 불량해진다.
④ 냉각수가 유출된다.

실화(miss fire)가 발생하면 기관의 회전이 불량해진다.

답 : ③

17 디젤기관의 연소실 형상과 가장 관련이 적은 사항은?

① 공전속도   ② 열효율
③ 기관출력   ④ 운전 정숙도

기관의 연소실 형상에 따라 기관출력, 열효율, 운전 정숙도, 노크발생 빈도 등이 관계된다.

답 : ①

18 아래의 보기는 기관에서 어느 구성부품을 형태에 따라 구분한 것인가?

> **보기**
> 직접분사식, 예연소실식, 와류실식, 공기실식

① 동력전달장치   ② 연소실
③ 예열장치   ④ 연료분사장치

디젤기관 연소실은 단실식인 직접분사식과 복실식인 예연소실식, 와류실식, 공기실식 등으로 분류한다.

답 : ②

19 연소실과 연소의 구비조건에 속하지 않는 것은?

① 노크발생이 적을 것
② 고속회전에서 연소상태가 좋을 것
③ 평균 유효압력이 높을 것
④ 분사된 연료를 가능한 한 긴 시간 동안 완전연소 시킬 것

연소실은 분사된 연료를 가능한 한 짧은 시간 내에 완전연소 시켜야 한다.

답 : ④

20 기관의 연소실이 갖추어야 할 구비조건에 속하지 않는 것은?

① 압축 끝에서 혼합기의 와류를 형성하는 구조일 것
② 돌출부가 없을 것
③ 화염전파거리가 짧을 것
④ 연소실 내의 표면적은 최대가 되도록 할 것

연소실의 표면적은 최소가 되게 하여야 한다.

답 : ④

21 디젤기관의 연소실 중 연료소비율이 낮으며 연소압력이 가장 높은 연소실 형식은?

① 공기실식   ② 직접분사실식
③ 와류실식   ④ 예연소실식

직접분사실식은 피스톤 헤드를 오목하게 하여 연소실을 형성시키며, 연료 소비율이 낮고 연소압력이 가장 높다.

답 : ②

22 디젤기관의 직접분사실식 장점에 속하지 않는 것은?

① 연료계통의 연료누출 염려가 낮다.
② 냉각손실이 적다.
③ 구조가 간단하여 열효율이 높다.
④ 연료소비량이 적다.

직접분사실식은 연료분사 압력이 높아 연료계통의 연료누출 우려가 큰 단점이 있다.

답 : ①

23 예연소실식 연소실에 대한 설명으로 옳지 않는 것은?

① 분사압력이 낮다.
② 예열플러그가 필요하다.
③ 예연소실은 주연소실보다 작다.
④ 사용연료의 변화에 민감하다.

예연소실식 연소실은 사용연료의 변화에 둔감하다.

답 : ④

24 실린더 헤드와 블록 사이에 삽입하여 압축과 폭발가스의 기밀을 유지하고 냉각수와 기관오일이 누출되는 것을 방지하는 기능을 하는 부품은?

① 헤드 오일통로   ② 헤드 개스킷
③ 헤드 워터재킷   ④ 헤드 볼트

헤드 개스킷은 실린더 헤드와 블록 사이에 삽입하여 압축과 폭발가스의 기밀을 유지하고 냉각수와 기관오일이 누출되는 것을 방지한다.

답 : ②

25 실린더 헤드 개스킷의 구비조건에 속하지 않는 것은?

① 복원성이 없을 것
② 내열성과 내압성이 있을 것
③ 기밀유지가 좋을 것
④ 강도가 적당할 것

헤드 개스킷은 기밀유지가 좋고, 내열성과 내압성이 있어야 하며, 복원성이 있고, 강도가 적당하여야 한다.

답 : ①

26 기관에서 사용되는 일체식 실린더의 특징에 속하지 않는 것은?

① 냉각수 누출 우려가 적다.
② 강성 및 강도가 크다.
③ 부품수가 적고 중량이 가볍다.
④ 라이너 형식보다 내마모성이 높다.

일체식 실린더는 실린더 블록과 일체로 제작한 것으로 부품수가 적고 중량이 가벼우며, 강성 및 강도가 크고 냉각수 누출 우려가 적다.

답 : ④

27 실린더 라이너(cylinder liner)에 대한 설명으로 옳지 않은 것은?

① 습식은 냉각수가 실린더 안으로 들어갈 염려가 있다.
② 냉각효과는 습식보다 건식이 더 좋다.
③ 일명 슬리브(sleeve)라고도 한다.
④ 종류는 습식과 건식이 있다.

냉각효과는 습식 라이너가 더 좋다.

답 : ②

28 냉각수가 라이너 바깥둘레에 직접 접촉하고, 정비 시 라이너 교환이 쉬우며, 냉각효과가 좋으나, 크랭크 케이스에 냉각수가 들어갈 수 있는 단점을 가진 라이너 형식은?

① 습식 라이너   ② 건식 라이너
③ 유압 라이너   ④ 진공 라이너

습식 라이너는 냉각수가 라이너 바깥둘레에 직접 접촉하고, 정비 시 라이너 교환이 쉬우며, 냉각효과가 좋으나, 크랭크 케이스에 냉각수가 들어갈 수 있는 단점이 있다.

답 : ①

29 기관에서 실린더 마모가 가장 큰 부분은?

① 실린더 윗부분
② 실린더 연소실 부분
③ 실린더 중간부분
④ 실린더 아랫부분

실린더는 윗부분(상사점 부근)의 마모(마멸)가 가장 크다.

답 : ①

30 디젤기관의 실린더 벽이 마모되었을 때 발생할 수 있는 현상과 관계없는 것은?

① 압축압력이 증가한다.
② 연료소비량이 증가한다.
③ 윤활유 소비량이 증가한다.
④ 블로바이(blow-by)가스의 배출이 증가한다.

실린더 벽이 마모되면 압축과 폭발압력이 저하하며, 크랭크실의 윤활유 오염과 소비량 증가하고, 블로바이 가스의 배출과 연료소비율이 증가한다.

답 : ①

31 실린더의 내경이 행정보다 작은 기관을 무엇이라고 부르는가?

① 장 행정기관 　② 스퀘어 기관
③ 단 행정기관 　④ 정방 행정기관

장 행정기관은 실린더 내경이 피스톤 행정보다 작은 형식이다.

답 : ①

32 기관의 실린더 수가 많을 때의 장점에 속하지 않는 것은?

① 기관의 진동이 적다.
② 가속이 원활하고 신속하다.
③ 저속회전이 용이하고 큰 동력을 얻을 수 있다.
④ 연료소비가 적고 큰 동력을 얻을 수 있다.

기관의 실린더 수가 많으면 기관의 진동이 적고, 가속이 원활하고 신속하며, 저속회전이 용이하고 큰 동력을 얻을 수 있다.

답 : ④

33 피스톤의 구비조건에 속하지 않는 것은?

① 고온·고압에 견딜 수 있을 것
② 피스톤 중량이 클 것
③ 열팽창률이 적을 것
④ 열전도가 잘될 것

피스톤은 중량이 적어야 한다.

답 : ②

34 피스톤의 형상에 의한 종류 중에 측압부의 스커트 부분을 떼어내 경량화하여 고속기관에 많이 사용되는 피스톤은?

① 풀 스커트 피스톤
② 솔리드 피스톤
③ 슬리퍼 피스톤
④ 스플릿 피스톤

슬리퍼 피스톤은 측압부의 스커트 부분을 떼어내 경량화하여 고속기관에 많이 사용한다.

답 : ③

35 기관의 피스톤이 고착되는 원인에 속하지 않는 것은?

① 기관오일이 부족할 때
② 압축압력이 너무 높을 때
③ 기관이 과열되었을 때
④ 냉각수량이 부족할 때

피스톤 간극이 적을 때, 기관오일이 부족할 때, 기관이 과열되었을 때, 냉각수량이 부족할 때 피스톤이 고착된다.

답 : ②

36 보기에서 피스톤과 실린더 벽 사이의 간극이 클 때 미치는 영향을 맞게 나열한 것은?

> **보기**
>
> A. 마찰열에 의해 소결되기 쉽다.
> B. 블로바이에 의해 압축압력이 낮아진다.
> C. 피스톤 링의 기능저하로 인하여 오일이 연소실에 유입되어 오일소비가 많아진다.
> D. 피스톤 슬랩 현상이 발생되며, 기관출력이 저하된다.

① B, C, D 　② C, D
③ A, B, C 　④ A, B, C, D

답 : ①

37 기관의 피스톤 링에 대한 설명으로 옳지 않은 것은?

① 기밀유지의 역할을 한다.
② 연료분사를 좋게 한다.
③ 압축 링과 오일 링이 있다.
④ 열전도 작용을 한다.

피스톤 링에는 압축 링과 오일 링이 있으며, 기밀작용과 오일제어 작용 및 열전도 작용을 한다.

답 : ②

38 피스톤 링의 구비조건과 관계없는 것은?

① 열팽창률이 적을 것
② 고온에서도 탄성을 유지할 수 있을 것
③ 링 이음부의 압력을 크게 할 것
④ 피스톤 링이나 실린더 마모가 적을 것

피스톤 링은 링 이음부의 파손을 방지하기 위하여 압력을 작게 하여야 한다.

답 : ③

39 디젤기관에서 피스톤 링의 3대 작용에 속하지 않는 것은?

① 열전도작용　　② 기밀작용
③ 오일제어 작용　④ 응력분산 작용

피스톤 링의 3대 작용은 기밀작용(밀봉작용), 오일제어 작용, 열전도 작용이다.

답 : ④

40 기관오일이 연소실로 올라오는 이유는?

① 피스톤 링의 마모
② 피스톤 핀의 마모
③ 커넥팅로드의 마모
④ 크랭크축의 마모

피스톤 링이 마모되거나 피스톤 간극이 커지면 기관오일이 연소실로 올라와 연소하므로 기관오일의 소모가 증대되며 이때 배기가스 색이 회백색이 된다.

답 : ①

41 기관에서 사용하는 크랭크축의 역할은?

① 직선운동을 회전운동으로 변환시키는 장치이다.
② 기관의 진동을 줄이는 장치이다.
③ 원활한 직선운동을 하는 장치이다.
④ 상하운동을 좌우운동으로 변환시키는 장치이다.

크랭크축은 피스톤의 직선운동을 회전운동으로 변환시키는 장치이다.

답 : ①

42 기관의 크랭크축(crank shaft) 구성부품이 아닌 것은?

① 저널(journal)
② 플라이휠(fly wheel)
③ 크랭크 핀(crank pin)
④ 크랭크 암(crank arm)

크랭크축은 메인저널, 크랭크 핀, 크랭크 암, 평형추로 구성되어 있다.

답 : ②

43 크랭크축은 플라이휠을 통하여 동력을 전달해 주는 역할을 하는 데 회전균형을 위해 크랭크 암에 설치된 부품은?

① 크랭크 베어링　② 크랭크 핀
③ 밸런스 웨이트　④ 저널

밸런스 웨이트(평형추)는 크랭크축의 회전균형을 위하여 크랭크 암에 설치되어 있다.

답 : ③

44 크랭크축의 위상각이 180°이고 5개의 메인 베어링에 의해 크랭크 케이스에 지지되는 기관의 형식은?

① 5실린더 기관　② 4실린더 기관
③ 3실린더 기관　④ 2실린더 기관

4실린더 기관은 크랭크축의 위상각이 180°이고 5개의 메인 베어링에 의해 크랭크 케이스에 지지된다.

답 : ②

45 크랭크축의 비틀림 진동에 대한 설명으로 옳지 않은 것은?

① 비틀림 진동은 강성이 클수록 커진다.
② 비틀림 진동은 크랭크축이 길수록 커진다.
③ 비틀림 진동은 각 실린더의 회전력 변동이 클수록 커진다.
④ 비틀림 진동은 회전부분의 질량이 클수록 커진다.

크랭크축의 비틀림 진동은 강성이 적을수록, 기관의 회전속도가 느릴수록 크다.

답 : ①

46 기관의 크랭크축 베어링의 구비조건에 속하지 않는 것은?

① 추종유동성이 있을 것
② 내피로성이 클 것
③ 매입성이 있을 것
④ 마찰계수가 클 것

크랭크축 베어링은 마찰계수가 작고, 내피로성이 커야 하며, 매입성과 추종유동성이 있어야 한다.

답 : ④

47 기관의 맥동적인 회전 관성력을 원활한 회전으로 변환시키는 부품은?

① 플라이휠   ② 피스톤
③ 크랭크축   ④ 커넥팅 로드

플라이휠은 기관의 맥동적인 회전을 관성력을 이용하여 원활한 회전으로 바꾸어준다.

답 : ①

48 기관의 동력전달 계통의 순서로 옳은 것은?

① 피스톤→커넥팅 로드→클러치→크랭크축
② 피스톤→클러치→크랭크축→커넥팅 로드
③ 피스톤→커넥팅 로드→크랭크축→클러치
④ 피스톤→크랭크축→커넥팅 로드→클러치

동력전달 계통 순서
실린더 내에서 폭발이 일어나면 피스톤→커넥팅 로드→크랭크축→클러치(플라이휠)순서로 전달된다.

답 : ③

49 4행정 기관에서 크랭크축 기어와 캠축기어와의 지름비율 및 회전비율은 각각 얼마인가?

① 2:1 및 1:2   ② 2:1 및 2:1
③ 1:2 및 1:2   ④ 1:2 및 2:1

4행정 사이클 기관의 크랭크축 기어와 캠축기어와의 지름비율은 1:2 이고, 회전비율은 2:1 이다.

답 : ④

50 유압식 밸브 리프터의 장점에 속하지 않는 것은?

① 밸브구조가 간단하다.
② 밸브개폐 시기가 정확하다.
③ 밸브기구의 내구성이 좋다.
④ 밸브간극 조정은 자동으로 조절된다.

유압식 밸브 리프터는 밸브간극이 자동으로 조절되므로 밸브개폐 시기가 정확하며, 밸브기구의 내구성은 좋으나 밸브기구의 구조는 복잡하다.

답 : ①

51 흡·배기밸브의 구비조건으로 옳지 않은 것은?

① 열에 대한 저항력이 적을 것
② 열에 대한 팽창률이 적을 것
③ 열전도율이 좋을 것
④ 가스에 견디고 고온에 잘 견딜 수 있을 것

흡입과 배기밸브는 열에 대한 저항력이 커야 한다.

답 : ①

52 기관의 밸브장치 중 밸브 가이드 내부를 상하 왕복운동하며 밸브 헤드가 받는 열을 가이드를 통해 방출하고, 밸브의 개폐를 돕는 부품은?

① 밸브 시트   ② 밸브 스프링
③ 밸브 페이스   ④ 밸브 스템

밸브 스템은 밸브 가이드 내부를 상하 왕복운동하며 밸브 헤드가 받는 열을 가이드를 통해 방출하고, 밸브의 개폐를 돕는다.

답 : ④

53 기관의 밸브가 닫혀있는 동안 밸브 시트와 밸브 페이스를 밀착시켜 기밀을 유지시키는 부품은?

① 밸브 스프링   ② 밸브 가이드
③ 밸브 스템   ④ 밸브 리테이너

밸브 스프링은 밸브가 닫혀있는 동안 밸브 시트와 밸브 페이스를 밀착시켜 기밀이 유지되도록 한다.

답 : ①

54 기관의 밸브간극이 너무 클 때 발생하는 현상은?

① 정상온도에서 밸브가 확실하게 닫히지 않는다.
② 정상온도에서 밸브가 완전히 개방되지 않는다.
③ 푸시로드가 변형된다.
④ 밸브 스프링의 장력이 약해진다.

밸브간극이 너무 크면 정상온도에서 밸브가 완전히 개방되지 않으며, 소음이 발생한다.

답 : ②

55 기관의 밸브간극이 작을 때 일어나는 현상은?

① 밸브가 적게 열리고 닫히기는 꽉 닫힌다.
② 밸브 시트의 마모가 심하다.
③ 기관이 과열된다.
④ 실화가 일어날 수 있다.

밸브간극이 작으면 밸브가 열려 있는 기간이 길어지므로 실화가 발생할 수 있다.

답 : ④

56 건설기계 디젤기관의 압축압력 측정방법으로 옳지 않은 것은?

① 기관을 정상온도로 작동시킨다.
② 기관의 분사노즐은 모두 제거한다.
③ 배터리의 충전상태를 점검한다.
④ 습식시험을 먼저하고 건식시험을 나중에 한다.

습식시험이란 건식시험을 한 후 밸브불량, 실린더 벽 및 피스톤 링, 헤드 개스킷 불량 등의 상태를 판단하기 위하여 분사노즐 설치구멍으로 기관오일을 10cc 정도 넣고 1분 후에 다시 하는 시험이다.

답 : ④

02 연료장치(Fuel System)

1 디젤기관 연료

(1) 디젤기관 연료의 구비조건

① 세탄가가 높고, 발열량이 커야 한다.
② 자연발화점이 낮아야 한다(착화가 쉬울 것).
③ 연소속도가 빠르고, 점도가 적당해야 한다.
④ 카본의 발생이 적어야 한다.
⑤ 온도변화에 따른 점도변화가 적어야 한다.

(2) 연료의 착화성

디젤기관 연료(경유)의 착화성은 세탄가로 표시한다.

(3) 디젤기관의 연소과정

> 착화지연기간 → 화염전파기간(폭발연소기간) → 직접연소기간(제어연소기간) → 후 연소기간

2 디젤기관의 노크(노킹 ; knock or knocking)

디젤기관의 노크는 착화지연기간이 길어져(1/1,000~4/1,000초 이상) 연소실에 누적된 연료가 많아 일시에 연소되어 실린더 내의 압력상승이 급격하게 되어 발생하는 현상이다.

(1) 디젤기관 노크발생의 원인

① 연료의 세탄가가 낮고, 착화지연기간이 길 때
② 착화지연기간 중 연료분사량이 많을 때
③ 흡기온도 및 압축압력·압축비가 낮을 때
④ 연료의 분사압력 및 연소실 및 실린더의 온도가 낮을 때
⑤ 분사노즐의 분무상태가 불량할 때

(2) 디젤기관의 노크 방지방법

① 세탄가가 높은 연료를 사용해야 한다.
② 흡기압력과 온도, 연소실 및 실린더 벽의 온도를 높여야 한다.
③ 착화지연기간을 짧게 해야 한다.
④ 연료의 착화점이 낮은 연료(착화성이 좋은)를 사용해야 한다.
⑤ 압축비 및 압축압력과 온도를 높여야 한다.

3 디젤기관 연료장치(분사펌프 사용)의 구조와 작용

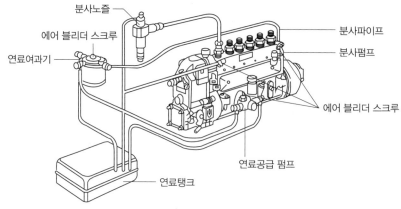

디젤기관 연료장치(분사펌프 사용)의 구조

> **POINT**
>
> **디젤기관의 연료공급 순서**
> 연료탱크→연료공급펌프→연료여과기→분사펌프→분사노즐

(1) 연료탱크(fuel tank)

겨울철에는 공기 중의 수증기가 응축하여 물이 되어 들어가므로 작업 후 연료를 탱크에 가득 채워 두어야 한다. 작업 후 탱크에 연료를 가득 채워주는 이유는 다음과 같다.

① 연료탱크 내의 공기 중의 수분이 응축되어 물이 생기는 것을 방지하기 위함이다.
② 연료의 기포방지를 위함이다.
③ 내일(다음)의 작업을 준비하기 위함이다.

(2) 연료여과기(fuel filter)

연료여과기는 연료 중의 수분 및 불순물을 걸러주며, 오버플로밸브, 드레인플러그, 여과망(엘리먼트), 중심파이프, 케이스로 구성되어 있다.

(3) 연료공급 펌프(fuel feed pump)의 작용

연료공급 펌프는 연료탱크 내의 연료를 연료여과기를 거쳐 분사펌프의 저압부분으로 공급하며, 연료계통의 공기빼기 작업에 사용하는 프라이밍 펌프(priming pump)가 설치되어 있다.

(4) 분사펌프(injection pump)의 구조

분사펌프는 연료공급펌프에서 보내준 저압의 연료를 압축하여 분사순서에 맞추어 고압의 연료를 분사노즐로 압송시키는 것으로 조속기와 타이머가 설치되어 있다.

① 분사펌프 캠축(cam shaft) : 분사펌프 캠축은 기관의 크랭크축 기어로 구동되며, 4행정 사이클 기관은 크랭크축의 1/2로 회전한다.
② 플런저 배럴과 플런저(plunger barrel & plunger)
  • 플런저 배럴 속을 플런저가 상하 미끄럼 운동하여 고압의 연료를 형성하는 부분이다.

• 플런저 유효행정을 크게 하면 연료분사량이 증가한다.

③ 딜리버리 밸브(delivery valve)

• 딜리버리 밸브는 플런저의 상승행정으로 배럴 내의 압력이 규정 값에 도달하면 열려 연료를 고압 파이프로 압송한다.

• 연료의 역류방지, 후적 방지, 잔압을 유지시킨다.

④ 조속기(거버너 ; governor)

• 조속기는 기관의 회전속도나 부하의 변동에 따라 연료분사량을 조정하는 장치이다.

• 연료분사량이 일정하지 않고, 차이가 많으면 연소 폭발음의 차이가 있으며 기관은 부조(진동)를 한다.

⑤ 타이머(timer ; 분사시기 조절장치)

• 타이머는 기관 회전속도 및 부하에 따라 연료분사 시기를 변화시키는 장치이다.

• 연료분사 진각은 기관 회전속도에 따라 진각되며, 연료자체의 압축율과 연료통로의 유동저항을 고려한다.

(5) 분사노즐(injection nozzle ; 인젝터)

① 분사노즐의 개요

• 분사노즐은 분사펌프에서 보내온 고압의 연료를 미세한 안개 모양으로 연소실 내에 분사한다.

• 밀폐형 노즐의 종류에는 구멍형(직접분사실식에서 사용), 핀틀형 및 스로틀형이 있다.

• 분사노즐 섭동면의 윤활은 연료로 한다.

• 연료분사의 3대 조건은 무화(안개 모양), 분산(분포), 관통력이다.

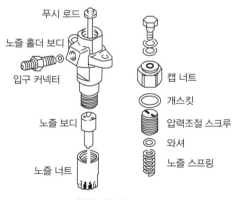

분사노즐의 구조

② 분사노즐의 구비조건

• 분무를 연소실의 구석구석까지 뿌려지게 한다.

• 연료를 미세한 안개 모양으로 쉽게 착화시켜야 한다.

• 고온·고압의 가혹한 조건에서 장기간 사용할 수 있어야 한다.

• 연료의 분사 끝에서 후적(after drop)이 일어나지 않아야 한다.

③ 분사노즐의 시험 : 노즐 테스터로 점검할 수 있는 항목은 분포(분무)상태, 분사각도, 후적 유무, 분사개시 압력 등이다

4 **전자제어 디젤기관 연료장치(커먼레일 장치)**

(1) 전자제어 디젤기관 연료장치의 장점

① 연료소비율을 향상시키고, 유해배출 가스를 감소시킬 수 있다.
② 밀집된(compact) 설계 및 경량화를 이룰 수 있다.
③ 기관성능 및 운전성능을 향상시킬 수 있다.
④ 모듈(module)화 장치가 가능하다.

(2) 전자제어 디젤기관의 연료장치

커먼레일 디젤기관의 연료장치는 연료탱크, 연료여과기, 저압연료 펌프, 고압연료 펌프, 커먼레일, 인젝터로 구성되어 있다.

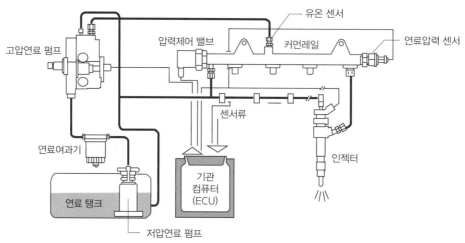

전자제어 디젤기관의 연료장치

저압연료 펌프 (low pressure fuel pump)	저압연료펌프는 연료펌프 릴레이로부터 전원을 공급받아 고압연료펌프로 연료를 압송한다.
연료여과기 (fuel filter)	연료여과기는 연료 속의 수분 및 이물질을 여과하며, 연료가열 장치가 설치되어 있어 겨울철에 냉각된 기관을 시동할 때 연료를 가열한다.
고압연료 펌프 (high pressure fuel pump)	고압연료펌프는 저압연료펌프에서 공급된 연료를 높은 압력으로 압축하여 커먼레일로 공급한다.
커먼레일 (common rail)	커먼레일은 고압연료펌프에서 공급한 연료를 저장하고, 또 연료를 각 실린더의 인젝터로 분배한다.
압력제어 밸브 (pressure control valve)	커먼레일에 설치되어 있으며 커먼레일 내의 연료압력이 규정 값보다 높아지면 열려 연료의 일부를 연료탱크로 복귀시킨다.
인젝터 (injector)	인젝터는 고압의 연료를 ECU(electronic control unit)의 전류제어를 통하여 연소실에 미립형태로 분사한다.

(3) ECU의 입력요소

① 공기유량 센서(AFS ; air flow sensor)

공기유량 센서는 열막(hot film)방식을 사용하며, 이 센서의 주 기능은 EGR(exhaust gas recirculation, 배기가스 재순환) 피드백(feed back) 제어이며, 또 다른 기능은 스모그(smog) 제한 부스트 압력제어(매연 발생을 감소시키는 제어)이다.

② 흡기온도 센서(ATS ; air temperature sensor)

흡기온도센서는 부특성 서미스터를 사용하며, 이 센서의 신호는 각종 제어(연료분사량, 분사시기, 시동할 때 연료분사량 제어 등)의 보정신호로 사용된다.

③ 연료온도 센서(FTS ; fuel temperature sensor)

연료온도센서는 부특성 서미스터를 사용하며, 이 센서의 신호는 연료온도에 따른 연료분사량 보정신호로 사용된다.

④ 수온센서(WTS ; water temperature sensor)

수온센서는 부특성 서미스터를 사용하며, 이 센서의 신호는 기관온도에 따른 연료분사량을 증감하는 보정신호로 사용되며, 기관의 온도에 따른 냉각 팬 제어신호로도 사용된다.

⑤ 크랭크축 위치센서(CPS ; crank position sensor)

크랭크축 위치센서(크랭크 각 센서)는 크랭크축과 일체로 되어 있는 센서 휠의 돌기를 검출하여 크랭크축의 각도 및 피스톤의 위치, 기관 회전속도 등을 검출한다.

⑥ 캠축 위치센서(CMP ; cam position sensor)

캠축 위치센서는 홀 센서방식을 사용한다. 캠축에 설치되어 캠축 1회전(크랭크축 2회전)당 1개의 펄스신호를 발생시켜 ECU로 입력시킨다.

> **POINT**
> 홀 센서방식(hall sensor type)
> 전류가 흐르는 도체에 자기장을 가하면 전류와 자기장에 수직 방향으로 전압이 발생하는 효과를 이용하여 자기장의 방향과 크기를 검출하는 방식의 센서

⑦ 가속페달 위치센서(APS ; accelerator sensor)

가속페달 위치센서는 운전자가 가속페달을 밟은 정도를 ECU로 전달하는 센서이며, 센서 1에 의해 연료분사량과 분사시기가 결정되고, 센서 2는 센서 1을 감시하는 기능으로 차량의 급출발을 방지하기 위한 것이다.

⑧ 연료압력 센서(RPS ; rail pressure sensor)

연료압력 센서는 반도체 피에조 소자를 사용한다. 이 센서의 신호를 받아 ECU는 연료분사량 및 분사시기 조정신호로 사용한다. 고장이 발생하면 림프 홈 모드(페일 세이프)로 진입하여 연료압력을 400bar로 고정시킨다.

출제 예상 문제

01 디젤기관 연료의 구비조건과 관계없는 것은?

① 발열량이 클 것
② 카본의 발생이 적을 것
③ 연소속도가 느릴 것
④ 착화가 용이할 것

연료는 착화가 용이하고, 발열량이 커야 하며, 카본의 발생이 적고, 연소속도가 빨라야 한다.

답 : ③

02 기관의 연료장치에서 희박한 혼합비가 미치는 영향은?

① 시동이 쉬워진다.
② 출력(동력)의 감소를 가져온다.
③ 연소속도가 빠르다.
④ 저속 및 공전이 원활하다.

혼합비가 희박하면 기관의 시동이 어렵고, 저속운전이 불량해지며, 연소속도가 느려 기관의 출력이 저하한다.

답 : ②

03 연료의 세탄가와 가장 밀접한 관련이 있는 것은?

① 착화성   ② 폭발압력
③ 열효율   ④ 인화성

연료의 세탄가란 착화성을 표시하는 수치이다.

답 : ①

04 디젤기관 연소과정에서 연소 4단계에 속하지 않는 것은?

① 후기 연소기간(후 연소기간)
② 화염전파기간(폭발연소기간)
③ 전기 연소기간(전 연소기간)
④ 직접연소기간(제어연소기간)

디젤기관의 연소과정
착화지연기간→화염전파기간→직접연소기간→후 연소기간

답 : ③

05 디젤기관 연소과정 중 연소실 내에 분사된 연료가 착화될 때까지의 지연되는 기간으로 옳은 것은?

① 착화지연 기간   ② 화염전파 기간
③ 직접연소 기간   ④ 후 연소시간

착화지연 기간은 연소실 내에 분사된 연료가 착화될 때까지의 지연되는 기간으로 약 1/1,000~4/1,000초 정도이다.

답 : ①

06 디젤기관의 연소과정에서 착화지연 원인과 관계없는 것은?

① 연료의 미립도   ② 공기의 와류상태
③ 연료의 착화성   ④ 연료의 압력

착화지연은 연료의 미립도, 연료의 착화성, 공기의 와류상태, 기관의 온도 등과 관계가 있다.

답 : ④

07 디젤기관에서 착화지연 기간이 길어져 실린더 내에 연소 및 압력상승이 급격하게 일어나는 현상은?

① 정상연소　② 가솔린 노크
③ 디젤 노크　④ 조기점화

디젤기관의 노크는 착화지연 기간이 길어져 실린더 내의 연소 및 압력상승이 급격하게 일어나는 현상이다.

답 : ③

08 디젤기관에서 노킹을 일으키는 원인은?

① 흡입공기의 온도가 높을 때
② 연소실에 누적된 연료가 많아 일시에 연소할 때
③ 착화지연기간이 짧을 때
④ 연료에 공기가 혼입되었을 때

디젤기관의 노킹은 연소실에 누적된 연료가 많아 일시에 연소할 때 발생한다.

답 : ②

09 디젤기관의 노킹발생 원인에 속하지 않는 것은?

① 세탄가가 높은 연료를 사용하였다.
② 분사노즐의 분무상태가 불량하다.
③ 착화기간 중 연료분사량이 많다.
④ 기관이 과도하게 냉각되어 있다.

디젤기관의 노킹은 세탄가가 낮은 연료를 사용하였을 때 발생한다.

답 : ①

10 디젤기관의 노크방지 방법과 관계없는 것은?

① 세탄가가 높은 연료를 사용한다.
② 실린더 벽의 온도를 낮춘다.
③ 흡기압력을 높게 한다.
④ 압축비를 높게 한다.

디젤기관의 노크방지 방법은 흡기압력과 온도, 압축비, 실린더(연소실) 벽의 온도를 높인다.

답 : ②

11 노킹이 발생하였을 때 기관에 미치는 영향과 관계없는 것은?

① 연소실 온도가 상승한다.
② 기관에 손상이 발생할 수 있다.
③ 배기가스의 온도가 상승한다.
④ 출력이 저하된다.

노킹이 발생되면 기관 회전속도, 기관출력, 흡기효율이 저하하며, 기관이 과열하고, 실린더 벽과 피스톤에 손상이 발생할 수 있다.

답 : ③

12 디젤기관에서 발생하는 진동의 원인과 관계없는 것은?

① 분사시기가 불균일할 때
② 프로펠러 샤프트에 불균형이 있을 때
③ 연료분사량이 불균일할 때
④ 분사압력의 불균일할 때

디젤기관의 진동은 크랭크축의 불균형, 연료분사량, 분사압력 및 분사시기 불균일 등으로 발생한다.

답 : ②

13 디젤기관의 연료탱크에서 분사노즐까지 연료의 순환 순서로 옳은 것은?

① 연료탱크→연료공급 펌프→연료여과기→분사펌프→분사노즐

② 연료탱크→연료여과기→분사펌프→연료공급 펌프→분사노즐

③ 연료탱크→연료공급 펌프→분사펌프→연료여과기→분사노즐

④ 연료탱크→분사펌프→연료여과기→연료공급 펌프→분사노즐

연료공급 순서
연료탱크→연료공급 펌프→연료여과기→분사펌프→분사노즐

답 : ①

14 디젤기관 연료여과기에 설치된 오버플로 밸브(over flow valve)의 기능에 속하지 않는 것은?

① 연료여과기 각 부분을 보호한다.

② 인젝터의 연료분사 시기를 제어한다.

③ 운전 중 공기배출 작용을 한다.

④ 연료공급펌프 소음발생을 억제한다.

오버플로 밸브는 운전 중 연료계통의 공기배출, 연료공급펌프의 소음발생 억제, 연료여과기 각 부분 보호, 연료압력의 지나친 상승을 방지한다.

답 : ②

15 디젤기관 연료장치에서 연료여과기의 공기를 배출하기 위해 설치된 것은?

① 드레인 플러그 ② 오버플로 밸브
③ 코어 플러그   ④ 벤트 플러그

벤트 플러그와 드레인 플러그
• 벤트 플러그(vent plug)는 연료장치의 공기를 배출하기 위해 사용한다.
• 드레인 플러그(drain plug)는 액체를 배출하기 위해 사용한다.

답 : ④

16 연료탱크의 연료를 분사펌프 저압부분까지 공급하는 장치는?

① 연료분사 펌프 ② 연료공급 펌프
③ 인젝션 펌프   ④ 로터리 펌프

연료공급 펌프는 연료탱크 내의 연료를 연료여과기를 거쳐 분사펌프의 저압부분으로 공급한다.

답 : ②

17 디젤기관 연료장치의 분사펌프에서 프라이밍 펌프는 어느 때 사용하는가?

① 기관의 출력을 증가시키고자 할 때 사용한다.

② 연료의 분사압력을 측정할 때 사용한다.

③ 연료의 분사량을 가감할 때 사용한다.

④ 연료계통의 공기배출을 할 때 사용한다.

프라이밍 펌프는 연료공급펌프에 설치되어 있으며, 분사펌프로 연료를 보내거나 연료계통의 공기를 배출할 때 사용한다.

답 : ④

18 디젤기관의 연료라인에 공기가 혼입되었을 때의 현상으로 옳은 것은?

① 연료분사량이 많아진다.

② 디젤노크가 일어난다.

③ 기관부조 현상이 발생된다.

④ 분사압력이 높아진다.

연료에 공기가 흡입되면 공기가 연료의 공급을 방해하므로 기관이 부조를 일으킨다. 즉, 기관의 회전이 불량해진다.

답 : ③

19 디젤기관의 연료장치에서 공기빼기를 하여야 하는 경우에 속하지 않는 것은?

① 연료탱크 내의 연료가 결핍되어 보충한 때
② 연료호스나 파이프 등을 교환한 때
③ 예열이 안 되어 예열플러그를 교환한 때
④ 연료 여과기의 교환, 분사펌프를 탈·부착한 때

연료라인의 공기빼기 작업은 연료탱크 내의 연료가 결핍되어 보충한 경우, 연료호스나 파이프 등을 교환한 경우, 연료 여과기의 교환, 분사펌프를 탈·부착한 경우 등에 한다.

답 : ③

20 디젤기관의 연료장치 공기빼기 순서로 옳은 것은?

① 연료여과기→연료공급 펌프→분사펌프
② 연료공급펌프→분사펌프→연료여과기
③ 연료여과기→분사펌프→연료공급 펌프
④ 연료공급 펌프→연료여과기→분사펌프

연료장치 공기빼기 순서
연료공급 펌프→연료여과기→분사펌프

답 : ④

21 프라이밍 펌프를 사용하여 디젤기관 연료장치 내에 있는 공기를 배출하기 어려운 부분은?

① 분사노즐   ② 연료여과기
③ 분사펌프   ④ 연료공급 펌프

분사노즐은 기관을 크랭킹 시키면서 공기빼기를 한다.

답 : ①

22 디젤기관에서 부조가 발생하는 원인과 관계없는 것은?

① 분사시기 조정이 불량할 때
② 발전기가 고장 났을 때
③ 연료의 압송이 불량할 때
④ 거버너 작용이 불량할 때

답 : ②

23 디젤기관에서 주행 중 시동이 꺼지는 원인에 속하지 않는 것은?

① 연료여과기가 막혔을 때
② 플라이밍 펌프가 작동하지 않을 때
③ 연료파이프에서 누설이 있을 때
④ 분사파이프 내에 기포가 있을 때

기관 가동 중 시동이 꺼지는 원인
• 연료탱크 내의 연료결핍
• 연료탱크 내에 오물이 연료장치에 유입된 경우
• 연료파이프에서 누설되는 경우
• 연료여과기가 막힌 경우
• 연료장치 내에 기포가 유입된 경우

답 : ②

24 디젤기관에 공급하는 연료의 압력을 높이는 것으로 조속기와 분사시기를 조절하는 장치가 장착되어 있는 장치는?

① 플런저 펌프
② 연료분사 펌프
③ 프라이밍 펌프
④ 유압펌프

분사펌프는 연료를 압축하여 분사순서에 맞추어 노즐로 압송시키는 장치이며, 조속기와 분사시기를 조절하는 장치가 설치되어 있다.

답 : ②

25 디젤기관의 분사펌프에서 연료분사량 조정 방법은?

① 리밋슬리브를 조정한다.
② 프라이밍 펌프를 조정한다.
③ 컨트롤 슬리브와 피니언의 관계위치를 변화하여 조정한다.
④ 플런저 스프링의 장력을 조정한다.

연료분사량에 차이가 있으면 분사펌프 내의 컨트롤 슬리브와 피니언의 관계위치를 변화시켜 조정한다.

답 : ③

26 디젤기관에서 분사펌프의 플런저와 배럴 사이의 윤활은?

① 그리스로 한다.
② 경유로 한다.
③ 유압유로 한다.
④ 기관오일로 한다.

분사펌프의 플런저와 배럴 사이 및 분사노즐의 윤활은 경유로 한다.

답 : ②

27 디젤기관 인젝션 펌프에서 딜리버리 밸브의 기능에 속하지 않는 것은?

① 잔압을 유지시킨다.
② 후적을 방지한다.
③ 유량을 조정한다.
④ 역류를 방지한다.

딜리버리 밸브는 연료의 역류를 방지하고, 분사노즐의 후적을 방지하며, 잔압을 유지시킨다.

답 : ③

28 기관의 부하에 따라 자동적으로 연료분사량을 가감하여 최고 회전속도를 제어하는 장치는?

① 조속기   ② 캠축
③ 플런저 펌프   ④ 타이머

조속기(거버너)는 기관의 부하에 따라 자동적으로 연료분사량을 가감하여 최고 회전속도를 제어한다.

답 : ①

29 디젤기관에서 인젝터 간 연료분사량이 일정하지 않을 때 일어나는 현상은?

① 출력은 향상되나 기관은 부조를 한다.
② 연소 폭발음의 차이가 있으며 기관은 부조를 한다.
③ 연료분사량에 관계없이 기관은 순조로운 회전을 한다.
④ 연료소비에는 관계가 있으나 기관 회전에는 영향을 미치지 않는다.

인젝터 간 연료분사량이 일정하지 않으면 연소 폭발음의 차이가 있으며 기관은 부조를 하게 된다.

답 : ②

30 디젤기관에서 회전속도에 따라 연료의 분사시기를 제어하는 장치는?

① 타이머   ② 기화기
③ 과급기   ④ 조속기

타이머(timer)는 기관의 회전속도에 따라 자동적으로 분사시기를 조정하여 운전을 안정되게 한다.

답 : ①

31 디젤기관에서 연료분사 펌프로부터 보내진 고압의 연료를 미세한 안개모양으로 연소실에 분사하는 장치는?

① 분사펌프   ② 공급펌프
③ 분사노즐   ④ 커먼레일

분사노즐은 분사펌프에 보내준 고압의 연료를 연소실에 안개모양으로 분사하는 부품이다.

답 : ③

32 디젤기관 노즐(nozzle)의 연료분사 3대 요건에 속하지 않는 것은?

① 착화 ② 무화
③ 관통력 ④ 분포

연료분사의 3대 요소는 무화(안개화), 분포(분산), 관통력이다.

답 : ①

33 디젤기관에서 사용하는 분사노즐의 종류에 속하지 않는 것은?

① 핀틀형(pintle type) 분사노즐
② 싱글 포인트형(single point type) 분사노즐
③ 구멍형(hole type) 분사노즐
④ 스로틀형(throttle type) 분사노즐

분사노즐의 종류에는 홀(구멍)형, 핀틀형, 스로틀형이 있다.

답 : ②

34 분사노즐 시험기로 점검할 수 있는 사항은?

① 분사개시 압력과 후적
② 분포상태와 플런저의 성능
③ 분사개시 압력과 분사속도
④ 분포상태와 분사량

노즐테스터는 분포(분무)상태, 분사각도, 후적 유무, 분사개시 압력 등을 점검 할 수 있다.

답 : ①

35 커먼레일 디젤기관의 연료장치 구성부품에 속하지 않는 것은?

① 커먼레일 ② 분사펌프
③ 고압연료 펌프 ④ 인젝터

커먼레일 디젤기관의 연료장치는 연료탱크, 연료필터, 저압연료 펌프, 고압연료 펌프, 커먼레일, 인젝터로 구성되어 있다.

답 : ②

36 커먼레일 연료분사장치의 저압계통에 속하지 않는 것은?

① 연료필터 ② 연료 스트레이너
③ 커먼레일 ④ 저압연료 펌프

커먼레일은 고압연료 펌프로부터 이송된 고압의 연료가 저장되는 부품으로 인젝터가 설치되어 있어 모든 실린더에 공통으로 연료를 공급하는 데 사용된다.

답 : ③

37 커먼레일 디젤기관의 압력제한 밸브에 대한 설명으로 옳지 않은 것은?

① 연료압력이 높으면 연료의 일부분이 연료탱크로 되돌아간다.
② 커먼레일과 같은 라인에 설치되어 있다.
③ 기계식 밸브가 많이 사용된다.
④ 운전조건에 따라 커먼레일의 압력을 제어한다.

압력제한 밸브는 커먼레일에 설치되어 있으며 커먼레일 내의 연료압력이 규정 값보다 높아지면 열려 연료의 일부를 연료탱크로 복귀시킨다.

답 : ③

38 인젝터의 점검항목에 속하지 않는 것은?

① 저항 ② 작동온도
③ 분사량 ④ 작동음

인젝터의 점검항목은 저항, 연료분사량, 작동음이다.

답 : ②

39 기관에서 연료압력이 너무 낮을 때의 원인에 속하지 않는 것은?

① 연료펌프의 공급압력이 누설되었다.
② 연료압력 레귤레이터에 있는 밸브의 밀착이 불량하여 리턴포트 쪽으로 연료가 누설되었다.
③ 연료필터가 막혔다.
④ 리턴호스에서 연료가 누설된다.

리턴호스는 연료장치에서 사용하고 남은 연료가 연료탱크로 복귀하는 호스이므로 연료압력에는 영향을 주지 않는다.

답 : ④

40 커먼레일 디젤기관에서 크랭킹은 되는데 기관이 시동되지 않을 때 점검부위로 옳지 않은 것은?

① 인젝터
② 분사펌프 딜리버리 밸브
③ 연료탱크 유량
④ 커먼레일 압력

분사펌프 딜리버리 밸브는 연료의 역류와 후적을 방지하고 고압파이프에 잔압을 유지시키는 작용을 한다.

답 : ②

41 커먼레일 디젤기관의 전자제어 계통에서 입력요소에 속하지 않는 것은?

① 연료온도 센서
② 연료압력 센서
③ 연료압력 제한밸브
④ 축전지 전압

연료압력 제한 밸브는 커먼레일 내의 연료압력이 너무 높을 때 ECU의 신호에 의해 열려 커먼레일 내의 압력을 규정값으로 유지한다.

답 : ③

42 커먼레일 디젤기관의 연료압력센서(RPS)에 대한 설명으로 옳지 않은 것은?

① 반도체 피에조 소자방식이다.
② 이 센서가 고장이면 시동이 꺼진다.
③ RPS의 신호를 받아 연료분사량을 조정하는 신호로 사용한다.
④ RPS의 신호를 받아 연료 분사시기를 조정하는 신호로 사용한다.

연료압력 센서(RPS)는 반도체 피에조 소자이며, 이 센서의 신호를 받아 ECU는 연료분사량 및 분사시기 조정신호로 사용한다. 고장이 발생하면 페일 세이프로 진입하여 연료압력을 400bar로 고정시킨다.

답 : ②

43 커먼레일 디젤기관의 공기유량센서(AFS)에서 주로 사용하는 방식은?

① 칼만와류 방식   ② 열막 방식
③ 베인 방식   ④ 피토관 방식

공기유량센서(air flow sensor)는 열막(hot film) 방식을 사용한다.

답 : ②

44 커먼레일 디젤기관의 공기유량센서(AFS)에 대한 설명으로 옳지 않은 것은?

① 열막 방식을 사용한다.
② 연료량 제어 기능을 주로 한다.
③ EGR 피드백 제어 기능을 주로 한다.
④ 스모그 제한 부스터 압력제어용으로 사용한다.

공기유량 센서의 기능은 EGR 피드백 제어와 스모그 리미트 부스트 압력제어이다.

답 : ②

45 커먼레일 디젤기관의 흡기온도센서(ATS)에 대한 설명으로 옳지 않는 것은?

① 부특성 서미스터이다.
② 분사시기 제어보정 신호로 사용된다.
③ 연료분사량 제어보정 신호로 사용된다.
④ 주로 냉각팬 제어신호로 사용된다.

흡기온도센서는 부특성 서미스터를 이용하며, 분사시기와 연료분사량 제어보정 신호로 사용된다.

답 : ④

46 전자제어 디젤기관의 회전수를 검출하여 연료분사 순서와 분사시기를 결정하는 센서는?

① 냉각수 온도센서
② 가속페달 위치센서
③ 크랭크축 위치센서
④ 기관오일 온도센서

크랭크축 위치센서(CPS, CKP)는 크랭크축의 각도 및 피스톤의 위치, 기관 회전속도 등을 검출하여 연료분사 순서와 분사시기를 결정한다.

답 : ③

47 커먼레일 디젤기관의 센서의 작용에 대한 설명으로 옳지 않은 것은?

① 수온센서는 기관의 온도에 따른 냉각팬 제어신호로 사용된다.
② 연료온도 센서는 연료온도에 따른 연료량 보정신호로 사용된다.
③ 수온센서는 기관온도에 따른 연료량을 증감하는 보정신호로 사용된다.
④ 크랭크 포지션 센서는 밸브개폐 시기를 감지한다.

답 : ④

48 커먼레일 디젤기관의 가속페달 포지션 센서에 대한 설명으로 옳지 않는 것은?

① 가속페달 포지션 센서 1은 연료량과 분사시기를 결정한다.
② 가속페달 포지션 센서 2는 센서 1을 검사하는 센서이다.
③ 가속페달 포지션 센서 3은 연료온도에 따른 연료량 보정신호로 사용한다.
④ 가속페달 포지션 센서는 운전자의 의지를 전달하는 센서이다.

가속페달 위치센서는 운전자의 의지를 ECU로 전달하는 센서이며, 센서 1에 의해 연료분사량과 분사시기가 결정된다. 센서 2는 센서 1을 검사하는 기능으로 차량의 급출발을 방지하기 위한 것이다.

답 : ③

49 커먼레일 디젤기관의 연료장치에서 출력요소에 속하는 것은?

① 기관 ECU
② 공기유량 센서
③ 브레이크 스위치
④ 인젝터

인젝터는 기관 ECU의 신호에 의해 연료를 분사하는 출력요소이다.

답 : ④

50 기관의 운전상태를 감시하고 고장진단을 할 수 있는 기능은?

① 자기진단기능   ② 제동기능
③ 조향기능   ④ 윤활기능

자기진단기능은 기관의 운전상태를 감시하고 고장진단을 할 수 있는 기능이다.

답 : ①

03 냉각장치(Cooling System)

1 냉각장치의 필요성

① 기관의 정상작동 온도는 실린더 헤드 물재킷 내의 냉각수 온도로 나타내며 약 75~95℃ 이다.

② 기관이 과열하면 기관오일 점도저하로 유막이 파괴되고, 각 작동부분이 열팽창으로 고착되며, 실린더 헤드 등이 변형되기 쉽고, 금속이 빨리 산화된다.

③ 기관이 과냉하면 블로바이 현상이 발생하여 압축압력이 저하하고 연료소비량이 증대되며, 기관의 회전저항이 증가한다.

2 수냉식 기관의 냉각방식

수냉식은 기관 내부의 연소를 통해 일어나는 열에너지가 기계적 에너지로 바뀌면서 뜨거워진 기관을 물로 냉각하는 방식이며, 종류는 다음과 같다.

(1) 자연 순환방식

자연 순환방식은 냉각수를 대류에 의해 순환시켜 냉각한다.

(2) 강제 순환방식

강제 순환방식은 물 펌프로 실린더 헤드와 블록에 설치된 물재킷 내에 냉각수를 순환시켜 냉각한다.

(3) 압력 순환방식(가압방식)

압력 순환방식은 냉각계통을 밀폐시키고, 냉각수가 가열되어 팽창할 때의 압력이 냉각수에 압력을 가하여 냉각수의 비등점을 높여 비등에 의한 손실을 감소시킨다.

(4) 밀봉 압력방식

밀봉 압력방식은 라디에이터 캡을 밀봉시킨 후 냉각수의 팽창과 같은 크기의 보조 물탱크를 설치하고 냉각수가 팽창하였을 때 외부로 배출되지 않도록 한다.

3 수냉식의 주요구조와 기능

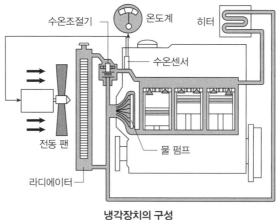

냉각장치의 구성

(1) 물재킷(water jacket)

물재킷은 실린더 헤드 및 블록의 일체 구조로, 냉각수가 순환하는 물 통로이다.

(2) 물펌프(water pump)

① 물펌프는 팬벨트를 통하여 크랭크축에 의해 구동되며, 실린더 헤드 및 블록의 물재킷 내로 냉각수를 순환시키는 원심력 펌프이다.

② 물펌프의 능력은 송수량으로 표시하며, 효율은 냉각수 온도에 반비례하고 압력에 비례하므로 냉각수에 압력을 가하면 물 펌프의 효율이 증대된다.

(3) 냉각팬(cooling fan)

냉각팬은 라디에이터를 통하여 공기를 흡입하여 라디에이터 통풍을 도와주며, 냉각 팬이 회전할 때 공기가 향하는 방향은 라디에이터 방향이다.

① 정상온도 이하에서는 작동하지 않고 과열일 때 작동한다.

② 팬벨트가 필요 없다.

③ 기관의 시동 여부에 관계없이 냉각수 온도에 따라 작동한다.

(4) 팬벨트(drive belt or fan belt)

팬벨트는 크랭크축 풀리, 발전기 풀리, 물 펌프 풀리 등을 연결 구동하며, 팬벨트는 각 풀리의 양쪽 경사진 부분에 접촉되어야 한다.

(5) 라디에이터(radiator ; 방열기)

라디에이터는 위 탱크, 냉각수 주입구, 코어(냉각핀과 수관[튜브]), 아래 탱크로 구성되며, 재료는 대부분 알루미늄 합금을 사용한다.

① 구비조건
  - 가볍고 작으며, 강도가 커야 한다.
  - 단위 면적당 방열량이 커야 한다.
  - 공기 흐름 저항이 적어야 한다.
  - 냉각수 흐름 저항이 적어야 한다.

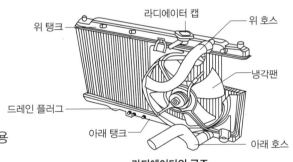

라디에이터의 구조

② 라디에이터에 연결된 보조 물탱크의 작용
  - 냉각수의 체적팽창을 흡수한다.
  - 오버플로(over flow) 되어도 증기만 방출된다.
  - 장기간 냉각수 보충이 필요 없다.

③ 라디에이터 캡(radiator cap)

라디에이터 캡은 냉각장치 내의 비등점(비점)을 높이고, 냉각범위를 넓히기 위하여 압력식 캡을 사용하며, 압력밸브와 진공밸브로 되어있다.

  - 압력밸브의 작용 : 냉각장치 내부압력이 규정보다 높을 때 압력밸브가 열리며, 주작용은 냉각수의 비등점을 상승시킨다. 또한, 압력밸브 스프링이 파손되거나 장력이 약해지면 비등점이 낮아져 기관이 과열되기 쉽다.

• 진공(부압)밸브의 작용 : 냉각장치 내부압력이 부압이 되면(내부압력이 규정보다 낮을 때) 진공밸브가 열린다. 또한, 밀봉압력 냉각방식에서 보조탱크 내의 냉각수가 라디에이터로 빨려 들어갈 때 진공밸브가 열린다.

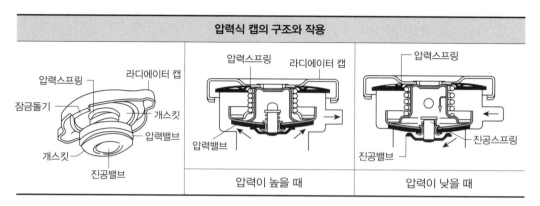

압력식 캡의 구조와 작용

| | 압력이 높을 때 | 압력이 낮을 때 |

(6) 수온조절기(정온기 ; thermostat)

① 수온조절기는 실린더 헤드 물재킷 출구 부분에 설치되어 냉각수 온도에 따라 냉각수 통로를 개폐하여 기관의 온도를 알맞게 유지한다.

② 종류에는 펠릿형, 벨로즈형, 바이메탈형이 있으나 현재는 펠릿형만을 사용한다.

③ 펠릿형은 왁스 실에 왁스를 넣어 온도가 높아지면 팽창 축을 밀어 올려 밸브가 열린다.

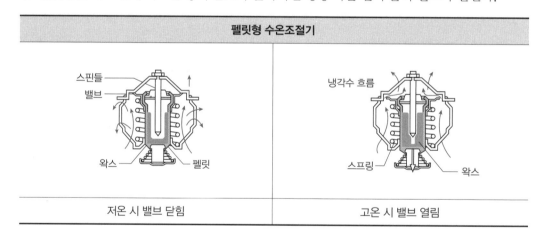

펠릿형 수온조절기

저온 시 밸브 닫힘 / 고온 시 밸브 열림

(7) 냉각수 경고등

① 냉각수 경고등은 냉각수 양이 부족할 때, 냉각계통의 물 호스가 파손되었을 때, 라디에이터 캡이 열린 채 운행하였을 때 점등된다.

② 경고등이 점등되면 작업을 중지하고 냉각수 양을 점검하고 냉각계통의 정비를 받는다.

4 **부동액(anti freezer)**

부동액의 종류에는 메탄올(알코올), 글리세린, 에틸렌글리콜이 있으며, 에틸렌글리콜을 주로 사용한다. 부동액의 구비조건은 다음과 같다.

① 빙점(응고점)은 물보다 낮아야 한다.

② 비등점이 물보다 높아야 한다.

③ 부식성이 없고 팽창계수가 적어야 한다.

④ 물과 혼합이 잘 되고 침전물이 없어야 한다.

⑤ 휘발성이 없고 순환이 잘 되어야 한다.

5 **수냉식 기관의 과열 원인**

① 라디에이터 호스가 파손되었다.

② 라디에이터 코어가 20% 이상 막혔다.

③ 라디에이터 코어가 파손되었거나 오손되었다.

④ 냉각팬이 파손되었다.

⑤ 팬 벨트의 장력이 작거나 파손되었다.

⑥ 물펌프의 작동이 불량하다.

⑦ 냉각수의 양이 부족하다.

⑧ 물재킷 내에 스케일(물때)이 많이 쌓여 있다.

⑨ 수온조절기가 열리는 온도가 너무 높다.

⑩ 수온조절기(정온기)가 닫힌 채 고장이 났다.

출제 예상 문제

01 기관 내부의 연소를 통해 일어나는 열에너지가 기계적 에너지로 바뀌면서 뜨거워진 기관을 물로 냉각하는 방식은?

① 유냉식　　　　② 공랭식
③ 수냉식　　　　④ 가스 순환식

수냉식은 냉각수를 이용하여 기관 내부를 냉각하는 방식이다.

답 : ③

02 기관의 온도계는 어느 부분의 온도를 나타내는가?

① 연소실 내의 온도를 표시한다.
② 유압유의 온도를 표시한다.
③ 기관오일의 온도를 표시한다.
④ 냉각수의 온도를 표시한다.

수냉식 기관의 냉각수 온도는 실린더 헤드 물재킷의 온도이다.

답 : ④

03 기관 작동에 필요한 냉각수 온도의 최적조건 범위는?

① 0~5℃　　　　② 10~45℃
③ 75~95℃　　　④ 110~120℃

수냉식 기관의 정상작동 온도는 75~95℃이다

답 : ③

04 기관 과열 시 일어나는 현상에 속하지 않는 것은?

① 금속이 빨리 산화되고 변형되기 쉽다.
② 연료소비율이 줄고, 효율이 향상된다.
③ 윤활유 점도저하로 유막이 파괴될 수 있다.
④ 각 작동부분이 열팽창으로 고착될 수 있다.

기관이 과열하면 각 작동부분이 열팽창으로 고착될 우려가 있고, 윤활유의 점도저하로 유막이 파괴될 수 있으며, 금속이 빨리 산화되고 변형되기 쉽다.

답 : ②

05 디젤기관의 과냉 시 발생할 수 있는 사항과 관계없는 것은?

① 기관의 회전저항이 감소한다.
② 블로바이 현상이 발생된다.
③ 연료소비량이 증대된다.
④ 압축압력이 저하된다.

기관이 과냉되면 기관의 회전저항이 증가하고, 블로바이 현상이 발생하여 압축압력이 저하하며, 연료소비량이 증대된다.

답 : ①

06 기관의 냉각장치에 속하지 않는 부품은?

① 수온조절기　　② 릴리프 밸브
③ 냉각팬 및 벨트　④ 방열기

릴리프 밸브는 윤활장치나 유압장치에서 유압을 규정 값으로 제어한다.

답 : ②

07 디젤기관의 냉각장치 방식에 속하지 않는 것은?

① 자연순환식   ② 강제순환식
③ 압력순환식   ④ 진공순환식

냉각장치 방식에는 자연 순환방식, 강제 순환방식, 압력 순환방식, 밀봉 압력방식이 있다.

답 : ④

08 가압식 라디에이터의 장점에 속하지 않는 것은?

① 냉각수의 순환속도가 빠르다.
② 냉각수의 비등점을 높일 수 있다.
③ 냉각장치의 효율을 높일 수 있다.
④ 방열기를 적게 할 수 있다.

가압식(압력순환식)은 방열기를 적게 할 수 있고, 냉각수의 비등점을 높일 수 있으며, 냉각장치의 효율을 높일 수 있다.

답 : ①

09 기관의 온도를 일정하게 유지하기 위해 설치된 물 통로에 해당하는 것은?

① 실린더 헤드   ② 워터 재킷
③ 워터밸브   ④ 오일팬

워터 재킷(water jacket)은 실린더 헤드와 실린더 블록에 설치한 물 통로이다.

답 : ②

10 물펌프에 대한 설명으로 옳지 않은 것은?

① 물펌프의 구동은 벨트를 통하여 크랭크축에 의해서 구동된다.
② 물펌프의 효율은 냉각수 온도에 비례한다.
③ 냉각수에 압력을 가하면 물 펌프의 효율은 증대된다.
④ 물펌프는 주로 원심펌프를 사용한다.

물펌프는 원심펌프를 사용하며, 효율은 냉각수 온도에 반비례하고 압력에 비례한다.

답 : ②

11 기관의 냉각팬이 회전할 때 공기가 향하는 방향은?

① 방열기 방향   ② 상부방향
③ 하부방향   ④ 회전방향

냉각팬이 회전할 때 공기가 향하는 방향은 방열기 방향이다.

답 : ①

12 냉각장치에 사용되는 전동팬에 대한 설명과 관계없는 것은?

① 팬벨트가 필요 없다.
② 정상온도 이하에서는 작동하지 않고 과열일 때 작동한다.
③ 기관이 시동되면 동시에 회전한다.
④ 냉각수 온도에 따라 작동한다.

전동팬은 전동기로 구동하므로 팬벨트가 필요 없으며, 기관의 시동 여부에 관계없이 냉각수 온도에 따라 작동한다. 즉, 정상온도 이하에서는 작동하지 않고 과열일 때 작동한다.

답 : ③

13 팬벨트와 연결되지 않는 부품은?

① 기관 오일펌프 풀리
② 발전기 풀리
③ 워터펌프 풀리
④ 크랭크축 풀리

팬벨트는 크랭크축 풀리, 발전기 풀리, 워터펌프 풀리와 연결된다.

답 : ①

14 냉각장치에서 사용하는 라디에이터의 구성부품에 속하지 않는 것은?

① 물재킷   ② 코어
③ 냉각핀   ④ 냉각수 주입구

물재킷은 실린더 헤드와 블록에 설치한 냉각수 순환통로이다.

답 : ①

15 라디에이터에 대한 설명으로 옳지 않은 것은?

① 냉각효율을 높이기 위해 방열핀이 설치된다.
② 공기흐름 저항이 커야 냉각효율이 높다.
③ 라디에이터 재료 대부분은 알루미늄합금이 사용된다.
④ 단위 면적당 방열량이 커야 한다.

라디에이터는 공기 흐름저항이 적어야 냉각효율이 높다.

답 : ②

16 사용하던 라디에이터와 신품 라디에이터의 냉각수 주입량을 비교했을 때 신품으로 교환해야 할 시점은?

① 40% 이상의 차이가 발생했을 때
② 30% 이상의 차이가 발생했을 때
③ 20% 이상의 차이가 발생했을 때
④ 10% 이상의 차이가 발생했을 때

신품 라디에이터와 사용하던 라디에이터의 냉각수 주입량이 20% 이상의 차이가 발생하면 교환한다.

답 : ③

17 라디에이터 내의 냉각수가 누출될 때 일어나는 현상은?

① 냉각수 비등점이 높아진다.
② 기관이 과열한다.
③ 기관이 과냉한다.
④ 냉각수 순환이 불량해진다.

라디에이터에서 냉각수가 누출되면 냉각수량 부족으로 기관이 과열한다.

답 : ②

18 기관의 방열기에 연결된 보조탱크의 역할이 아닌 것은?

① 오버플로(over flow) 되어도 증기만 방출된다.
② 냉각수의 체적팽창을 흡수한다.
③ 장기간 냉각수 보충이 필요 없다.
④ 냉각수 온도를 적절하게 조절한다.

냉각수 온도를 적절하게 조절하는 부품은 수온조절기이다.

답 : ④

19 기관의 냉각장치에서 냉각수의 비등점을 높여주기 위해 설치한 부품은?

① 압력식 캡   ② 냉각핀
③ 보조탱크   ④ 코어

냉각장치 내의 비등점(비점)을 높이고, 냉각범위를 넓히기 위하여 압력식 캡을 사용한다.

답 : ①

20 압력식 라디에이터 캡에 설치된 밸브의 종류로 옳은 것은?

① 입력밸브와 진공밸브
② 입구밸브와 출구밸브
③ 압력밸브와 진공밸브
④ 압력밸브와 메인밸브

라디에이터 캡에 설치된 밸브는 압력밸브와 진공밸브이다.

답 : ③

21 압력식 라디에이터 캡에 대한 설명으로 옳은 것은?

① 냉각장치 내부압력이 부압이 되면 진공밸브는 열린다.
② 냉각장치 내부압력이 규정보다 높을 때 진공밸브는 열린다.
③ 냉각장치 내부압력이 규정보다 낮을 때 공기밸브는 열린다.
④ 냉각장치 내부압력이 부압이 되면 공기밸브는 열린다.

진공밸브와 압력밸브의 작용
• 진공밸브는 냉각장치 내부압력이 부압(진공)이 되면 열린다.
• 압력밸브는 냉각장치 내부압력이 규정보다 높으면 열린다.

답 : ①

22 밀봉압력식 냉각방식에서 보조탱크 내의 냉각수가 라디에이터로 빨려 들어갈 때 개방되는 압력 캡의 밸브는?

① 리듀싱 밸브   ② 진공밸브
③ 압력밸브   ④ 릴리프 밸브

밀봉압력식에서 라디에이터 캡의 진공밸브가 열리면 보조탱크 내의 냉각수가 라디에이터로 빨려 들어간다.

답 : ②

23 라디에이터 캡의 스프링이 파손되었을 때 일어나는 현상은?

① 냉각수 비등점이 낮아진다.
② 냉각수 순환이 빨라진다.
③ 냉각수 순환이 불량해진다.
④ 냉각수 비등점이 높아진다.

압력밸브의 스프링이 파손되거나 장력이 약해지면 비등점이 낮아져 기관이 과열되기 쉽다.

답 : ①

24 기관의 온도를 항상 일정하게 유지하기 위하여 냉각계통에 설치한 부품은?

① 크랭크축 풀리   ② 수온조절기
③ 물펌프 풀리   ④ 벨트장력 조절기

수온조절기(정온기)는 기관의 온도를 항상 일정하게 유지하기 위하여 냉각계통에 설치한 부품이다.

답 : ②

25 디젤기관에서 냉각수의 온도에 따라 냉각수 통로를 개폐하는 수온조절기를 설치하는 위치는?

① 라디에이터 상부에 설치되어 있다.
② 라디에이터 하부에 설치되어 있다.
③ 실린더 블록 물재킷 입구에 설치되어 있다.
④ 실린더 헤드 물재킷 출구에 설치되어 있다.

수온조절기는 실린더 헤드 물재킷 출구에 설치한다.

답 : ④

26 냉각장치에서 사용하는 수온조절기의 종류에 속하지 않는 것은?

① 펠릿 형식   ② 마몬 형식
③ 바이메탈 형식   ④ 벨로즈 형식

수온조절기의 종류에는 바이메탈 형식, 벨로즈 형식, 펠릿 형식이 있으며, 현재는 주로 펠릿 형식을 사용한다.

답 : ②

27 왁스 실에 왁스를 넣어 온도가 높아지면 팽창 축을 올려 열리는 온도조절기의 형식은?

① 바이메탈 형식   ② 펠릿 형식
③ 바이패스 형식   ④ 벨로즈 형식

펠릿형(Pellet type)은 왁스 실에 왁스를 넣어 온도가 높아지면 팽창 축을 올려 열리는 형식이다.

답 : ②

28 기관의 수온조절기에 있는 바이패스(by pass)회로의 기능은?

① 냉각수를 여과시킨다.
② 냉각팬의 속도를 제어한다.
③ 냉각수 온도를 제어한다.
④ 냉각수의 압력을 제어한다.

수온조절기 바이패스 회로의 기능은 냉각수 온도 제어이다.

답 : ③

29 냉각장치에서 수온조절기의 열림 온도가 낮을 때 발생하는 현상은?

① 물펌프에 과부하가 발생한다.
② 기관의 워밍업 시간이 길어진다.
③ 기관이 과열되기 쉽다.
④ 방열기 내의 압력이 높아진다.

수온조절기의 열림 온도가 낮으면 기관의 워밍업 시간이 길어진다. 즉 냉각수 온도가 정상적으로 상승하는 시간이 길어진다.

답 : ②

30 기관 작동 중에 냉각수의 온도가 정상적으로 올라가지 않는 원인은?

① 팬벨트가 헐겁다.
② 수온조절기가 열려있다.
③ 물펌프의 작동이 불량하다.
④ 냉각수가 부족하다.

냉각수 온도가 정상적으로 상승하지 않는 원인은 수온조절기가 열린 상태로 고장 난 경우이다.

답 : ②

31 지게차 운전 시 계기판에서 냉각수량 경고등이 점등되는 원인에 속하지 않는 것은?

① 냉각수량이 부족하다.
② 냉각수 통로에 스케일(물때)이 많이 퇴적되었다.
③ 라디에이터 캡이 열린 채 운행하였다.
④ 냉각계통의 물 호스가 파손되었다.

냉각수 통로에 스케일(물때)이 많이 퇴적되면 기관이 과열한다.

답 : ②

32 지게차 작업 시 계기판에서 냉각수 경고등이 점등되었을 때의 조치는?

① 즉시 작업을 중지하고 점검 및 정비를 받는다.
② 라디에이터를 교환한다.
③ 작업을 마친 후 곧바로 냉각수를 보충한다.
④ 오일량을 점검한다.

냉각수 경고등이 점등되면 작업을 중지하고 냉각수량 점검 및 냉각계통의 정비를 받는다.

답 : ①

33 지게차 디젤기관에서 사용하는 부동액의 종류에 속하지 않는 것은?

① 에틸렌글리콜   ② 알코올
③ 글리세린   ④ 메탄

부동액의 종류에는 알코올(메탄올), 글리세린, 에틸렌글리콜이 있다.

답 : ④

34 라디에이터 캡을 열어 냉각수를 점검하였을 때 기관오일이 떠 있다면 그 원인은?

① 밸브간극이 과다할 때
② 압축압력이 높아 역화 현상이 발생하였을 때
③ 실린더 헤드개스킷이 파손되었을 때
④ 피스톤 링과 실린더가 과다 마모되었을 때

라디에이터에 기관오일이 떠 있는 원인은 헤드개스킷 파손, 헤드볼트 풀림 또는 파손, 수냉식 오일쿨러에서의 누출 때문이다.

답 : ③

35 냉각장치에서 냉각수가 줄어드는 원인과 정비방법으로 옳지 않은 것은?

① 서머스타트 하우징 불량 : 개스킷 및 하우징을 교체한다.
② 히터 혹은 라디에이터 호스 불량 : 수리 및 부품을 교환한다.
③ 워터펌프 불량 : 조정한다.
④ 라디에이터 캡 불량 : 부품을 교환한다.

워터펌프가 불량하면 신품으로 교환한다.

답 : ③

36 냉각장치에서 소음이 발생하는 원인에 속하지 않는 것은?

① 팬벨트 장력이 헐겁다.
② 수온조절기의 작동이 불량하다.
③ 물 펌프의 베어링이 마모되었다.
④ 냉각 팬의 조립이 불량하다.

수온조절기가 열린 상태로 고장 나면 과냉하고, 닫힌 상태로 고장 나면 기관이 과열한다.

답 : ②

37 지게차로 작업 중 기관온도가 급상승하였을 때 가장 먼저 점검하여야 할 부분은?

① 부동액 점도
② 냉각수의 양
③ 윤활유 점도지수
④ 크랭크축 베어링 상태

기관온도가 급상승하면 라디에이터 보조탱크 내의 냉각수의 양을 가장 먼저 점검한다.

답 : ②

38 기관 과열의 원인에 속하지 않는 것은?

① 냉각팬 벨트가 헐거울 때
② 수온조절기가 닫힌 채로 고장 났을 때
③ 히터스위치가 고장 났을 때
④ 물 통로 내의 물 때(scale)가 많을 때

답 : ③

39 지게차 작업 중 온도계 지침이 "H" 위치에 근접하였을 때 운전자가 가장 먼저 취해야 할 조치는?

① 작업을 중단하고 휴식을 취한 후 다시 작업한다.
② 윤활유를 즉시 보충하고 계속 작업한다.
③ 작업을 중단하고 냉각계통을 점검한다.
④ 작업을 계속해도 무방하다.

답 : ③

40 동절기에 기관이 동파되는 원인은?

① 기관오일이 얼어서
② 냉각수가 얼어서
③ 발전기가 얼어서
④ 기동전동기가 얼어서

답 : ②

04 윤활장치(lubrication System)

1 기관오일의 작용과 구비조건

(1) 기관오일의 작용

① 마찰감소·마멸방지 작용을 한다.
② 기밀(밀봉)작용을 한다.
③ 열전도(냉각)작용을 한다.
④ 세척(청정)작용을 한다.
⑤ 완충(응력분산)작용을 한다.
⑥ 방청(부식방지)작용을 한다.

(2) 기관오일의 구비조건

① 점도지수가 높고, 온도와 점도와의 관계가 적당해야 한다.
② 인화점 및 자연발화점이 높아야 한다.
③ 강인한 유막을 형성할 수 있어야 한다.
④ 응고점이 낮고 비중과 점도가 적당해야 한다.
⑤ 기포발생 및 카본생성에 대한 저항력이 커야 한다.

2 기관오일의 분류

(1) SAE(미국 자동차 기술협회) 분류

SAE 번호로 오일의 점도를 표시하며, 번호(숫자)가 클수록 점도가 높다.

겨울용 기관오일	• 겨울에는 기관오일의 유동성이 떨어지기 때문에 점도가 낮아야 한다. • 겨울철에 점도가 높은 오일을 사용하면 오일공급이 원활하지 못하며, 유압이 상승하고 기관을 시동할 때 필요 이상의 동력이 소모된다. • SAE # 5W, 10W, 20W, 10, 20을 사용한다.
봄·가을용 기관오일	• 봄·가을용은 겨울용보다는 점도가 높고, 여름용보다는 점도가 낮다 • SAE # 30을 사용한다.
여름용 기관오일	• 여름용은 기온이 높기 때문에 기관오일의 점도가 높아야 한다. • SAE # 40, 50을 사용한다.
범용 기관오일(다급 기관오일)	• 범용 기관오일은 저온에서 기관이 시동될 수 있도록 점도가 낮고, 고온에서도 기능을 발휘할 수 있는 기관오일이다.

(2) API(미국 석유협회) 분류

가솔린 기관용(ML, MM, MS)과 디젤기관용(DG, DM, DS)으로 구분된다.

3 4행정 사이클 기관의 윤활방식

(1) 비산식

비산식은 오일펌프가 없으며, 커넥팅 로드 대단부에 부착한 주걱(oil dipper)으로 오일 팬 내의 오일을 크랭크축이 회전할 때의 원심력으로 퍼 올려 뿌려준다.

(2) 압송식

압송식은 캠축으로 구동되는 오일펌프로 오일을 흡입·가압하여 각 윤활부분으로 보낸다.

(3) 전 압송식

전 압송식은 피스톤과 피스톤 핀까지 윤활유를 압송하여 윤활하는 방식이다.

(4) 비산 압송식

비산 압송식은 비산식과 압송식을 조합한 것이며, 최근에 가장 많이 사용한다.

4 윤활장치의 구성부품

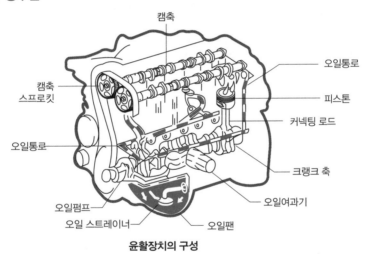

윤활장치의 구성

(1) 오일팬(oil pan) 또는 아래 크랭크 케이스

① 오일팬은 기관오일 저장용기이며, 오일의 냉각작용도 한다.
② 내부에는 섬프(sump)와 격리판(배플)이 설치되어 있다.
③ 외부에는 기관오일 배출용 드레인 플러그가 있다.

(2) 오일 스트레이너(oil strainer)

① 오일 스트레이너는 오일펌프로 들어가는 오일을 여과하는 부품이며, 철망으로 제작하여 비교적 큰 입자의 불순물을 여과한다.
② 고정식과 부동식이 있으며 고정식을 주로 사용한다.

(3) 오일펌프(oil pump)

① 오일펌프는 기관이 가동되어야 작동하며, 오일 팬 내의 오일을 흡입 가압하여 오일여과기를 거쳐 각 윤활부분으로 공급한다.

② 오일펌프의 종류에는 기어펌프, 로터리 펌프, 플런저펌프, 베인 펌프 등이 있다.

(4) 오일여과기(oil filter)

① 오일여과기의 기능 : 오일여과기는 윤활장치 내를 순환하는 불순물을 제거하며, 기관오일을 1회 교환할 때 1회 교환한다.

② 오일여과 방식

분류식 (by pass filter)	오일펌프에 나온 기관오일의 일부만 여과하여 오일팬으로 보내고, 나머지는 그대로 윤활부분으로 보내는 방식이다.
샨트식 (shunt flow filter)	오일펌프에서 나온 윤활유의 일부만 여과하도록 한 방식이지만 여과된 기관오일이 오일팬으로 되돌아오지 않고, 나머지 여과되지 않은 기관오일과 윤활부분에서 합쳐져 공급된다.
전류식 (full-flow filter)	오일펌프에서 나온 기관오일의 모두가 여과기를 거쳐서 여과된 후 윤활부분으로 가는 방식이다. 또 오일여과기가 막히는 것에 대비하여 여과기 내에 바이패스 밸브를 둔다.

(5) 유압조절 밸브(oil pressure relief valve)

유압조절 밸브는 유압이 과도하게 상승하는 것을 방지하여 유압이 일정하게 유지되도록 하는 작용을 한다.

5 기관오일이 많이 소비되는 원인

기관오일의 소비가 증대되는 원인은 연소와 누설이며, 기관오일이 많이 소비되는 원인은 다음과 같다.

① 피스톤 및 피스톤링의 마모가 심하다.

② 실린더 벽의 마모가 심하다.

③ 크랭크축 오일 실(oil seal)이 마모되었거나 파손되었다.

④ 밸브 스템과 가이드 사이의 간극이 크다.

⑤ 밸브 가이드의 오일 실이 불량하다.

6 기관오일을 교환할 때 주의사항

① 기관에 알맞은 오일을 선택한다.

② 주유할 때 사용지침서 및 주유표에 의한다.

③ 오일교환 시기를 맞춘다.

④ 재생오일은 사용하지 않는다.

출제 예상 문제

01 기관오일의 작용에 속하지 않는 것은?

① 방청작용　　② 냉각작용
③ 오일제거작용　④ 응력분산작용

윤활유의 주요기능은 밀봉작용, 방청작용, 냉각작용, 마찰 및 마멸방지 작용, 응력분산작용, 세척작용 등이 있다.

답 : ③

02 기관 윤활유의 구비조건에 속하지 않는 것은?

① 점도가 적당해야 한다.
② 응고점이 높아야 한다.
③ 비중이 적당해야 한다.
④ 청정력이 커야 한다.

윤활유는 인화점 및 발화점이 높고 응고점은 낮아야 한다.

답 : ②

03 기관에 사용되는 윤활유의 성질 중 가장 중요한 사항은?

① 온도　　② 건도
③ 습도　　④ 점도

윤활유의 성질 중 가장 중요한 것은 점도이다.

답 : ④

04 윤활유의 온도변화에 따른 점도변화 정도를 표시하는 것은?

① 점도분포　　② 점화
③ 점도지수　　④ 윤활성

점도지수란 오일의 온도변화에 따른 점도변화 정도를 표시하는 것이다.

답 : ③

05 기관오일의 점도지수가 작은 경우 온도변화에 따른 점도변화는?

① 온도에 따른 점도변화가 작다.
② 점도가 수시로 변화한다.
③ 온도에 따른 점도변화가 크다.
④ 온도와 점도는 관계없다.

점도지수가 작으면 온도에 따른 점도변화가 크다.

답 : ③

06 기관에 사용하는 윤활유 사용방법으로 옳은 것은?

① SAE 번호는 일정하다.
② 여름용은 겨울용보다 SAE 번호가 크다.
③ 겨울용은 여름용보다 SAE 번호가 큰 윤활유를 사용한다.
④ 계절과 윤활유 SAE 번호는 관계가 없다.

여름철에는 점도가 높은(SAE 번호가 큰) 오일을 사용하고, 겨울철에는 점도가 낮은(SAE 번호가 작은)오일을 사용한다.

답 : ②

07 겨울철에 사용하는 기관오일의 점도는?

① 겨울철용 오일은 점도가 낮아야 한다.
② 겨울철용 오일은 점도가 높아야 한다.
③ 계절에 관계없이 점도는 동일해야 한다.
④ 오일은 점도와는 관계가 없다.

겨울철에 사용하는 기관오일은 점도가 낮아야 한다.

답 : ①

08 겨울철에 윤활유 점도가 기준보다 높은 것을 사용했을 때 일어나는 현상은?

① 겨울철에 특히 사용하기 좋다.
② 좁은 공간에 잘 스며들어 충분한 윤활이 된다.
③ 점차 묽어지기 때문에 경제적이다.
④ 기관 시동을 할 때 필요 이상의 동력이 소모된다.

윤활유 점도가 기준보다 높은 것을 사용하면 점도가 높아져 윤활유 공급이 원활하지 못하게 되며, 기관을 시동할 때 동력이 많이 소모된다.

답 : ④

09 윤활유의 첨가제에 속하지 않는 것은?

① 기포방지제
② 청정분산제
③ 에틸렌글리콜
④ 점도지수 향상제

윤활유 첨가제에는 부식방지제, 유동점강하제, 극압윤활제, 청정분산제, 산화방지제, 점도지수 향상제, 기포방지제, 유성향상제, 형광염료 등이 있다.

답 : ③

10 기관의 윤활방식 중 4행정 사이클 기관에서 주로 사용하는 윤활방식은?

① 혼합식, 압력식, 편심식
② 비산식, 압송식, 비산 압송식
③ 편심식, 비산식, 비산 압송식
④ 혼합식, 압력식, 중력식

4행정 사이클 기관의 윤활방식에는 비산식, 압송식, 비산 압송식 등이 있다.

답 : ②

11 기관의 윤활방식 중 오일펌프로 급유하는 방식은?

① 비산식　　　② 비산 분무식
③ 분사식　　　④ 압송식

압송식은 오일펌프로 기관오일을 급유한다.

답 : ④

12 4행정 사이클 기관의 윤활방식 중 피스톤과 피스톤 핀까지 윤활유를 압송하여 윤활하는 방식은?

① 압송 비산식　　② 전 압송식
③ 전 비산식　　　④ 전 압력식

전 압송식은 피스톤과 피스톤 핀까지 윤활유를 압송하여 윤활하는 방식이다.

답 : ②

13 일반적으로 기관에서 주로 사용하는 윤활방법은?

① 비산 압송급유식
② 분무 급유식
③ 수 급유식
④ 적하 급유식

기관에서 주로 사용하는 윤활방식은 비산 압송식이다.

답 : ①

14 기관의 주요 윤활부분에 속하지 않는 곳은?

① 크랭크축 저널　② 플라이휠
③ 피스톤 링　　　④ 실린더 벽

플라이휠 뒷면에는 수동변속기의 클러치가 설치되므로 윤활을 해서는 안 된다.

답 : ②

15 엔진 윤활에 필요한 엔진오일이 저장되어 있는 곳으로 옳은 것은?

① 스트레이너
② 오일펌프
③ 오일팬
④ 오일필터

오일팬은 기관오일을 저장하는 부품이다.

답 : ③

16 오일 스트레이너(oil strainer)에 대한 설명으로 옳지 않은 것은?

① 불순물로 인하여 여과망이 막힐 때에는 오일이 통할 수 있도록 바이패스 밸브(by pass valve)가 설치된 것도 있다.
② 오일여과기에 있는 오일을 여과하여 각 윤활부로 보낸다.
③ 보통 철망으로 만들어져 있으며 비교적 큰 입자의 불순물을 여과한다.
④ 고정식과 부동식이 있으며 일반적으로 고정식을 주로 사용한다.

오일 스트레이너는 펌프로 들어가는 오일을 여과하는 부품이며, 철망으로 제작하여 비교적 큰 입자의 불순물을 여과한다. 현재는 고정식을 주로 사용하며, 불순물로 인하여 여과망이 막힐 때에는 오일이 통할 수 있도록 바이패스 밸브가 설치된 것도 있다.

답 : ②

17 오일펌프(기계식)의 작동에 관한 설명으로 옳은 것은?

① 기관가동이 정지되어도 작동된다.
② 기관이 가동되어야 작동한다.
③ 운전석에서 따로 작동시켜야 한다.
④ 발전기가 작동하면 작동을 시작한다.

오일펌프는 크랭크축이나 캠축으로 구동된다.

답 : ②

18 윤활장치에 사용하고 있는 오일펌프의 종류에 속하지 것은?

① 기어펌프
② 원심펌프
③ 베인 펌프
④ 로터리 펌프

오일펌프의 종류에는 기어펌프, 베인 펌프, 로터리 펌프, 플런저 펌프가 있다.

답 : ②

19 4행정 사이클 기관에 주로 사용하고 있는 오일펌프는?

① 로터리 펌프와 기어펌프
② 로터리 펌프와 나사펌프
③ 원심펌프와 플런저 펌프
④ 기어펌프와 플런저 펌프

4행정 사이클 기관에서는 로터리 펌프와 기어펌프를 주로 사용한다.

답 : ①

20 기관에서 사용하는 여과장치와 관계없는 것은?

① 공기청정기
② 인젝션 타이머
③ 오일 스트레이너
④ 오일필터

답 : ②

21 기관의 윤활장치에서 사용하는 기관오일의 여과방식에 속하지 않는 것은?

① 분류식
② 샨트식
③ 전류식
④ 합류식

기관오일의 여과방식에는 분류식, 샨트식, 전류식이 있다.

답 : ④

22 오일펌프에서 공급된 윤활유 전부를 오일 여과기를 거쳐 윤활부로 보내는 방식은?

① 전류식　　　② 샨트식
③ 분류식　　　④ 자력식

전류식은 공급된 기관오일 전부가 오일여과기를 거쳐 윤활부분으로 보낸다.

답 : ①

23 윤활장치에서 바이패스 밸브가 작동하는 시기는?

① 오일이 오염되었을 때
② 오일여과기가 막혔을 때
③ 오일이 과냉되었을 때
④ 기관시동 시 항상

바이패스 밸브는 오일 여과기가 막혔을 때 작동한다.

답 : ②

24 기관의 윤활장치에서 사용하는 오일여과기에 대한 설명으로 옳지 않은 것은?

① 엘리먼트는 물로 깨끗이 세척한 후 압축공기로 다시 청소하여 사용한다.
② 여과능력이 불량하면 부품의 마모가 빠르다.
③ 작업조건이 나쁘면 교환 시기를 빨리 한다.
④ 오일여과기가 막히면 유압이 높아진다.

답 : ①

25 기관에 사용하는 오일여과기의 교환 시기는?

① 기관오일을 1회 교환 시 2회 교환한다.
② 기관오일을 3회 교환 시 1회 교환한다.
③ 기관오일을 2회 교환 시 1회 교환한다.
④ 기관오일을 1회 교환 시 1회 교환한다.

오일여과기는 기관오일을 교환할 때 함께 교환한다.

답 : ④

26 기관오일의 압력이 높아지는 원인과 관계 없는 것은?

① 릴리프 스프링의 장력이 강하다.
② 기관오일의 점도가 낮다.
③ 기관오일의 점도가 높다.
④ 추운 겨울철에 기관을 가동하고 있다.

오일의 점도가 낮으면 오일압력이 낮아진다.

답 : ②

27 오일압력이 낮은 것과 관계없는 것은?

① 기관오일에 경유가 혼입되었다.
② 실린더 벽과 피스톤 간극이 크다.
③ 각 마찰부분 윤활간극이 마모되었다.
④ 커넥팅 로드 대단부 베어링과 핀 저널의 간극이 크다.

실린더 벽과 피스톤 간극이 크면 블로바이가 발생하여 압축압력이 낮아진다.

답 : ②

28 기관오일을 점검하는 방법으로 옳지 않은 것은?

① 끈적끈적하지 않아야 한다.
② 오일의 색과 점도를 확인한다.
③ 유면표시기를 사용한다.
④ 검은색은 교환시기가 경과한 것이다.

오일량을 점검할 때 점도(끈적끈적 함)도 함께 점검한다.

답 : ①

29 기관의 윤활유 소모가 많아지는 주요 원인은?

① 비산과 압력   ② 연소와 누설
③ 비산과 희석   ④ 희석과 혼합

윤활유의 소비가 늘어나는 주요 원인은 '연소와 누설'이다.

답 : ②

30 기관오일이 많이 소비되는 원인에 속하지 않는 것은?

① 실린더 벽의 마모가 클 때
② 피스톤 링의 마모가 클 때
③ 밸브 가이드의 마모가 클 때
④ 기관의 압축압력이 높을 때

기관오일의 소비가 많아지는 원인은 실린더 벽의 마모가 심할 때, 피스톤 링의 마모가 심할 때, 밸브 가이드의 마모가 심할 때 등이다.

답 : ④

31 기관에서 오일의 온도가 상승하는 원인에 속하지 않는 것은?

① 오일의 점도가 부적당하다.
② 오일냉각기가 불량하다.
③ 과부하 상태에서 연속으로 작업하고 있다.
④ 기관오일의 유량이 과다하다.

오일의 온도가 상승하는 원인은 과부하 상태에서 연속작업, 오일냉각기의 불량, 오일의 점도가 부적당할 때, 기관 오일량의 부족 등이다.

답 : ④

32 사용 중인 기관오일을 점검하였더니 오일량이 처음보다 증가한 경우 그 원인은?

① 오일필터가 막혔다.
② 산화물이 혼입되었다.
③ 배기가스가 유입되었다.
④ 냉각수가 혼입되었다.

냉각수가 혼입되면 기관 오일량이 증가한다.

답 : ④

33 기관의 윤활유를 교환 후 윤활유 압력이 높아졌다면 그 원인은?

① 오일 점도가 높은 것으로 교환하였다.
② 오일의 점도가 낮은 것으로 교환하였다.
③ 기관오일 교환 시 연료가 흡입되었다.
④ 오일회로 내 누설이 발생하였다.

오일 점도가 높은 것을 사용하면 윤활유 압력이 높아진다.

답 : ①

34 기관에 작동 중인 기관오일에 가장 많이 포함된 이물질은?

① 유입먼지   ② 카본
③ 산화물   ④ 금속분말

작동 중인 기관오일에 가장 많이 포함되는 이물질은 카본(carbon)이다.

답 : ②

35 기관오일이 공급되는 장치가 아닌 것은?

① 피스톤   ② 습식 공기청정기
③ 차동장치   ④ 크랭크축

차동장치에는 기어오일을 주유한다.

답 : ③

1 흡기장치

(1) 흡기장치의 구비조건

① 각 실린더에 공기가 균일하게 분배되도록 해야 한다.

② 공기 충돌을 방지하여야 하며, 굴곡이 없어야 한다.

③ 연소가 촉진되도록 공기 와류를 일으켜야 한다.

④ 흡입부분에는 돌출부가 없어야 한다.

⑤ 전체 회전영역에 걸쳐서 흡입효율이 좋아야 한다.

⑥ 균일한 분배성능을 지니고, 연소속도를 빠르게 한다.

(2) 공기청정기(air cleaner)

① 연소에 필요한 공기를 실린더로 흡입할 때, 먼지 등의 불순물을 여과하여 피스톤 등의 마모를 방지한다.

② 흡입공기 중의 먼지 등의 여과와 흡입공기의 소음을 감소시킨다.

③ 종류

건식 공기청정기 (dry type air cleaner)	• 건식 공기청정기는 작은 입자의 먼지나 오물을 여과할 수 있다. • 기관 회전속도의 변동에도 안정된 공기청정 효율을 얻을 수 있다. • 구조가 간단하므로 설치 또는 분해·조립이 간단하다. • 여과망(엘리먼트)은 압축공기로 안쪽에서 바깥쪽으로 불어내어 청소한다.
습식 공기청정기 (wet type air cleaner)	• 습식 공기청정기는 공기청정기 케이스 밑에는 일정한 양의 기관오일이 들어 있어 흡입공기는 오일로 적셔진 여과망을 통과시켜 여과시킨다. • 청정효율은 공기량이 증가할수록 높아지며, 회전속도가 빠르면 효율이 좋고 낮으면 저하된다. • 여과망(엘리먼트)은 스틸 울(steel wool)이므로 세척하여 다시 사용한다.
원심 분리식 공기청정기 (pre cleaner)	• 원심 분리식 공기청정기는 흡입공기를 선회시켜 엘리먼트 이전에서 이물질을 제거하는 공기청정기이다.

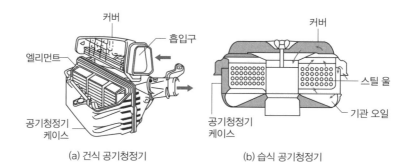

(a) 건식 공기청정기　　　　(b) 습식 공기청정기

공기청정기의 종류

2 과급기(터보차저)

(1) 과급기의 개요

과급기는 터보차저(turbo charger)라고도 부르며, 흡기관과 배기관 사이에 설치되어 기관의 실린더 내에 공기를 압축하여 공급하는 장치이다. 과급기를 설치하면 기관의 중량은 10~15% 정도 증가되고, 출력은 35~45% 정도 증가한다. 설치하였을 때 이점은 다음과 같다.

① 구조가 간단하고 설치가 간단하다.

② 연소상태가 양호하기 때문에 비교적 질이 낮은 연료를 사용할 수 있다.

③ 연소상태가 좋아지므로 압축온도 상승에 따라 착화지연이 짧아진다.

④ 동일 배기량에서 출력이 증가하고, 연료소비율이 감소된다.

⑤ 냉각손실이 적으며, 높은 지대에서도 기관의 출력변화가 적다.

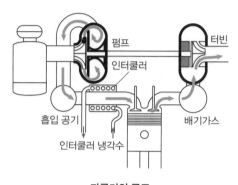

과급기의 구조

(2) 과급기의 작동

① 배기가스가 터빈을 회전시키면 공기가 흡입되어 디퓨저로 들어간다.

② 디퓨저에서는 공기의 속도에너지가 압력에너지로 바뀌게 된다.

③ 과급기(터보차저)는 기관의 배기가스에 의해 구동되며, 기관오일이 공급된다.

④ 인터쿨러는 과급기가 설치된 디젤기관에서 급기온도를 낮추어 배출가스를 저감시키는 장치이다.

출제 예상 문제

01 흡기장치의 구비조건으로 옳지 않은 것은?

① 흡입부에 와류가 발생할 수 있는 돌출부를 설치해야 한다.
② 균일한 분배성을 가져야 한다.
③ 연소속도를 빠르게 해야 한다.
④ 전 회전영역에 걸쳐서 흡입효율이 좋아야 한다.

공기흡입 부분에는 돌출 부분이 없어야 한다.

답 : ①

02 기관에서 공기청정기를 설치한 목적은?

① 공기의 가압작용을 하기 위함이다.
② 공기의 여과와 소음을 방지하기 위함이다.
③ 연료의 여과와 소음을 방지하기 위함이다.
④ 연료의 여과와 가압을 작용하기 위함이다.

공기청정기는 흡입공기의 먼지 등을 여과하는 작용이외에 흡기소음을 감소시킨다.

답 : ②

03 공기청정기의 통기저항을 설명한 것으로 옳지 않은 것은?

① 기관출력에 영향을 준다.
② 통기저항이 커야 한다.
③ 통기저항이 적어야 한다.
④ 연료소비에 영향을 준다.

공기청정기의 통기저항이 크면 기관의 출력이 저하되고, 연료소비에 영향을 준다.

답 : ②

04 기관에서 사용하는 공기청정기에 대한 설명과 관계없는 것은?

① 공기청정기가 막히면 출력이 감소한다.
② 공기청정기가 막히면 배기색은 흑색이 된다.
③ 공기청정기는 실린더 마멸과 관계없다.
④ 공기청정기가 막히면 연소가 나빠진다.

공기청정기가 막히면 불완전 연소가 일어나 실린더 마멸을 촉진한다.

답 : ③

05 건식 공기청정기의 장점에 속하지 않는 것은?

① 기관 회전속도의 변동에도 안정된 공기청정 효율을 얻을 수 있다.
② 구조가 간단하고 여과망을 세척하여 사용할 수 있다.
③ 설치 또는 분해·조립이 간단하다.
④ 작은 입자의 먼지나 오물을 여과할 수 있다.

건식 공기청정기의 여과망(엘리먼트)은 정기적으로 압축공기로 청소하여야 한다.

답 : ②

06 공기청정기가 막혔을 때 발생하는 현상은?

① 배기색은 흰색이며, 기관의 출력은 저하된다.
② 배기색은 흰색, 기관의 출력은 증가한다.
③ 배기색은 무색이며, 기관의 출력은 정상이다.
④ 배기색은 검은색이며, 기관의 출력은 저하된다.

공기청정기가 막히면 배기색은 검고, 기관의 출력은 저하된다.

답 : ④

07 건식 공기청정기 세척방법은?

① 압축오일로 안에서 밖으로 불어낸다.
② 압축공기로 밖에서 안으로 불어낸다.
③ 압축공기로 안에서 밖으로 불어낸다.
④ 압축오일로 밖에서 안으로 불어낸다.

건식 공기청정기는 정기적으로 압축공기로 안쪽에서 바깥쪽으로 불어내어 청소하여야 한다.

답 : ③

08 습식 공기청정기에 대한 설명으로 옳지 않은 것은?

① 청정효율은 공기량이 증가할수록 높아지며, 회전속도가 빠르면 효율이 좋아진다.
② 공기청정기는 일정시간 사용 후 무조건 신품으로 교환해야 한다.
③ 공기청정기 케이스 밑에는 일정한 양의 오일이 들어 있다.
④ 흡입공기는 오일로 적셔진 여과망을 통과시켜 여과시킨다.

습식 공기청정기의 엘리먼트는 스틸 울(steel wool)이므로 세척하여 다시 사용한다.

답 : ②

09 흡입공기를 선회시켜 엘리먼트 이전에서 이물질을 제거하는 공기청정기의 방식은?

① 비스키무수식   ② 습식
③ 원심 분리식   ④ 건식

원심 분리식은 흡입공기를 선회시켜 엘리먼트 이전에서 이물질을 제거한다.

답 : ③

10 공기청정기의 종류 중 특히 먼지가 많은 지역에 적합한 공기청정기는?

① 건식   ② 습식
③ 복합식   ④ 유조식

유조식 공기청정기는 여과효율이 낮으나 보수관리비용이 싸고 엘리먼트의 파손이 적으며, 영구적으로 사용할 수 있어 먼지가 많은 지역에 적합하다.

답 : ④

11 아래의 보기에서 머플러(소음기)와 관련된 설명이 옳게 조합된 것은?

> **보기**
>
> A. 카본이 많이 끼면 기관이 과열되는 원인이 될 수 있다.
> B. 머플러가 손상되어 구멍이 나면 배기 소음이 커진다.
> C. 카본이 쌓이면 기관 출력이 떨어진다.
> D. 배기가스의 압력을 높여서 열효율을 증가시킨다.

① A, C, D   ② A, B, C
③ A, B, D   ④ B, C, D

답 : ②

12 소음기나 배기관 내부에 많은 양의 카본이 부착되면 배압은 어떻게 되는가?

① 높아진다.
② 낮아진다.
③ 저속에서는 높아졌다가 고속에서는 낮아진다.
④ 영향을 미치지 않는다.

소음기나 배기관 내부에 많은 양의 카본이 부착되면 배압은 높아진다.

답 : ①

13 기관에서 배기상태가 불량하여 배압이 높을 때 발생하는 현상과 관계없는 것은?

① 기관의 출력이 감소된다.
② 피스톤의 운동을 방해한다.
③ 기관이 과열된다.
④ 냉각수 온도가 내려간다.

배압이 높으면 기관이 과열하고, 피스톤의 운동을 방해하므로 기관의 출력이 감소된다.

답 : ④

14 연소 시 발생하는 질소산화물(NOx)의 발생 원인과 밀접한 관계가 있는 것은?

① 소염 경계층   ② 높은 연소온도
③ 흡입공기 부족   ④ 가속불량

질소산화물(Nox)의 발생 원인은 높은 연소온도 때문이다.

답 : ②

15 국내에서 디젤기관에 규제하는 배출 가스는?

① 탄화수소   ② 매연
③ 일산화탄소   ④ 공기과잉율(λ)

답 : ②

16 지게차를 작동할 때 머플러에서 검은 연기가 발생하는 원인은?

① 에어클리너가 막혔다.
② 워터펌프가 마모 또는 손상되었다.
③ 기관오일량이 너무 많다.
④ 외부온도가 높다.

머플러에서 검은 연기가 배출되는 원인은 에어클리너가 막혔을 때, 연료분사량이 과다할 때, 분사시기가 빠를 때 등이다.

답 : ①

17 배기가스의 색과 기관의 상태를 표시한 것 중 연결이 잘못 된 것은?

① 검은색-농후한 혼합비
② 황색-공기청정기의 막힘
③ 무색-정상
④ 백색 또는 회색-윤활유의 연소

답 : ②

18 디젤기관의 배기량이 일정한 상태에서 연소실에 강압적으로 많은 공기를 공급하여 흡입효율을 높이고 출력과 토크를 증대시키기 위한 장치는?

① 연료압축기   ② 공기압축기
③ 과급기   ④ 냉각압축 펌프

과급기는 배기량이 일정한 상태에서 연소실에 강압적으로 많은 공기를 공급하여 흡입효율(체적효율)을 높이고 기관의 출력과 토크(회전력)를 증대시키기 위한 장치이다.

답 : ③

19 디젤기관의 과급기에 관한 설명으로 옳지 않은 것은?

① 배기터빈 과급기는 주로 원심식이 가장 많이 사용된다.
② 과급기를 설치하면 기관중량과 출력이 감소된다.
③ 흡입공기에 압력을 가해 기관에 공기를 공급한다.
④ 체적효율을 높이기 위해 인터쿨러를 사용한다.

과급기를 설치하면 기관의 중량은 10~15% 정도 증가하고, 출력은 35~45% 정도 증가한다.

답 : ②

20 기관에서 터보차저에 대한 설명 중 관계없는 것은?

① 배기가스 배출을 위한 일종의 블로워(blower)이다.
② 흡기관과 배기관 사이에 설치된다.
③ 과급기라고도 한다.
④ 기관출력을 증가시킨다.

답 : ①

21 디젤기관에 과급기를 설치하였을 때의 장점에 속하지 않는 것은?

① 고지대에서도 출력의 감소가 적다.
② 압축온도의 상승으로 착화지연 시간이 길어진다.
③ 기관출력이 향상된다.
④ 회전력이 증가한다.

과급기를 부착하면 압축온도 상승으로 착화지연 시간이 짧아진다.

답 : ②

22 과급기 케이스 내부에 설치되며 공기의 속도 에너지를 압력 에너지로 바꾸는 장치는?

① 디플렉터   ② 디퓨저
③ 터빈   ④ 임펠러

디퓨저는 공기의 속도 에너지를 압력 에너지로 바꾸는 부분이다.

답 : ②

23 터보차저를 구동하는 것은?

① 기관의 여유동력
② 기관의 흡입가스
③ 기관의 배기가스
④ 기관의 열에너지

터보차저는 기관의 배기가스에 의해 구동된다.

답 : ③

24 배기터빈 과급기의 터빈 축 베어링 윤활방법은?

① 그리스로 윤활한다.
② 오일리스 베어링을 사용한다.
③ 기관오일을 급유한다.
④ 기어오일을 급유한다.

과급기의 터빈 축 베어링에는 기관오일을 급유한다.

답 : ③

25 디젤기관에서 급기온도를 낮추어 배출가스를 저감시키는 장치는?

① 유닛 인젝터(unit injector)
② 인터쿨러(inter cooler)
③ 냉각팬(cooling fan)
④ 라디에이터(radiator)

인터쿨러는 터보차저에 나오는 흡입공기의 온도를 낮추어 배출가스를 저감시키는 장치이다.

답 : ②

제3장 전기장치 익히기

01 기초전기 및 반도체

1 전기의 기초사항

(1) 전류

① 전류란 자유전자의 이동이며, 측정단위는 암페어(A)이다.
② 전류는 발열작용, 화학작용, 자기작용을 한다.

(2) 전압(전위차)

전압은 전류를 흐르게 하는 전기적인 압력이며, 측정단위는 볼트(V)이다.

(3) 저항

① 저항은 전자의 움직임을 방해하는 요소이며, 측정단위는 옴(Ω)이다.
② 전선의 저항은 길이가 길어지면 커지고, 지름이 커지면 작아진다.

2 전기회로의 법칙

(1) 옴의 법칙(Ohm' Law)

① 도체에 흐르는 전류는 전압에 정비례하고, 그 도체의 저항에는 반비례한다.
② 도체의 저항은 도체 길이에 비례하고, 단면적에 반비례한다.

(2) 키르히호프의 법칙(Kirchhoff's Law)

① 키르히호프의 제1법칙
회로 내의 어떤 한 점에 유입된 전류의 총합과 유출한 전류의 총합은 같다.
② 키르히호프의 제2법칙
임의의 폐회로(하나의 접속점을 출발하여 전원·저항 등을 거쳐 본래의 출발점으로 되돌아오는 닫힌 회로)에 있어 기전력의 총합과 저항에 의한 전압강하의 총합은 같다.

3 접촉저항

① 접촉저항은 도체를 연결할 때 헐겁게 연결하거나 녹 및 페인트 등을 떼어 내지 않고 전선을 연결하면 그 접촉면 사이에 저항이 발생하여 열이 생기고 전류의 흐름이 방해되는 현상이다.
② 접촉저항은 스위치 접점, 배선의 커넥터, 축전지 단자(터미널) 등에서 발생하기 쉽다.

4 퓨즈(fuse)

① 퓨즈는 단락(short)으로 인하여 전선이 타거나 과대전류가 부하로 흐르지 않도록 하는 안전 장치이다. 즉 전기장치에서 과전류에 의한 화재예방을 위해 사용하는 부품이다.

② 퓨즈의 용량은 암페어(A)로 표시하며, 회로에 직렬로 연결된다.

③ 퓨즈의 재질은 납과 주석의 합금이다.

5 반도체(semiconductor)

(1) 반도체 소자

① 다이오드(diode)

다이오드는 P형 반도체와 N형 반도체를 마주 대고 접합한 것으로 정류작용을 한다.

② 포토 다이오드(photo diode)

포토 다이오드는 빛을 받으면 전류가 흐르지만 빛이 없으면 전류가 흐르지 않는다.

③ 제너 다이오드(zener diode)

제너 다이오드는 어떤 전압에서는 역방향으로 전류가 흐르도록 한 것이다.

④ 발광 다이오드(LED ; light-emitting diode)

발광 다이오드는 순방향으로 전류를 공급하면 빛이 발생한다.

⑤ 트랜지스터(transistor)

트랜지스터는 PNP, NPN으로 접합한 것으로, 이미터(emitter), 베이스(base), 컬렉터(collector) 단자로 구성되며, 스위칭 작용, 증폭작용, 발진작용 등을 한다.

(2) 반도체의 특징

① 수명이 길고, 내부 전압강하가 적다.

② 소형·경량이며, 내부의 전력손실이 적다.

③ 예열시간을 요구하지 않고 곧바로 작동한다.

④ 150℃ 이상 되면 파손되기 쉽고, 고전압에 약하다.

01 전기가 이동하지 않고 물질에 정지하고 있는 전기는?

① 직류전기 ② 동전기
③ 정전기 ④ 교류전기

정전기란 전기가 이동하지 않고 물질에 정지하고 있는 전기이다.

답 : ③

02 축전기에 저장되는 전기량(Q ; 쿨롱)에 대한 설명으로 옳지 않은 것은?

① 금속판 사이의 거리에 반비례한다.
② 정전용량은 가해지는 전압에 반비례한다.
③ 금속판의 면적에 비례한다.
④ 절연체의 절연도에 비례한다.

축전기의 정전용량은 가해지는 전압, 금속판의 면적, 절연체의 절연도에 정비례하고, 금속판 사이의 거리에 반비례한다.

답 : ②

03 전류의 3대 작용에 속하지 않는 것은?

① 자정작용 ② 자기작용
③ 발열작용 ④ 화학작용

전류의 3대 작용은 발열작용, 화학작용, 자기작용이다.

답 : ①

04 전류의 크기를 측정하는 단위는?

① 볼트(V) ② 암페어(A)
③ 저항(R) ④ 캐소드(K)

전류의 측정단위는 암페어(A), 전압의 측정단위는 볼트(V), 저항의 측정단위는 옴(Ω)이다.

답 : ②

05 전압에 대한 설명으로 옳은 것은?

① 자유전자가 도선을 통하여 흐르는 상태이다.
② 전기적인 높이. 즉, 전기적인 압력이다.
③ 물질에 전류가 흐를 수 있는 정도이다.
④ 도체의 저항에 의해 발생되는 열을 표시한다.

답 : ②

06 도체 내의 전류의 흐름을 방해하는 성질은?

① 저항 ② 전류
③ 전압 ④ 전하

답 : ①

07 도체에도 물질 내부의 원자와 충돌하는 고유저항이 있는데 이 고유저항과 관계없는 것은?

① 원자핵의 구조 또는 온도
② 물질의 색깔
③ 물질의 모양
④ 자유전자의 수

물질의 고유저항은 재질·모양·자유전자의 수, 원자핵의 구조 또는 온도에 따라서 변화한다.

답 : ②

08 전선의 저항에 대한 설명으로 옳은 것은?

① 전선의 지름이 커지면 저항이 감소한다.
② 전선이 길어지면 저항이 감소한다.
③ 전선의 저항은 전선의 단면적과 관계없다.
④ 모든 전선의 저항은 같다.

전선의 저항은 지름이 커지면 감소하고, 길이가 길어지면 증가한다.

답 : ①

09 옴의 법칙에 대한 설명으로 옳은 것은?

① 도체에 흐르는 전류는 도체의 저항에 정비례한다.
② 도체에 흐르는 전류는 도체의 전압에 반비례한다.
③ 도체의 저항은 도체에 가해진 전압에 반비례한다.
④ 도체의 저항은 도체 길이에 비례한다.

도체의 저항은 도체 길이에 비례하고 단면적에 반비례한다.

답 : ④

10 회로 중의 어느 한 점에 있어서 그 점에 들어오는 전류의 총합과 나가는 전류의 총합은 서로 같다는 법칙은?

① 플레밍의 왼손법칙
② 키르히호프 제1법칙
③ 줄의 법칙
④ 렌츠의 법칙

키르히호프 제1법칙은 회로 내의 어떤 한 점에 유입된 전류의 총합과 유출한 전류의 총합은 같다.

답 : ②

11 전기장치에서 접촉저항이 발생하는 부분에 속하지 않는 것은?

① 축전지 터미널　② 배선 중간지점
③ 스위치 접점　　④ 배선 커넥터

접촉저항은 스위치 접점, 배선의 커넥터, 축전지 단자(터미널) 등에서 발생하기 쉽다.

답 : ②

12 지게차의 전기장치에서 과전류에 의한 화재예방을 위해 사용하는 부품은?

① 전파방지기　　② 퓨즈
③ 저항기　　　　④ 콘덴서

퓨즈는 전기장치에서 과전류에 의한 화재예방을 위해 사용하는 부품이다.

답 : ②

13 퓨즈에 대한 설명으로 옳지 않은 것은?

① 퓨즈는 가는 구리선으로 대용된다.
② 퓨즈용량은 A(암페어)로 표시한다.
③ 퓨즈는 정격용량을 사용한다.
④ 퓨즈는 표면이 산화되면 끊어지기 쉽다.

답 : ①

14 전기장치 회로에 사용하는 퓨즈의 재질은?

① 납과 주석합금   ② 구리 합금
③ 스틸 합금   ④ 알루미늄 합금

퓨즈의 재질은 납과 주석의 합금이다.

답 : ①

15 전기회로에서 퓨즈의 설치방법으로 옳은 것은?

① 직렬   ② 병렬
③ 직·병렬   ④ 상관없다.

전기회로에서 퓨즈는 직렬로 설치한다.

답 : ①

16 지게차의 전기회로의 보호 장치는?

① 안전밸브   ② 턴 시그널 램프
③ 캠버   ④ 퓨저블 링크

퓨저블 링크(fusible link)는 전기회로를 보호하는 도체 크기의 작은 전선으로 회로에 삽입되어 있다.

답 : ④

17 빛을 받으면 전류가 흐르지만 빛이 없으면 전류가 흐르지 않는 전기소자는?

① 발광 다이오드
② PN 접합 다이오드
③ 제너 다이오드
④ 포토 다이오드

포토 다이오드는 접합부분에 빛을 받으면 빛에 의해 자유전자가 되어 전자가 이동하며, 역방향으로 전기가 흐른다.

답 : ④

18 반도체의 일반적인 특성에 속하지 않는 것은?

① 수명이 길다.
② 내부전압 강하가 적다.
③ 고온·고전압에 강하다.
④ 소형·경량이다.

반도체는 고온(150℃ 이상), 고전압에 약하다.

답 : ③

19 전자제어 디젤 분사장치에서 연료를 제어하기 위해 센서로부터 각종 정보(가속페달의 위치, 기관속도, 분사시기, 흡기, 냉각수, 연료온도 등)를 입력받아 전기적 출력신호로 변환하는 것은?

① 컨트롤 로드 액추에이터
② 컨트롤 슬리브 액추에이터
③ 전자제어유닛(ECU)
④ 자기진단(self diagnosis)

전자제어유닛은 연료를 제어하기 위해 센서로부터 각종 정보를 입력받아 전기적 출력신호로 변환하는 장치이다.

답 : ③

02 축전지(Battery)

1 축전지의 개요

(1) 축전지의 정의

① 축전지는 전류의 화학작용을 이용한 장치이다.

② 기관을 시동할 때에는 화학적 에너지를 전기적 에너지로 꺼낼 수 있고(방전), 전기적 에너지를 주면 화학적 에너지로 저장(충전)할 수 있다.

③ 건설기계 기관 시동용으로 납산 축전지를 사용한다.

(2) 축전지의 기능

① 기관을 시동할 때 시동장치 전원을 공급한다.(가장 중요한 기능)

② 발전기가 고장일 때 일시적인 전원을 공급한다.

③ 발전기의 출력과 부하의 불균형(언밸런스)를 조정한다.

03 납산 축전지

1 납산 축전지의 구조

(1) 극판

양극판은 과산화납, 음극판은 해면상납이며 화학적 평형을 고려하여 음극판이 1장 더 많다.

(2) 극판군

① 극판군은 셀(cell)이라 부르며, 완전 충전되었을 때 약 2.1V의 기전력이 발생한다.

② 12V 축전지의 경우에는 6개의 셀이 직렬로 연결되어 있다.

③ 극판의 장수를 늘리면 축전지 용량이 증가하여 이용전류가 많아진다.

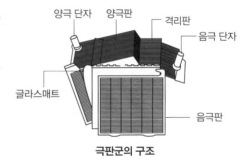

극판군의 구조

(3) 격리판의 구비조건

격리판은 양극판과 음극판 사이에 끼워져 양쪽 극판의 단락을 방지하는 부품이며, 구비조건은 다음과 같다.

① 비 전도성이어야 한다.

② 다공성이어서 전해액의 확산이 잘되어야 한다.

③ 기계적 강도가 있고, 전해액에 부식되지 않아야 한다.

④ 극판에 좋지 못한 물질을 내뿜지 않아야 한다.

> **POINT**
> 축전지 커버와 케이스 청소는 탄산소다(탄산나트륨)와 물로 한다.

2 축전지 단자(terminal) 구별 및 탈·부착 방법

① 양극 단자는 [+], 음극 단자는 [-]의 부호로 구별한다.

② 양극 단자는 적색, 음극 단자는 흑색의 색깔로 구별한다.

③ 양극 단자는 지름이 굵고, 음극 단자는 가늘다.

④ 양극 단자는 POS, 음극 단자는 NEG의 문자로 구별한다.

⑤ 단자에서 케이블을 분리할 때에는 접지단자(-단자)의 케이블을 먼저 분리하고, 설치할 때에는 나중에 설치한다.

⑥ 단자에 녹이 발생하였으면 녹을 닦은 후 고정시키고 소량의 그리스를 상부에 바른다.

3 전해액(electrolyte)

(1) 전해액의 비중

① 전해액은 묽은 황산을 사용하며, 비중은 20℃에서 완전 충전되었을 때 1.280이다.

충전상태	전해액 비중 (20℃)
완전 충전	1.260~1.280
75% 충전	1.220~1.240
50% 충전	1.190~1.210
25% 충전	1.150~1.170
완전 방전	1.110 이하

② 전해액은 온도가 상승하면 비중이 작아지고, 온도가 낮아지면 비중은 커진다.

③ 전해액의 빙점(어는 온도)은 전해액의 비중이 내려갈 수록 높아진다.

(2) 전해액 만드는 순서

① 용기는 반드시 질그릇 등 절연체인 것을 준비한다.

② 물(증류수)에 황산을 부어서 혼합하도록 한다.

③ 조금씩 혼합하도록 하며, 유리막대 등으로 천천히 저어서 냉각시킨다.

④ 전해액의 온도가 20℃에서 1.280이 되게 비중을 조정하면서 작업을 마친다.

(3) 축전지의 설페이션(유화)의 원인

설페이션은 납산 축전지를 오랫동안 방전상태로 두면 극판이 영구 황산납이 되어 사용하지 못하게 되는 현상이며, 발생하는 원인은 다음과 같다.

① 전해액에 불순물이 포함되어 있다.

② 장기간 방전상태로 방치하였다.

③ 전해액 양이 부족하다.

④ 전해액 속에 황산이 과도하게 함유되어 있다.

4 납산 축전지의 화학작용

① 방전이 진행되면 양극판의 과산화납과 음극판의 해면상납 모두 황산납이 되고, 전해액의 묽은 황산은 물로 변화한다.

② 충전이 진행되면 양극판의 황산납은 과산화납으로, 음극판의 황산납은 해면상납으로 환원되며, 전해액의 물은 묽은 황산으로 되돌아간다.

5 납산 축전지의 특성

(1) 방전종지전압(방전 끝 전압)

① 축전지는 어느 한도 내에서 단자 전압이 급격히 저하하는데 방전종지전압은 정해진 한도에 도달하면 축전지의 방전능력이 없어지는 전압이다.

② 1셀 당 1.75V이며, 12V 축전지의 경우 1.75V×6=10.5V 이다.

(2) 축전지 용량

① 축전지 용량의 단위는 AH[전류(Ampere)×시간(Hour)]로 표시한다.

② 용량의 크기를 결정하는 요소는 극판의 크기, 극판의 수, 전해액(황산)의 양 등이다.

③ 용량표시 방법에는 20시간율, 25암페어율, 냉간율이 있다.

(3) 축전지 연결에 따른 용량과 전압의 변화

① 직렬연결 : 직렬연결은 같은 축전지 2개 이상을 (+)단자와 다른 축전지의 (−)단자에 서로 연결하는 방법이며, 전압은 연결한 개수만큼 증가되지만 용량은 1개일 때와 같다.

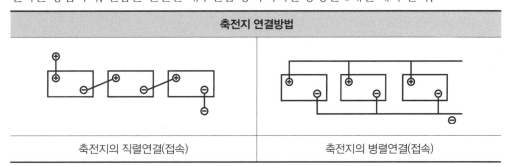

축전지 연결방법	
축전지의 직렬연결(접속)	축전지의 병렬연결(접속)

② 병렬연결 : 병렬연결은 같은 축전지 2개 이상을 (+)단자를 다른 축전지의 (+)단자에, (−)단자는 (−)단자에 접속하는 방법이며, 용량은 연결한 개수만큼 증가하지만 전압은 1개일 때와 같다.

6 납산 축전지의 자기방전(자연방전)

(1) 자기방전의 원인

① 음극판의 작용물질이 황산과의 화학작용으로 황산납이 되기 때문에 구조상 부득이 하다.

② 전해액에 포함된 불순물이 국부전지를 구성하기 때문이다.

③ 탈락한 극판 작용물질이 축전지 내부에 퇴적되어 단락되기 때문이다.

④ 축전지 커버와 케이스의 표면에서 전기누설 때문이다.

7 납산 축전지 충전

(1) 축전지 충전방법

① 정전류 충전방법

충전시작에서 끝까지 일정한 전류로 충전하는 방법이며, 표준충전 전류는 축전지 용량의 10%, 최소충전 전류는 축전지 용량의 5%, 최대충전 전류는 축전지 용량의 20% 이다.

② 정전압 충전방법

충전시작에서부터 충전이 완료될 때까지 일정한 전압으로 충전하는 방법이며, 축전지의 충전에서 충전말기에 전류가 거의 흐르지 않기 때문에 충전능률이 우수하며 가스발생이 거의 없으나 충전초기에 많은 전류가 흘러 축전지 수명에 영향을 주는 단점이 있다.

③ 급속충전

축전지 용량의 50% 전류로 충전하는 것이며, 충전시간은 가능한 짧게 하여야 한다.

(2) 축전지를 충전할 때 주의사항

① 충전하는 장소는 반드시 환기장치를 설치한다.

② 방전상태로 두지 말고 즉시 충전한다.

③ 충전 중 전해액의 온도를 45℃ 이상으로 상승시키지 않는다.

④ 수소가스가 폭발성 가스이므로 충전 중인 축전지 근처에서 불꽃을 가까이 해서는 안 된다.

⑤ 양극판 격자의 산화가 촉진되므로 과충전 시켜서는 안 된다.

⑥ 축전지를 떼어내지 않고 급속충전을 할 경우에는 발전기 다이오드를 보호하기 위해 반드시 축전지와 기동전동기를 연결하는 케이블을 분리한다.

04　MF 축전지(Maintenance Free Battery)

MF 축전지는 격자를 저(低)안티몬 합금이나 납-칼슘합금을 사용하여 전해액의 감소나 자기 방전량을 줄일 수 있는 무정비 축전지이다. 특징은 다음과 같다.

① 자기방전 비율이 매우 낮아 장기간 보관이 가능하다.

② 증류수를 점검하거나 보충하지 않아도 된다.

③ 산소와 수소가스를 다시 증류수로 환원시키는 밀봉촉매 마개를 사용한다.

출제 예상 문제

01 축전지 내부의 충·방전작용으로 옳은 것은?

① 물리작용 ② 탄성작용
③ 화학작용 ④ 자기작용

축전지 내부의 충전과 방전작용은 화학작용을 이용한다.

답 : ③

02 납산 축전지에 대한 설명으로 옳지 않은 것은?

① 음극판이 양극판보다 1장 더 많다.
② 전압은 셀의 개수와 셀 1개당의 전압으로 결정된다.
③ 기관시동 시 화학적 에너지를 전기적 에너지로 바꾸어 공급한다.
④ 기관시동 시 전기적 에너지를 화학적 에너지로 바꾸어 공급한다.

축전지는 기관을 시동할 때 화학적 에너지를 전기적 에너지로 바꾸어 공급한다.

답 : ④

03 축전지의 구비조건에 속하지 않는 것은?

① 축전지의 용량이 클 것
② 전기적 절연이 완전할 것
③ 가급적 크고, 다루기 쉬울 것
④ 전해액의 누출방지가 완전할 것

축전지는 소형·경량이고, 수명이 길며, 다루기 쉬워야 한다.

답 : ③

04 지게차에서 사용하는 축전지의 기능에 속하지 않는 것은?

① 기관시동 시 전기적 에너지를 화학적 에너지로 바꾼다.
② 기동장치의 전기적 부하를 담당한다.
③ 발전기 고장 시 주행을 확보하기 위한 전원으로 작동한다.
④ 발전기 출력과 부하와의 언밸런스를 조정한다.

축전지의 기능은 기동장치의 전기적 부하담당, 발전기가 고장 났을 때 주행을 확보하기 위한 전원으로 작동, 발전기 출력과 부하와의 언밸런스(불균형) 조정 등이다.

답 : ①

05 지게차에서 사용되는 12V 납산 축전지의 구성은?

① 2.1V 셀(cell) 3개가 병렬로 접속되어 있다.
② 2.1V 셀(cell) 3개가 직렬로 접속되어 있다.
③ 2.1 셀(cell) 6개가 병렬로 접속되어 있다.
④ 2.1 셀(cell) 6개가 직렬로 접속되어 있다.

12V 축전지는 2.1V의 셀(cell) 6개를 직렬로 접속한다.

답 : ④

06 납산 축전지에서 격리판의 기능은?

① 과산화납으로 변화되는 것을 방지한다.
② 양극판과 음극판의 절연성을 높인다.
③ 전해액의 화학작용을 방지한다.
④ 전해액의 증발을 방지한다.

격리판은 양극판과 음극판의 단락을 방지하여 절연성을 높인다.

답 : ②

07 납산 축전지 격리판의 구비조건에 속하지 않는 것은?

① 극판에 좋지 않은 물질을 내뿜지 않아야 한다.
② 다공성이고 전해액에 부식되지 않아야 한다.
③ 전도성이어야 하며, 전해액의 확산이 잘되어야 한다.
④ 기계적 강도가 있어야 한다.

격리판은 비전도성이며 전해액의 확산이 잘 되어야 다.

답 : ③

08 납산 축전지의 케이스와 커버를 청소할 때 사용하는 용액은?

① 오일과 가솔린   ② 소다와 물
③ 소금과 물   ④ 비누와 물

축전지 커버와 케이스 청소는 소다와 물 또는 암모니아수를 사용한다.

답 : ②

09 납산 축전지에 대한 설명으로 옳지 않은 것은?

① [+] 단자기둥은 [-] 단자기둥보다 가늘고 회색이다.
② 격리판은 비전도성이며 다공성이어야 한다.
③ 축전지 케이스 하단에 엘리먼트 레스트 공간을 두어 단락을 방지한다.
④ 음(-)극판이 양(+)극판보다 1장 더 많다.

축전지의 [+]단자기둥이 [-]단자기둥보다 굵다.

답 : ①

10 납산 축전지 전해액에 대한 설명으로 옳지 않은 것은?

① 전해액은 증류수에 황산을 혼합하여 희석시킨 묽은 황산이다.
② 전해액의 온도가 1℃ 변화함에 따라 비중은 0.0007씩 변한다.
③ 온도가 올라가면 비중은 올라가고 온도가 내려가면 비중이 내려간다.
④ 축전지 전해액 점검은 비중계로 한다.

전해액은 온도가 상승하면 비중은 내려가고, 온도가 내려가면 비중은 올라간다.

답 : ③

11 납산 축전지의 전해액으로 옳은 것은?

① 묽은 황산   ② 순수한 물
③ 해면상납   ④ 과산화납

납산 축전지 전해액은 증류수에 황산을 혼합한 묽은 황산이다.

답 : ①

12 20℃에서 완전 충전 시 납산 축전지의 전해액 비중은?

① 1.24   ② 1.190
③ 1.280   ④ 1.220

20℃에서 완전 충전된 납산 축전지의 전해액 비중은 1.280이다.

답 : ③

13 전해액 충전 시 20˚C일 때 비중으로 옳지 않은 것은?

① 25% 충전 : 1.150~1.170
② 50% 충전 : 1.190~1.210
③ 75% 충전 : 1.220~1.260
④ 완전충전 : 1.260~1.280

75% 충전일 경우 전해액 비중은 1.220~1.240이다.

답 : ③

14 납산 축전지의 전해액을 만들 때 황산과 증류수의 혼합방법에 대한 설명으로 옳지 않은 것은?

① 전기가 잘 통하는 금속제 용기를 사용하여 혼합한다.
② 증류수에 황산을 부어 혼합한다.
③ 조금씩 혼합하며, 잘 저어서 냉각시킨다.
④ 전해액 온도가 표준온도일 때 비중이 1.280이 되게 측정하면서 작업을 끝낸다.

전해액을 만들 때에는 질그릇 등의 절연체인 용기를 준비한다.

답 : ①

15 납산 축전지를 오랫동안 방전상태로 두면 사용하지 못하게 되는 원인은?

① 극판에 수소가 형성되기 때문이다.
② 극판에 산화납이 형성되기 때문이다.
③ 극판이 영구 황산납이 되기 때문이다.
④ 극판에 녹이 슬기 때문이다.

납산축전지를 오랫동안 방전상태로 두면 극판이 영구 황산납이 되어 사용하지 못하게 된다.

답 : ③

16 납산 축전지 설페이션(유화)의 원인에 속하지 않는 것은?

① 전해액 속에 황산이 과도하게 함유되었다.
② 축전지를 과충전시켰다.
③ 전해액 양이 부족하다.
④ 방전상태로 장시간 방치하였다.

축전지 설페이션(sulfation)의 원인
• 과다 방전시킨 경우
• 전해액 속에 황산이 과도하게 함유된 경우
• 전해액 양이 부족한 경우
• 방전상태로 장시간 방치한 경우

답 : ②

17 납산 축전지의 온도가 내려갈 때 일어나는 현상과 관계없는 것은?

① 전압이 저하한다.
② 전류가 커진다.
③ 용량이 저하한다.
④ 비중이 상승한다.

축전지의 온도가 내려가면 비중은 상승하나, 용량·전류 및 전압이 모두 저하된다.

답 : ②

18 납산 축전지의 전해액의 빙점은 전해액의 비중이 내려감에 따라 어떻게 변화되는가?

① 낮아지다가 높아진다.
② 낮아진다.
③ 높아진다.
④ 변화가 없다.

전해액의 빙점(어는 온도)은 전해액의 비중이 내려감에 따라 높아진다.

답 : ③

19 납산 축전지 터미널의 식별방법으로 적합하지 않은 것은?

① (+), (−)의 표시로 구분한다.
② 터미널의 요철로 구분한다.
③ 굵고 가는 것으로 구분한다.
④ 적색과 흑색 등 색깔로 구분한다.

축전지 단자 구별방법
• 양극 단자는 P(positive), 음극 단자는 N(negative)의 문자로 표시
• 양극 단자는 (+), 음극 단자는 (−)의 부호로 표시
• 양극 단자는 굵고 음극 단자는 가는 것으로 표시
• 양극 단자는 적색, 음극 단자는 흑색으로 표시

답 : ②

20 납산 축전지 단자에 녹이 발생했을 때의 조치방법은?

① 물걸레로 닦아내고 더 조인다.
② [+]와 [-] 단자를 서로 교환한다.
③ 녹을 닦은 후 고정시키고 소량의 그리스를 상부에 도포한다.
④ 녹슬지 않게 기관오일을 도포하고 확실히 더 조인다.

단자(터미널)에 녹이 발생하였으면 녹을 닦은 후 고정시키고 소량의 그리스를 상부에 바른다.

답 : ③

21 지게차에서 축전지의 케이블을 탈거할 때의 설명으로 옳은 것은?

① 절연되어 있는 케이블을 먼저 탈거한다.
② 접지되어 있는 케이블을 먼저 탈거한다.
③ [+] 케이블을 먼저 탈거한다.
④ 아무 케이블이나 먼저 탈거한다.

축전지에서 케이블을 탈거할 때에는 접지[-] 케이블을 먼저 탈거한다.

답 : ②

22 지게차에서 납산 축전지를 교환 및 장착할 때 연결순서로 옳은 것은?

① 축전지의 [+], [-]선을 동시에 부착한다.
② 축전지의 [+]선을 먼저 부착하고, [-]선을 나중에 부착한다.
③ 축전지의 [-]선을 먼저 부착하고, [+]선을 나중에 부착한다.
④ [+]나 [-]선 중 편리한 것부터 연결하면 된다.

축전지를 장착할 때에는 [+]선을 먼저 부착하고, [-]선을 나중에 부착한다.

답 : ②

23 납산 축전지에서 방전 중일 때의 화학작용에 관한 설명과 관계없는 것은?

① 양극판 : 과산화납→황산납
② 음극판 : 해면상납→황산납
③ 전해액 : 묽은 황산→물
④ 격리판 : 황산납→물

축전지 방전 중 화학작용
• 양극판 : 과산화납이 황산납으로 변화한다.
• 음극판 : 해면상납이 황산납으로 변화한다.
• 전해액 : 묽은 황산이 물로 변화한다.

답 : ④

24 축전지의 방전은 어느 한도 내에서 단자 전압이 급격히 저하하며 그 이후는 방전능력이 없어지는 전압을 무슨 전압이라고 하는가?

① 방전종지전압   ② 방전전압
③ 충전전압   ④ 누전전압

방전종지전압이란 어느 한도 내에서 단자 전압이 급격히 저하하며 그 이후는 방전능력이 없어지게 되는 전압이다.

답 : ①

25 12V용 납산 축전지의 방전종지전압은 몇 V 인가?

① 1.75V   ② 7.5V
③ 10.5V   ④ 12V

축전지 1셀 당 방전종지전압은 1.75V이므로 12V 축전지의 방전종지전압은 6×1.75V=10.5V이다.

답 : ③

26 납산 축전지 용량에 대한 설명으로 옳은 것은?

① 방전전류와 방전시간의 곱으로 나타낸다.

② 격리판의 재질과 격리판의 형상에 관계되며, 격리판의 크기에는 관계되지 않는다.

③ 전해액의 비중에 관계되며, 전해액의 온도와 전해액의 양에는 관계되지 않는다.

④ 극판의 크기에 관계되며, 극판의 형상, 극판의 수에는 관계되지 않는다.

축전지 용량의 단위는 암페어 시(AH)이며 이것은 일정방전전류(A)×방전종지전압까지의 연속방전 시간(H)이다.

답 : ①

27 지게차에서 사용되는 납산축전지의 용량단위는?

① kW　　　② PS

③ Ah　　　④ kV

답 : ③

28 납산 축전지의 용량을 결정짓는 인자에 속하지 않는 것은?

① 단자의 크기　② 극판의 크기

③ 셀 당 극판 수　④ 전해액의 양

축전지의 용량은 셀 당 극판 수, 극판의 크기, 전해액(황산)의 양으로 결정된다.

답 : ①

29 납산 축전지의 용량 표시방법과 관계없는 것은?

① 25시간율　　② 25암페어율

③ 냉간율　　　④ 20시간율

축전지의 용량표시 방법에는 20시간율, 25암페어율, 냉간율이 있다.

답 : ①

30 아래 그림과 같이 12V용 축전지 2개를 사용하여 24V용 건설기계를 시동하고자 할 때 연결방법으로 옳은 것은?

① A-B　　　② B-C

③ A-C　　　④ B-D

직렬연결이란 전압과 용량이 동일한 축전지 2개 이상을 (+)단자와 연결대상 축전지의 (−)단자에 서로 연결하는 방식이며, 이때 전압은 축전지를 연결한 개수만큼 증가하나 용량은 1개일 때와 같다.

답 : ②

31 같은 용량, 같은 전압의 축전지를 병렬로 연결하였을 때 설명으로 옳은 것은?

① 용량과 전압은 일정하다.

② 용량은 2배이고 전압은 1개일 때와 같다.

③ 용량은 1개일 때와 같으나 전압은 2배로 된다.

④ 용량과 전압이 2배로 된다.

축전지의 병렬연결

같은 전압, 같은 용량의 축전지 2개 이상을 (+)단자를 다른 축전지의 (+)단자에, (−)단자는 (−)단자에 접속하는 방식이며, 용량은 연결한 개수만큼 증가하지만 전압은 1개일 때와 같다.

답 : ②

32 12(V)–80(Ah) 축전지 2개를 병렬로 연결하면 전압과 전류는?

① 12(V)–160(Ah)가 된다.
② 24(V)–80(Ah)가 된다.
③ 12(V)–80(Ah)가 된다.
④ 24(V)–160(Ah)가 된다.

12(V)–80(Ah) 축전지 2개를 병렬로 연결하면 12(V)–160(Ah)가 된다.

답 : ①

33 충전된 축전지라도 방치해두면 조금씩 자연 방전하여 용량이 감소하는 현상은?

① 급속방전　　② 강제방전
③ 자기방전　　④ 화학방전

자기방전
충전된 축전지라도 방치해두면 조금씩 자연 방전하여 용량이 감소하는 현상을 말한다.

답 : ③

34 납산 축전지의 자기방전 원인으로 옳지 않은 것은?

① 배터리 케이스의 표면에서 전기누설이 없다.
② 이탈된 작용물질이 극판의 아래 부분에 퇴적되어 있다.
③ 배터리의 구조상 부득이하다.
④ 전해액 중에 불순물이 혼입되어 있다.

납산 축전지의 자기방전 원인
• 음극판의 작용물질이 황산과 화학작용으로 방전 (구조상 부득이 함)
• 전해액 내에 포함된 불순물에 의해 방전
• 양극판 작용물질 입자가 축전지 내부에 단락으로 인한 방전
• 축전지 커버와 케이스의 표면에서 전기 누설로 인한 방전

답 : ①

35 납산 축전지의 자기방전량 설명으로 옳지 않은 것은?

① 전해액의 비중이 높을수록 자기방전량은 크다.
② 충전 후 시간의 경과에 따라 자기방전량의 비율은 점차 낮아진다.
③ 날짜가 경과할수록 자기방전량은 많아진다.
④ 전해액의 온도가 높을수록 자기방전량은 작아진다.

자기방전량은 전해액의 온도가 높을수록 커진다.

답 : ④

36 납산 축전지 전해액이 자연 감소되었을 때 보충에 가장 알맞은 것은?

① 황산　　　　② 증류수
③ 경수　　　　④ 수돗물

축전지 전해액이 자연 감소되었을 경우에는 증류수를 보충한다.

답 : ②

37 MF(Maintenance Free) 축전지에 대한 설명으로 옳지 않은 것은?

① 증류수는 매 15일마다 보충한다.
② 무보수용 배터리다.
③ 격자의 재질은 납과 칼슘합금이다.
④ 밀봉 촉매마개를 사용한다.

MF 축전지는 증류수를 점검 및 보충하지 않아도 된다.

답 : ①

38 시동키를 뽑은 상태로 주차했음에도 배터리에서 방전되는 전류를 의미하는 것은?

① 발전전류　　② 충전전류
③ 시동전류　　④ 암전류

암전류(dark current)란 시동키를 뽑은 상태로 주차했음에도 배터리에서 방전되는 전류이다.

답 : ④

05 시동장치(Starting System)

1 기동전동기의 원리

① 기동전동기의 원리는 플레밍의 왼손법칙을 이용한다.

② 플레밍의 왼손법칙은 '왼손의 엄지손가락, 인지 및 가운데 손가락을 서로 직각이 되게 펴고, 인지를 자력선의 방향에, 가운데 손가락을 전류의 방향에 일치시키면 도체에는 엄지손가락 방향으로 전자력이 작용한다'는 법칙이다.

2 기동전동기의 종류

(1) 직권전동기

① 직권전동기는 전기자 코일과 계자코일을 직렬로 접속한다.

② 기동회전력이 크고, 부하가 증가하면 회전속도가 낮아지고 흐르는 전류가 커지는 장점이 있다.

③ 회전속도 변화가 큰 단점이 있다.

(2) 분권전동기

분권전동기는 전기자 코일과 계자코일을 병렬로 접속한다.

(3) 복권전동기

복권전동기는 전기자 코일과 계자코일을 직·병렬로 접속한다.

3 기동전동기의 기능

① 기관을 시동할 때 플라이휠의 링 기어에 기동전동기의 피니언을 맞물려 크랭크축을 회전시킨다.

② 기관의 시동이 완료되면 기동전동기 피니언을 플라이휠 링 기어로부터 분리시킨다.

③ 플라이휠 링 기어와 기동전동기 피니언의 기어비율은 10~15 : 1 정도이다.

4 기동전동기의 구조

기동전동기는 전기자 코일 및 철심, 정류자, 계자코일 및 계자철심, 브러시와 브러시 홀더, 피니언, 오버러닝 클러치, 솔레노이드 스위치 등으로 구성된다.

(1) 전기자(armature)

① 토크(회전력)를 발생하는 부분이다.

② 구조는 전기자 철심, 전기자 코일, 축 및 정류자로 되어 있고, 축 양끝은 베어링으로 지지되어 자극 사이를 회전한다.

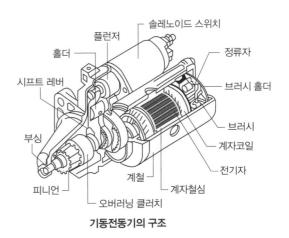

기동전동기의 구조

③ 전기자 철심은 두께 0.35~1.0mm의 얇은 철판을 각각 절연하여 겹쳐 만든다. 그 이유는 자력선을 잘 통과시키고, 맴돌이 전류를 감소시키기 위함이다.

(2) 오버러닝 클러치(over running clutch)

① 기동전동기의 피니언과 기관 플라이휠 링 기어가 물렸을 때 양 기어의 물림이 풀리는 것을 방지한다.
② 기관이 시동된 후에는 기동전동기 피니언이 공회전하여 플라이휠 링 기어에 의해 기관의 회전력이 기동전동기에 전달되지 않도록 한다.

(3) 정류자(commutator)

전기자 코일에 항상 일정한 방향으로 전류가 흐르도록 한다.

(4) 계철과 계자철심(yoke & pole core)

① 계철은 자력선의 통로와 기동전동기의 틀이 되는 부분이다.
② 계자철심은 계자코일에 전기가 흐르면 전자석이 되며, 자속을 잘 통하게 하고, 계자코일을 유지한다.

(5) 계자코일(field coil)

계자철심에 감겨져 자력을 발생시키는 부분이다.

(6) 브러시와 브러시 홀더(brush & brush holder)

① 정류자를 통하여 전기자 코일에 전류를 출입시키는 작용을 하며, 일반적으로 4개가 설치된다.
② 브러시는 본래 길이에서 1/3이상 마모되면 교환한다.

(7) 솔레노이드 스위치(solenoid switch)

마그넷 스위치라고도 부르는 기동전동기의 전자석 스위치이며, 풀인 코일과 홀드인 코일로 되어있다.

(8) 스타트 릴레이(start relay)

① 기동전동기로 많은 전류를 보내어 충분한 크랭킹 속도를 유지한다.
② 기관 시동을 용이하게 하며, 키스위치(시동스위치)를 보호한다.

5 기동전동기의 동력전달방식

기동전동기의 피니언을 기관의 플라이휠 링 기어에 물리는 방식에는 벤딕스 방식, 피니언 섭동방식, 전기자 섭동방식 등이 있다.

6 기동전동기가 회전하지 않는 원인

① 시동스위치의 접촉이 불량하다.
② 축전지가 과다 방전되었다.
③ 축전지 단자와 케이블의 접촉이 불량하거나 단선되었다.
④ 기동전동기 브러시 스프링 장력이 약해 정류자의 밀착이 불량하다.
⑤ 기동전동기 전기자 코일 또는 계자코일이 단락되었다.

01 지게차의 전기장치 중 플레밍의 왼손법칙을 이용하는 부품은?

① 발전기　　　② 기동전동기
③ 릴레이　　　④ 점화코일

기동전동기는 플레밍의 왼손법칙을 이용한다.

답 : ②

02 지게차 기관의 시동용으로 사용하는 일반적인 전동기의 형식은?

① 교류전동기　　② 직권전동기
③ 분권전동기　　④ 복권전동기

기관 시동으로 사용하는 전동기는 직류직권전동기이다.

답 : ②

03 전동기 종류와 특성의 설명으로 옳지 않은 것은?

① 내연기관에서는 순간적으로 강한 토크가 요구되는 복권전동기가 주로 사용된다.
② 직권전동기는 계자코일과 전기자 코일이 직렬로 연결된 것이다.
③ 분권전동기는 계자코일과 전기자 코일이 병렬로 연결된 것이다.
④ 복권전동기는 직권전동기와 분권전동기 특성을 합한 것이다.

내연기관에서는 순간적으로 강한 토크가 요구되는 직권전동기를 사용한다.

답 : ①

04 직권식 기동전동기의 전기자 코일과 계자 코일의 연결은?

① 병렬로 연결되어 있다.
② 직렬·병렬로 연결되어 있다.
③ 직렬로 연결되어 있다.
④ 계자코일은 직렬, 전기자 코일은 병렬로 연결되어 있다.

직권전동기는 계자코일과 전기자 코일이 직렬로 연결되어 있다.

답 : ③

05 전기자 코일, 정류자, 계자코일, 브러시 등으로 구성되어 기관을 가동시킬 때 사용되는 장치는?

① 액추에이터　　② 오일펌프
③ 기동전동기　　④ 발전기

기동전동기는 전기자 코일 및 철심, 정류자, 계자코일 및 계자철심, 브러시와 홀더, 피니언, 오버러닝 클러치, 솔레노이드 스위치 등으로 구성되며, 기관을 가동시킬 때 사용한다.

답 : ③

06 기동전동기의 기능에 대한 설명으로 옳지 않은 것은?

① 기관을 구동시킬 때 사용한다.
② 플라이휠의 링 기어에 기동전동기 피니언을 맞물려 크랭크축을 회전시킨다.
③ 기관의 시동이 완료되면 피니언을 링 기어로부터 분리시킨다.
④ 축전지와 각부 전장품에 전기를 공급한다.

축전지와 각부 전장품에 전기를 공급하는 장치는 발전기이다.

답 : ④

07 기관시동 시 기동전동기의 전류의 흐름으로 옳은 것은?

① 축전지→전기자 코일→정류자→브러시→계자코일

② 축전지→계자코일→브러시→정류자→전기자 코일

③ 축전지→전기자 코일→브러시→정류자→계자코일

④ 축전지→계자코일→정류자→브러시→전기자 코일

기관을 시동할 때 기동전동기로 전류가 흐르는 순서
축전지→계자코일→브러시→정류자→전기자 코일

답 : ②

08 기동전동기에서 토크를 발생하는 부분은?

① 전기자 코일

② 솔레노이드 스위치

③ 계자코일

④ 계철

기동전동기에서 토크가 발생하는 부분은 전기자 코일이다.

답 : ①

09 기동전동기에서 전기자 철심을 여러 층으로 겹쳐서 제작하는 목적은?

① 맴돌이 전류를 감소시키기 위하여

② 소형 경량화 하기 위하여

③ 자력선을 감소시키기 위하여

④ 온도상승을 촉진시키기 위하여

전기자 철심을 두께 0.35~1.0mm의 얇은 철판을 각각 절연하여 겹쳐 만든 이유는 자력선을 잘 통과시키고, 맴돌이 전류를 감소시키기 위함이다.

답 : ①

10 기동전동기 전기자 코일에 항상 일정한 방향으로 전류가 흐르도록 하기 위해 설치한 것은?

① 로터   ② 슬립링

③ 정류자   ④ 다이오드

정류자는 전기자 코일에 항상 일정한 방향으로 전류가 흐르도록 하는 작용을 한다.

답 : ③

11 기동전동기의 브러시는 본래 길이의 얼마 정도 마모되면 교환하는가?

① 1/10 이상

② 1/3 이상

③ 1/4 이상

④ 1/5 이상

기동전동기의 브러시는 본래 길이의 1/3 이상 마모되면 교환한다.

답 : ②

12 기관이 기동된 다음에는 피니언이 공회전하여 링 기어에 의해 기관의 회전력이 기동전동기에 전달되지 않도록 하는 장치는?

① 오버러닝 클러치

② 전기자

③ 피니언

④ 정류자

오버러닝 클러치(over running clutch)의 작용

• 기관이 기동된 다음에는 피니언이 공회전하여 링 기어에 의해 기관의 회전력이 기동전동기에 전달되지 않도록 한다.

• 기동전동기의 전기자 축으로부터 피니언으로는 동력이 전달되나 피니언으로부터 전기자 축으로는 동력이 전달되지 않도록 해주는 장치이다.

답 : ①

13 기동전동기 구성부품 중 자력선을 형성하는 부분은?

① 브러시   ② 계자코일
③ 슬립링   ④ 전기자

계자코일에 전기가 흐르면 계자철심은 전자석이 되며, 자력선을 형성한다.

답 : ②

14 기동전동기에서 마그네틱 스위치는?

① 저항조절기이다.
② 전류조절기이다.
③ 전압조절기이다.
④ 전자석 스위치이다.

마그네틱 스위치는 솔레노이드 스위치라고도 부르며, 기동전동기의 전자석 스위치이다.

답 : ④

15 시동장치에서 스타트 릴레이의 설치목적으로 옳지 않은 것은?

① 기관 시동을 용이하게 한다.
② 회로에 충분한 전류가 공급될 수 있도록 하여 크랭킹을 원활하게 한다.
③ 키스위치(시동스위치)를 보호한다.
④ 축전지 충전을 용이하게 한다.

스타트 릴레이는 시동회로에 충분한 전류를 공급하여 원활한 크랭킹이 되도록 한다. 또한, 기관 시동을 용이하도록 하며 키스위치(시동스위치)를 보호한다.

답 : ④

16 기동전동기의 동력전달 방식에 속하지 않는 것은?

① 계자 섭동식   ② 전기자 섭동식
③ 벤딕스식   ④ 피니언 섭동식

기동전동기의 동력전달 방식에는 벤딕스 방식, 피니언 섭동방식, 전기자 섭동방식 등이 있다.

답 : ①

17 지게차의 기동장치 취급 시 주의사항으로 옳지 않은 것은?

① 기동전동기의 연속 사용시간은 3분 정도로 한다.
② 기동전동기의 회전속도가 규정 이하이면 오랜 시간 연속 회전시켜도 시동이 되지 않으므로 회전속도에 유의해야 한다.
③ 기관이 시동된 상태에서 시동스위치를 켜서는 안 된다.
④ 전선 굵기는 규정이하의 것을 사용하면 안 된다.

기동전동기의 연속 사용시간은 10~15초 정도로 한다.

답 : ①

18 기관의 시동이 걸린 상태에서 시동스위치를 계속 작동하면 안 되는 이유는?

① 기동전동기의 배선이 소손되기 때문이다.
② 기동전동기 피니언이 마모되기 때문이다.
③ 기동전동기의 스위치가 소손되기 때문이다.
④ 발전기의 부하가 증가하기 때문이다.

답 : ②

19 오버러닝 클러치 형식의 기동전동기에서 기관이 기동된 후 계속해서 스위치(I/G Key)를 ST 위치에 놓고 있으면 어떻게 되는가?

① 기동전동기의 전기자에 과전류가 흘러 전기자가 탄다.
② 기동전동기의 피니언이 고속 회전한다.
③ 기동전동기의 마그네틱 스위치가 손상된다.
④ 기동전동기가 부하를 많이 받아 정지된다.

기관이 시동된 후 계속해서 스위치(I/G Key)를 ST 위치에 놓고 있으면 기관에 의해 기동전동기가 구동되어 피니언이 고속으로 회전한다.

답 : ②

20 기동전동기가 회전하지 않을 때의 점검 사항에 속하지 않는 것은?

① 축전지의 방전여부를 점검한다.
② 타이밍 벨트의 이완여부를 점검한다.
③ 배터리 단자의 접촉여부를 점검한다.
④ 배선의 단선여부를 점검한다.

타이밍 벨트가 이완되면 기관의 밸브 개폐시기가 틀려지기 쉽다.

답 : ②

21 기동전동기의 시험과 관계없는 것은?

① 관성시험 　② 무부하 시험
③ 부하시험 　④ 저항시험

기동전동기의 시험 항목에는 회전력(부하)시험, 무부하 시험, 저항시험 등이 있다.

답 : ①

06　예열장치(Glow System)

예열장치는 겨울철에 주로 사용하는 것으로 흡기다기관이나 연소실 내의 공기를 미리 가열하여 시동을 쉽도록 한다. 즉, 기관에 흡입된 공기온도를 상승시켜 시동을 원활하게 한다.

> **POINT**
>
> 디젤기관의 시동보조 장치에는 예열장치, 흡기가열장치(흡기히터와 히트레인지), 실린더 감압장치, 연소촉진제 공급 장치 등이 있다.

1 예열플러그(glow plug type)방식

예열플러그는 연소실 내의 압축공기를 직접 예열하며 코일형과 실드형이 있다.

(1) 코일형(coil type) 예열플러그의 특징

① 히트코일(heat coil)이 노출되어 있어 적열시간이 짧다.
② 소요전압값이 낮아 직렬로 결선되며, 예열플러그 저항기를 두어야 한다.
③ 히트코일이 연소가스에 노출되므로 기계적 강도 및 내부식성이 적다.

(2) 실드형(shield type) 예열플러그의 특징

① 히트코일을 보호 금속튜브 속에 넣은 형식으로, 전류가 흐르면 금속튜브 전체가 적열된다.
② 히트코일이 가는 열선으로 되어 있어 예열플러그 자체의 저항이 크다.

실드형 예열플러그의 구조

③ 적열까지의 시간이 코일형에 비해 조금 길지만 1개당의 발열량이 크고, 열용량이 크다.
④ 히트코일이 연소열의 영향을 적게 받는다.
⑤ 병렬결선이므로 어느 1개가 단선 되어도 다른 것들은 계속 작용한다.
⑥ 예열진행의 3단계

> 프리 글로우(예비예열)→스타트 글로우(시동예열)→포스트 글로우(사후예열)

(3) 예열플러그가 단선되는 원인

① 예열시간이 너무 길다.
② 기관이 과열된 상태에서 빈번하게 예열시켰다.
③ 예열플러그를 규정토크로 조이지 않았다.
④ 정격이 아닌 예열플러그를 사용하였다.
⑤ 규정이상의 과대전류가 흐르고 있다.

2 흡기가열 방식

흡기가열 방식에는 흡기히터와 히트레인지가 있으며, 직접분사실식에서 사용한다.

(1) 흡기히터(intake heater)

흡기다기관에 설치되어 연료를 연소시켜 흡입공기를 데워 실린더로 보내는 방식이다.

(2) 히트레인지(heat range)

흡기다기관에 설치된 열선에 전원을 공급하여 발생되는 열에 의해 흡입되는 공기를 가열하는 방식이다.

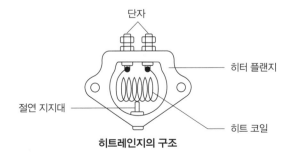

히트레인지의 구조

출제 예상 문제

01 디젤기관의 냉간 시 시동을 보조하는 장치에 속하지 않는 것은?

① 히트레인지(예열플러그)
② 실린더 감압장치
③ 과급장치
④ 연소촉진제 공급 장치

디젤기관의 시동보조 장치에는 예열장치, 흡기가열장치(흡기히터와 히트레인지), 실린더 감압장치, 연소촉진제 공급 장치 등이 있다.

답 : ③

02 예열장치의 설치목적으로 옳은 것은?

① 냉각수의 온도를 조절하기 위함이다.
② 냉간시동 시 시동을 원활히 하기 위함이다.
③ 연료분사량을 조절하기 위함이다.
④ 연료를 압축하여 분무성능을 향상시키기 위함이다.

예열장치는 냉간 상태에서 디젤기관을 시동할 때 기관으로 흡입된 공기온도를 상승시켜 시동을 원활히 한다.

답 : ②

03 디젤기관의 예열장치에서 연소실 내의 압축공기를 직접 예열하는 방식은?

① 예열플러그 방식
② 히트레인지 방식
③ 흡기히터 방식
④ 히트릴레이 방식

예열플러그는 예열장치에서 연소실 내의 압축공기를 직접 예열한다.

답 : ①

04 디젤기관 예열장치에서 실드형 예열플러그의 설명으로 옳지 않은 것은?

① 기계적 강도 및 가스에 의한 부식에 약하다.
② 예열플러그들 사이의 회로는 병렬로 결선되어 있다.
③ 발열량이 크고 열용량도 크다.
④ 예열플러그 하나가 단선되어도 나머지는 작동된다.

실드형 예열플러그는 히트코일이 보호금속 튜브 속에 들어 있어 연소열의 영향을 덜 받으므로 예열플러그 자체의 기계적 강도 및 가스에 의한 부식에 강하다.

답 : ①

05 6실린더 디젤기관의 병렬로 연결된 예열플러그 중 3번 실린더의 예열플러그가 단선되었을 때 나타나는 현상으로 옳은 것은?

① 2번과 4번 실린더의 예열플러그도 작동이 안 된다.
② 축전지 용량의 배가 방전된다.
③ 3번 실린더 예열플러그만 작동이 안 된다.
④ 예열플러그 전체가 작동이 안 된다.

병렬로 연결된 예열플러그는 단선되면 단선된 것만 작동을 하지 않는다.

답 : ③

06 디젤기관의 전기가열식 예열장치에서 예열진행의 3단계에 속하지 않는 것은?

① 컷 글로우   ② 스타트 글로우
③ 포스트 글로우   ④ 프리 글로우

전기가열 방식 예열장치의 예열진행 3단계
프리 글로우(pre glow)→스타트 글로우(start glow)→포스트 글로우(post glow)

답 : ①

07 디젤기관에서 예열플러그가 단선되는 원인과 관계없는 것은?

① 기관이 과열된 상태에서 빈번하게 예열시켰다.
② 규정이상의 과대전류가 흐르고 있다.
③ 예열시간이 규정보다 너무 짧다.
④ 예열 플러그를 설치할 때 조임이 불량하다.

예열플러그의 예열시간이 너무 길면 단선된다.

답 : ③

08 글로우 플러그를 설치하지 않아도 되는 연소실의 형식은?(단, 전자제어 커먼레일은 제외한다.)

① 예연소실식　　② 직접분사실식
③ 공기실식　　　④ 와류실식

직접분사실식에서는 시동보조 장치로 흡기다기관에 흡기가열 장치(흡기히터 또는 히트레인지)를 설치한다.

답 : ②

07 충전장치(Charging System)

1 발전기의 원리

(1) 플레밍의 오른손법칙

① 발전기의 원리는 플레밍의 오른손법칙을 사용한다.
② 플레밍의 오른손법칙은 '오른손 엄지손가락, 인지, 가운데 손가락을 서로 직각이 되게 하고 인지를 자력선의 방향에, 엄지손가락을 운동의 방향에 일치시키면 가운데 손가락이 유도기전력의 방향을 표시한다.'는 법칙이다.
③ 건설기계에서는 주로 3상 교류발전기를 사용한다.

(2) 렌츠의 법칙

렌츠의 법칙은 '유도기전력의 방향은 코일 내의 자속의 변화를 방해하려는 방향으로 발생한다.'는 법칙이다.

2 교류(AC) 충전장치

(1) 교류발전기의 특징

① 저속에서도 충전 가능한 출력전압이 발생한다.
② 실리콘 다이오드로 정류하므로 정류특성이 좋고 전기적 용량이 크다.
③ 속도변화에 따른 적용범위가 넓고 소형·경량이다.
④ 브러시 수명이 길고, 전압조정기만 있으면 된다.
⑤ 정류자를 두지 않아 풀리비를 크게 할 수 있다.
⑥ 출력이 크고, 고속회전에 잘 견딘다.

(2) 교류발전기의 구조

교류발전기는 스테이터, 로터, 다이오드, 여자전류를 로터코일에 공급하는 슬립링과 브러시, 엔드프레임 등으로 구성된 타려자 방식(발전초기에 축전지 전류를 공급받아 로터철심을 여자 시키는 방식)의 발전기이다.

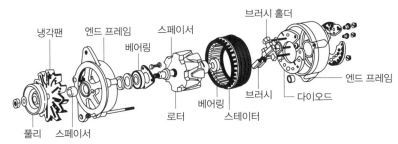

교류발전기의 구조

① 스테이터(stator ; 고정자)

스테이터는 독립된 3개의 코일이 감겨져 있으며 3상 교류가 유기 된다.

② 로터(rotor ; 회전자)

로터의 자극편은 코일에 전류가 흐르면 전자석이 되며, 교류 발전기 출력은 로터코일의 전류를 조정하여 조절한다.

③ 정류기(rectifier)

• 교류발전기에서는 실리콘 다이오드를 정류기로 사용한다.

• 다이오드의 기능은 스테이터 코일에서 발생한 교류를 직류로 정류하여 외부로 공급하고, 축전지에서 발전기로 전류가 역류하는 것을 방지한다.

• 다이오드의 과열을 방지하기 위해 히트싱크(heat sink)를 두고 있다.

④ 충전 경고등

계기판에 충전 경고등이 점등되면 충전이 되지 않고 있음을 나타내며, 기관 가동 전(점등)과 가동 중(소등) 점검한다.

출제 예상 문제

01 지게차의 전기장치 중 플레밍의 오른손법칙을 사용하는 장치는?

① 히트코일　　② 기동전동기
③ 발전기　　　④ 릴레이

발전기의 원리는 플레밍의 오른손법칙을 사용한다.

답 : ③

02 자계 속에서 도체를 움직일 때 도체에 발생하는 기전력의 방향을 설명할 수 있는 플레밍의 오른손법칙에서 엄지손가락의 방향은?

① 자력선 방향이다.
② 도체의 운동방향이다.
③ 역기전압의 방향이다.
④ 전류의 방향이다.

플레밍의 오른손법칙에서 인지는 자력선의 방향, 엄지손가락은 도체의 운동방향, 가운데 손가락은 유도기전력의 방향을 표시한다.

답 : ②

03 '유도기전력의 방향은 코일 내의 자속의 변화를 방해하려는 방향으로 발생한다.'는 법칙은?

① 렌츠의 법칙
② 플레밍의 오른손법칙
③ 자기유도 법칙
④ 플레밍의 왼손법칙

렌츠의 법칙은 전자유도에 관한 법칙으로 '유도기전력의 방향은 코일 내의 자속의 변화를 방해하는 방향으로 발생된다.'는 법칙이다.

답 : ①

04 충전장치의 기능에 속하지 않는 것은?

① 각종 램프에 전력을 공급한다.
② 기동장치에 전력을 공급한다.
③ 축전지에 전력을 공급한다.
④ 에어컨 장치에 전력을 공급한다.

기동장치에 전력을 공급하는 것은 축전지이다.

답 : ②

05 축전지 및 발전기에 대한 설명으로 옳은 것은?

① 시동 전과 후 모두 전력은 배터리로부터 공급된다.
② 발전하지 못해도 배터리로만 운행이 가능하다.
③ 시동 후 전원은 배터리이다.
④ 시동 전 전원은 발전기이다.

기관 시동 전의 전원은 배터리, 시동 후의 전원은 발전기이다. 또 발전기가 발전하지 못해도 배터리로만 운행이 가능하다.

답 : ②

06 지게차의 충전장치에서 주로 사용하는 발전기의 형식은?

① 3상 교류발전기　② 단상 교류발전기
③ 와전류발전기　　④ 직류발전기

건설기계에서는 주로 3상 교류발전기를 사용한다.

답 : ①

07 충전장치의 발전기기를 구동하는 것은?

① 변속기 입력축　② 크랭크축
③ 추진축　　　　④ 캠축

발전기는 크랭크축에 의해 구동된다.

답 : ②

08 교류발전기의 특성에 속하지 않는 것은?

① 소형·경량이고 출력도 크다.
② 전압조정기, 전류조정기, 컷 아웃 릴레이로 구성된다.
③ 소모부품이 적고 내구성이 우수하며 고속회전에 견딘다.
④ 저속에서도 충전성능이 우수하다.

교류발전기의 조정기는 전압조정기만 있으면 된다.

답 : ②

09 교류발전기의 장점으로 옳지 않은 것은?

① 정류자를 두지 않아 풀리비를 작게 할 수 있다.
② 저속 시 충전특성이 양호하다.
③ 소형·경량이다.
④ 반도체 정류기를 사용하므로 전기적 용량이 크다.

교류발전기는 정류자를 두지 않아 풀리비를 크게 할 수 있다.

답 : ①

10 교류발전기에 대한 설명과 관계없는 것은?

① 철심에 코일을 감아 사용한다.
② 영구자석을 사용한다.
③ 전자석을 사용한다.
④ 2개의 슬립링을 사용한다.

교류발전기는 철심에 코일을 감은 전자석을 사용하며, 로터에는 브러시로부터 여자전류를 공급받는 슬립링이 2개 있다.

답 : ②

11 교류발전기의 구성부품에 속하지 않는 것은?

① 스테이터 코일   ② 슬립링
③ 다이오드   ④ 전류 조정기

교류발전기는 스테이터, 로터, 다이오드, 슬립링과 브러시, 엔드 프레임, 전압조정기 등으로 되어있다.

답 : ④

12 교류발전기의 유도전류는 어느 부품에서 발생하는가?

① 로터   ② 스테이터
③ 계자코일   ④ 전기자

교류발전기에 유도전류를 발생하는 부품은 스테이터(stator)이다.

답 : ②

13 교류발전기에서 회전체에 해당하는 것은?

① 엔드프레임   ② 브러시
③ 로터   ④ 스테이터

교류발전기에서 로터(회전체)는 전류가 흐를 때 전자석이 되는 부분이다.

답 : ③

14 AC발전기의 출력은 무엇을 변화시켜 조정하는가?

① 발전기의 회전속도를 변화시켜 조정한다.
② 축전지 전압을 변화시켜 조정한다.
③ 로터전류를 변화시켜 조정한다.
④ 스테이터 전류를 변화시켜 조정한다.

교류발전기의 출력은 로터코일 전류를 변화시켜 조정한다.

답 : ③

15 교류발전기에서 회전하는 구성부품에 속하지 않는 것은?

① 로터 코어　　② 브러시
③ 슬립링　　　④ 로터코일

브러시는 슬립링을 통하여 로터코일에 여자 전류를 공급하는 일을 하며, 엔드 프레임에 고정되어 있다.

답 : ②

16 교류발전기에서 마모성이 있는 부품은?

① 슬립링　　　② 다이오드
③ 스테이터　　④ 엔드프레임

슬립링은 로터코일에 여자전류를 공급하는 부품이며, 브러시와 접촉되어 회전하므로 마모성이 있다.

답 : ①

17 교류를 직류로 변환하는 교류발전기의 구성품은?

① 스테이터　　② 정류기
③ 콘덴서　　　④ 로터

정류기는 교류발전기의 스테이터 코일에 발생한 교류를 직류로 변환시키는 부품이다.

답 : ②

18 교류발전기에서 교류를 직류로 바꾸는 것을 정류라고 하며, 교류발전기에는 정류성능이 우수한 무엇을 이용하여 정류하는가?

① 트랜지스터　　② 서미스터
③ 사이리스터　　④ 실리콘 다이오드

교류발전기에서는 실리콘 다이오드를 정류기로 사용한다.

답 : ④

19 교류발전기에서 다이오드의 역할은?

① 교류를 정류하고, 역류를 방지한다.
② 전압을 조정하고, 교류를 정류한다.
③ 전류를 조정하고, 교류를 정류한다.
④ 여자전류를 조정하고, 역류를 방지한다.

교류발전기의 다이오드 역할은 교류를 정류하고, 역류를 방지한다.

답 : ①

20 교류발전기에서 높은 전압으로부터 다이오드를 보호하는 구성품은?

① 정류기　　　② 계자코일
③ 콘덴서　　　④ 로터

콘덴서는 교류발전기에서 높은 전압으로부터 다이오드를 보호한다.

답 : ③

21 교류발전기에 사용되는 반도체인 다이오드를 냉각하기 위한 부품은?

① 냉각튜브
② 히트싱크
③ 엔드프레임에 설치된 오일장치
④ 유체클러치

히트싱크는 다이오드가 정류작용을 할 때 다이오드를 냉각시켜주는 작용을 한다.

답 : ②

22 충전장치에서 축전지 전압이 낮을 때의 원인으로 옳지 않은 것은?

① 충전회로에 부하가 적다.
② 다이오드가 단락되었다.
③ 축전지 케이블 접속이 불량하다.
④ 조정 전압이 낮다.

충전회로의 부하가 크면 충전 불량의 원인이 된다.

답 : ①

23 교류발전기가 충전작용을 하지 못하는 경우 점검하지 않아도 되는 부품은?

① 충전회로
② 솔레노이드 스위치
③ 발전기 구동벨트
④ 레귤레이터

솔레노이드 스위치는 기동전동기의 전자석 스위치이다.

답 : ②

24 충전장치에서 사용하는 IC 전압조정기의 장점에 속하지 않는 것은?

① 조정전압 정밀도 향상이 크다.
② 진동에 의한 전압변동이 크고, 내구성이 우수하다.
③ 내열성이 크며 출력을 증대시킬 수 있다.
④ 초소형화가 가능하므로 발전기 내에 설치할 수 있다.

IC 전압조정기는 진동에 의한 전압변동이 없고, 내구성이 좋다.

답 : ②

25 운전 중 계기판에 충전경고등이 점등되는 원인으로 옳은 것은?

① 주기적으로 점등되었다가 소등되는 것이다.
② 정상적으로 충전이 되고 있음을 나타낸다.
③ 충전계통에 이상이 없음을 나타낸다.
④ 충전이 되지 않고 있음을 나타낸다.

충전경고등이 점등되면 충전이 되지 않고 있음을 나타낸다.

답 : ④

26 충전경고등 점검시기로 옳은 것은?

① 기관가동 중에만 점검한다.
② 주간 및 월간점검 시 점검한다.
③ 기관가동 전과 가동 중에 점검한다.
④ 기관가동 정지 시 점검한다.

충전경고등은 기관가동 전 시동스위치 ON 상태에서는 점등되어야 하고 가동 중에는 소등되어야 한다.

답 : ③

27 기관의 가동이 정지된 상태에서 계기판 전류계의 지침이 정상에서 [-]방향을 지시하고 있는 원인과 관계없는 것은?

① 발전기에서 축전지로 충전되고 있다.
② 배선에서 누전되고 있다.
③ 전조등 스위치가 점등위치에서 방전되고 있다.
④ 기관 예열장치를 동작시키고 있다.

발전기에서 축전지로 충전되면 전류계 지침은 (+)방향을 지시한다.

답 : ①

08 계기 및 등화장치(Gauge & Light System)

1 계기판의 계기

속도계	연료계	온도계(수온계)
• 지게차의 주행속도를 표시한다.	• 연료보유량을 표시하는 계기이다. • 지침이 "E"를 지시하면 연료를 보충한다.	• 엔진 냉각수 온도를 표시하는 계기이다. • 엔진을 시동한 후에는 지침이 작동범위 내에 올 때까지 공회전시킨다.

2 경고등 및 표시등

(1) 경고등

엔진점검 경고등	브레이크 고장 경고등	축전지 충전 경고등
• 엔진점검 경고등은 엔진이 비정상인 작동을 할 때 점등된다. • 엔진검검 경고등이 점등되면 지게차를 주차시킨 후에 정비업체에 문의한다.	• 브레이크 장치의 오일압력이 정상 이하이면 경고등이 점등된다. • 경고등이 점등되면 엔진의 가동을 정지하고 원인을 점검한다.	• 시동스위치를 ON으로 하면 이 경고등이 점등된다. • 엔진이 작동할 때 충전경고등이 점등되어 있으면 충전회로를 점검한다.
연료레벨 경고등	**안전벨트 경고등**	**냉각수 과열 경고등**
• 이 경고등이 점등되면 즉시 연료를 공급한다.	• 엔진 시동 후 초기 5초 동안 경고등이 점등된다.	• 엔진 냉각수의 온도가 104℃ 이상 되었을 때 점등된다. • 이 경고등이 점등되면 냉각계통을 점검한다.

(2) 표시등

주차 브레이크 표시등	엔진예열 표시등	엔진오일 압력 표시등
• 주차 브레이크가 작동되면 표시등이 점등된다. • 주행하기 전에 표시등이 OFF 되었는지 확인한다.	• 시동스위치가 ON 위치일 때 표시등이 점등되면 엔진 예열장치가 작동 중이다. • 엔진오일 온도에 따라 약 15~45초 후 예열이 완료되면 표시등이 OFF 된다. • 표시등이 OFF 되면 엔진을 시동한다.	• 엔진오일 펌프에서 유압이 발생하여 각 부분에 윤활작용이 가능하도록 하는데 엔진 가동 전에는 압력이 낮으므로 점등되었다가 엔진이 가동되면 소등된다. • 엔진 가동 후에 표시등이 점등되면 엔진의 가동을 정지시킨 후 오일량을 점검한다.

3 조명의 용어

(1) 광속

광원에서 나오는 빛의 다발이며, 단위는 루멘(lumen), 기호는 (lm)이다.

(2) 광도

빛의 세기이며 단위는 칸델라(candle), 기호는 (cd)이다.

(3) 조도

빛을 받는 면의 밝기이며, 단위는 룩스(lux), 기호는 (Lx)이다.

> **POINT**
> • 0.85RW의 전선 : 0.85는 전선의 단면적, R은 바탕색, W는 줄 색을 나타낸다.
> • 배선의 색과 기호 : G(green, 녹색), L(blue, 파랑색), B(black, 검정색), R(red, 빨강색)
> • 복선식 : 접지 쪽에도 전선을 사용하는 것으로 주로 전조등과 같이 큰 전류가 흐르는 회로에서 사용한다.

4 전조등(head light or head lamp)과 회로

(1) 실드 빔 방식(shield beam type)

① 실드 빔 방식은 반사경에 필라멘트를 붙이고 여기에 렌즈를 녹여 붙인 후 내부에 불활성 가스를 넣어 그 자체가 1개의 전구가 되도록 한 것이다.

② 대기의 조건에 따라 반사경이 흐려지지 않고, 사용에 따르는 광도의 변화가 적은 장점이 있다.

③ 필라멘트가 끊어지면 렌즈나 반사경에 이상이 없어도 전조등 전체를 교환하여야 하는 단점이 있다.

전조등의 종류	
반사경 렌즈 단자 하향빔 필라멘트 상향빔 필라멘트	반사경 렌즈 전구 설치 나사 전구
실드 빔 방식	세미 실드 빔 방식

(2) 세미 실드 빔 방식(semi shield beam type)

① 세미 실드 빔 방식은 렌즈와 반사경은 녹여 붙였으나 전구는 별개로 설치한 것이다.

② 필라멘트가 끊어지면 전구만 교환하면 된다.

(3) 전조등 회로

양쪽의 전조등은 상향등(high beam)과 하향등(low beam)이 각각 병렬로 접속되어 있다.

5 방향지시등

(1) 플래셔 유닛(flasher unit)

① 방향지시등 전구에 흐르는 전류를 일정한 주기로 단속·점멸하여 램프를 점멸시키거나 광도를 증감시키는 부품이다.

② 중앙에 있는 전자석과 이 전자석에 의해 끌어 당겨지는 2조의 가동접점으로 구성되어 있다.

③ 전자열선방식 플래셔 유닛은 열에 의한 열선(heat coil)의 신축작용을 이용한다.

④ 운전석에는 방향지시등의 신호를 확인할 수 있는 파일럿램프가 설치되어 있다.

(2) 한쪽은 정상이고, 다른 한쪽은 점멸작용이 정상과 다르게(빠르게 또는 느리게) 작용하는 원인

① 한쪽 전구를 교체할 때 규정 용량의 전구를 사용하지 않았다.

② 전구 1개가 단선되었다.

③ 한쪽 전구 소켓에 녹이 발생하여 전압강하가 발생하였다.

> **POINT**
> 방향지시등의 한쪽 등의 점멸이 빠르게 작동하면 가장 먼저 전구(램프)의 단선 유무를 점검한다.

01 지게차에 사용되는 계기의 구비조건에 속하지 않는 것은?

① 소형이고 경량일 것
② 구조가 복잡할 것
③ 지침을 읽기가 쉬울 것
④ 가격이 쌀 것

계기는 구조가 간단하고, 소형·경량이며, 지침을 읽기 쉽고, 가격이 싸야 한다.

답 : ②

02 전기식 연료계의 종류에 속하지 않는 것은?

① 밸런싱 코일방식
② 서모스탯 바이메탈 방식
③ 바이메탈 저항방식
④ 플래셔 유닛방식

전기식 연료계의 종류에는 밸런싱 코일방식, 바이메탈 저항방식, 서모스탯 바이메탈 방식이 있다.

답 : ④

03 운전 중 운전석 계기판에 그림과 같은 등이 갑자기 점등되었다. 무슨 표시인가?

① 배터리 완전충전 표시등
② 충전 경고등
③ 전기장치 작동 표시등
④ 전원차단 경고등

답 : ②

04 지게차 운전 중 운전석 계기판에 그림과 같은 등이 갑자기 점등되었다. 무슨 표시인가?

① 배터리 충전 경고등
② 연료레벨 경고등
③ 냉각수 과열 경고등
④ 유압유 온도 경고등

답 : ③

05 운전석 계기판에 아래 그림과 같은 표시등이 점등되었다면 가장 관련이 있는 표시등은?

① 엔진오일 압력 표시등
② 엔진오일 온도 표시등
③ 냉각수 배출 표시등
④ 냉각수 온도 표시등

답 : ①

06 운전석 계기판에 아래 그림과 같은 표시등은 무슨 표시등인가?

① 냉각수 온도 표시등
② 연료레벨 표시등
③ 엔진예열 표시등
④ 엔진오일 압력 표시등

답 : ③

07 전기회로에 대한 설명으로 옳지 않은 것은?

① 접촉 불량은 스위치의 접점이 녹거나 단자에 녹이 발생하여 저항값이 증가하는 현상이다.

② 노출된 전선이 다른 전선과 접촉하는 것을 단락이라 한다.

③ 절연불량은 절연물의 균열, 물, 오물 등에 의해 절연이 파괴되는 현상이며, 이때 전류가 차단된다.

④ 회로가 절단되거나 커넥터의 결합이 해제되어 회로가 끊어진 상태를 단선이라 한다.

절연불량은 절연물의 균열, 물, 오물 등에 의해 절연이 파괴되는 현상이며, 이때 전류가 누전된다.

답 : ③

08 광속의 단위는?

① 칸델라   ② 럭스
③ 루멘   ④ 와트

단위
• 칸델라 : 광도의 단위
• 럭스(룩스) : 조도의 단위
• 루멘 : 광속의 단위

답 : ③

09 배선 회로도에서 표시된 0.85RW의 "R"은 무엇을 표시하는가?

① 줄 색   ② 바탕색
③ 단면적   ④ 전선의 재료

0.85는 전선의 단면적, R은 바탕색, W는 줄 색을 나타낸다.

답 : ②

10 배선의 색과 기호에서 파랑색(Blue)의 기호는?

① B   ② R
③ L   ④ G

G(green, 녹색), L(blue, 파랑색), B(black, 검정색), R(red, 빨강색)

답 : ③

11 지게차의 전조등 성능을 유지하기 위한 가장 좋은 방법은?

① 굵은 선으로 교환한다.
② 복선식으로 한다.
③ 축전지와 직결시킨다.
④ 단선식으로 한다.

복선식은 접지 쪽에도 전선을 사용하는 것으로 주로 전조등과 같이 큰 전류가 흐르는 회로에서 사용한다.

답 : ②

12 전조등 형식 중 내부에 불활성 가스가 들어 있으며, 광도의 변화가 적은 것은?

① 실드 빔식   ② 세미 실드 빔식
③ 로우 빔식   ④ 하이 빔식

실드 빔식 전조등은 반사경에 필라멘트를 붙이고 여기에 렌즈를 녹여 붙인 후 내부에 불활성 가스를 넣어 그 자체가 1개의 전구가 되도록 한 것이다.

답 : ①

13 실드 빔식 전조등에 대한 설명으로 옳지 않은 것은?

① 내부에 불활성 가스가 들어있다.
② 필라멘트가 끊어졌을 때 전구를 교환할 수 있다.
③ 사용에 따른 광도의 변화가 적다.
④ 대기조건에 따라 반사경이 흐려지지 않는다.

실드 빔형 전조등은 필라멘트가 끊어지면 렌즈나 반사경에 이상이 없어도 전조등 전체를 교환하여야 한다.

답 : ②

14 헤드라이트에서 세미 실드 빔 형식에 대한 설명으로 옳은 것은?

① 렌즈와 반사경은 일체이고, 전구는 교환이 가능한 것이다.
② 렌즈·반사경 및 전구가 일체인 것이다.
③ 렌즈·반사경 및 전구를 분리하여 교환이 가능한 것이다.
④ 렌즈와 반사경을 분리하여 제작한 것이다.

세미 실드 빔 형식은 렌즈와 반사경은 녹여 붙였으나 전구는 별개로 설치한 것으로 필라멘트가 끊어지면 전구만 교환하면 된다.

답 : ①

15 전조등 회로의 구성부품에 속하지 않는 것은?

① 플래셔 유닛   ② 전조등 스위치
③ 디머 스위치   ④ 전조등 릴레이

전조등 회로는 퓨즈, 전조등 스위치, 디머 스위치, 전조등 릴레이로 구성된다.

답 : ①

16 헤드라이트의 구성부품으로 옳지 않은 것은?

① 전구   ② 렌즈
③ 반사경   ④ 제동등

전조등은 전구(필라멘트), 렌즈, 반사경으로 구성된다.

답 : ④

17 전조등의 좌우램프 간 회로에 대한 설명으로 옳은 것은?

① 병렬로 되어 있다.
② 병렬과 직렬로 되어 있다.
③ 직렬 또는 병렬로 되어 있다.
④ 직렬로 되어 있다.

전조등 회로는 병렬로 연결되어 있다.

답 : ①

18 야간작업 시 헤드라이트가 한쪽만 점등된 경우 고장원인에 속하지 않는 것은?

① 한쪽 회로의 퓨즈 단선
② 전구 접지불량
③ 헤드라이트 스위치 불량
④ 전구 불량

헤드라이트 스위치가 불량하면 양쪽 모두 점등이 되지 않는다.

답 : ③

19 방향지시등 전구에 흐르는 전류를 일정한 주기로 단속·점멸하여 램프의 광도를 증감시키는 부품은?

① 파일럿 유닛
② 방향지시기 스위치
③ 디머 스위치
④ 플래셔 유닛

플래셔 유닛은 방향지시등 전구에 흐르는 전류를 일정한 주기로 단속·점멸하여 램프의 광도를 증감시키는 부품이다.

답 : ④

20 한쪽의 방향지시등만 점멸속도가 빠른 원인은?

① 한쪽 램프가 단선되었다.
② 플래셔 유닛이 고장났다.
③ 전조등 배선의 접촉이 불량하다.
④ 비상등 스위치가 고장났다.

한쪽 램프가 단선되면 한쪽의 방향지시등만 점멸속도가 빨라진다.

답 : ①

21 방향지시등이나 제동등의 작동 확인은 어느 때 하는가?

① 일몰 직전에 확인한다.
② 운행 중에만 확인한다.
③ 운행 전에 확인한다.
④ 운행 후에 확인한다.

답 : ③

22 방향지시등 스위치를 작동할 때 한쪽은 정상이고, 다른 한쪽은 점멸작용이 정상과 다르게(빠르게, 느리게, 작동불량) 작용하는 경우, 고장원인으로 옳지 않은 것은?

① 전구 1개가 단선되었을 때
② 플래셔 유닛이 고장났을 때
③ 전구를 교체하면서 규정용량의 전구를 사용하지 않았을 때
④ 한쪽 전구소켓에 녹이 발생하여 전압강하가 있을 때

플래셔 유닛이 고장나면 모든 방향지시등이 점멸되지 못한다.

답 : ②

23 건설기계관리법 안전기준에서 정한 조명장치에 속하지 않는 것은?

① 제동등   ② 전조등
③ 작업등   ④ 후면반사기

건설기계관리법 안전기준에서 정한 조명장치는 전조등, 제동등, 후면반사기이다.

답 : ③

24 등화장치에 관한 설명으로 옳지 않은 것은?

① 후진등은 변속기 시프트레버를 후진 위치로 넣으면 점등된다.
② 제동등은 브레이크 페달을 밟았을 때 점등된다.
③ 번호등은 단독으로 점멸되는 회로가 있어서는 안 된다.
④ 방향지시등은 방향지시등의 신호가 운전석에서 확인되지 않아도 된다.

운전석에는 방향지시등의 신호를 확인할 수 있는 파일럿램프가 설치되어 있다.

답 : ④

25 경음기 스위치를 작동하지 않았는데 경음기가 계속 울리고 있는 원인은?

① 경음기 접지선이 단선되었다.
② 배터리가 과충전되었다.
③ 경음기 릴레이의 접점이 융착되었다.
④ 경음기 전원 공급선이 단선되었다.

경음기 릴레이의 접점이 융착되면 경음기 스위치를 작동하지 않아도 경음기가 계속 울린다.

답 : ③

제4장 전·후진 주행 장치 익히기

01 동력전달장치(Power Train System)

1 자동변속기(automatic transmission)

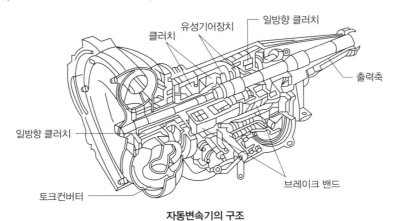

자동변속기의 구조

(1) 토크컨버터(torque converter)

토크컨버터의 구조	• 토크컨버터의 펌프(pump)는 기관 크랭크축과 연결되고, 터빈(turbine)은 변속기 입력축과 연결되어 있으며 펌프, 터빈, 스테이터(stator) 등이 상호운동하여 회전력을 변환시킨다. • 스테이터는 펌프와 터빈 사이의 오일 흐름방향을 바꾸어 회전력을 증대시킨다. • 오일의 충돌에 의한 효율저하 방지를 위한 가이드 링을 두고 있다.
토크컨버터의 성능	• 토크컨버터의 회전력 변환비율은 2~3 : 1 이다. • 부하가 걸리면 터빈속도는 느려진다. • 터빈의 속도가 느릴 때 토크컨버터의 출력이 가장 크다.
토크컨버터 오일의 구비조건	• 점도가 낮고, 비중이 커야 한다. • 빙점이 낮고, 비점이 높아야 한다. • 착화점이 높고, 유성이 좋아야 한다. • 윤활성과 내산성이 커야 한다.

(2) 유성기어장치 : 링 기어, 선 기어, 유성기어, 유성기어 캐리어로 구성된다.

2 드라이브 라인(drive line) : 슬립이음, 자재이음, 추진축으로 구성된다.

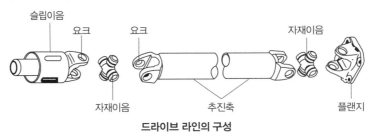

드라이브 라인의 구성

(1) 슬립이음(slip joint) : 추진축의 길이변화를 주는 부품이다.

(2) 자재이음(유니버설 조인트) : 변속기와 종감속 기어 사이의 구동각도에 변화를 주는 기구이다. 즉, 두 축 간의 충격완화와 각도변화를 통해 융통성 있게 동력을 전달한다.

십자형 자재이음(훅형)	• 십자축 자재이음을 추진축 앞뒤에 두는 이유는 회전각 속도의 변화를 상쇄하기 위함이다. • 십자형 자재이음을 많이 사용하는 이유는 구조가 간단하고, 작동이 확실하며, 큰 동력의 전달이 가능하기 때문이다. • 자재이음에는 그리스를 급유한다.
등속도(CV) 자재이음	• 등속도 자재이음은 진동을 방지하기 위해 개발된 것으로 종류에는 트랙터형, 벤딕스 와이스형, 제파형, 버필드형 등이 있다.

3 종감속 기어와 차동장치

(1) 종감속 기어(final reduction gear)

기관의 동력을 바퀴까지 전달할 때 마지막으로 감속하여 전달하며, 종감속비는 다음과 같다.

① 종감속비는 링 기어 잇수를 구동피니언 잇수로 나눈 값이다.

② 종감속비는 나누어서 떨어지지 않는 값으로 한다.

③ 종감속비가 적으면 등판능력이 저하된다.

④ 종감속비가 크면 가속성능이 향상된다.

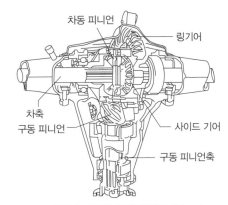

종감속 기어와 차동장치의 구성

(2) 차동장치(differential gear system)

① 차동 사이드 기어, 차동 피니언, 피니언 축 및 케이스로 구성된다.

② 차동 피니언은 차동 사이드 기어, 차동 사이드 기어는 차축과 스플라인으로 결합되어 있다.

③ 지게차가 선회할 때 바깥쪽 바퀴의 회전속도를 안쪽 바퀴보다 빠르게 한다.

④ 커브를 돌 때 선회를 원활하게 해주는 작용을 한다. 즉 선회할 때 좌우 구동바퀴의 회전속도를 다르게 한다.

⑤ 일반적인 차동장치는 노면의 저항을 적게 받는 구동바퀴의 회전속도가 빨라진다.

(3) 액슬축(차축) 지지방식

① 전부동식 : 차량의 하중을 하우징이 모두 받고, 액슬축은 동력만을 전달하는 형식이다.

② 반부동식 : 액슬축에서 1/2, 하우징이 1/2 정도의 하중을 지지하는 형식이다.

③ 3/4부동식 : 액슬축이 동력을 전달함과 동시에 차량 하중의 1/4을 지지하는 형식이다.

01 변속기의 필요성에 속하지 않는 것은?

① 환향을 빠르게 한다.
② 시동 시 기관을 무부하 상태로 한다.
③ 기관의 회전력을 증대시킨다.
④ 건설기계의 후진 시 필요로 한다.

변속기는 기관을 시동할 때 무부하 상태로 하고, 회전력을 증가시키며, 역전(후진)을 가능하게 한다.

답 : ①

02 변속기의 구비조건으로 옳지 않은 것은?

① 단계가 없이 연속적인 변속조작이 가능할 것
② 전달효율이 적을 것
③ 소형·경량일 것
④ 변속조작이 쉬울 것

변속기는 전달효율이 커야 한다.

답 : ②

03 토크컨버터의 동력전달 매체는?

① 클러치판   ② 기어
③ 벨트   ④ 유체

토크컨버터의 동력전달 매체는 유체(오일)이다.

답 : ④

04 토크컨버터의 기본 구성부품에 속하지 않는 것은?

① 펌프   ② 터빈
③ 스테이터   ④ 터보

토크컨버터는 펌프(크랭크축에 연결), 터빈(변속기 입력축과 연결), 스테이터로 구성된다.

답 : ④

05 토크컨버터에 대한 설명으로 옳은 것은?

① 펌프, 터빈, 스테이터 등이 상호운동하여 회전력을 변환시킨다.
② 구성부품 중 펌프(임펠러)는 변속기 입력축과 기계적으로 연결되어 있다.
③ 구성부품 중 터빈은 기관의 크랭크축과 기계적으로 연결되어 구동된다.
④ 기관속도가 일정한 상태에서 건설기계의 속도가 줄어들면 토크는 감소한다.

토크컨버터는 펌프(임펠러), 터빈(러너), 스테이터 등이 상호운동하여 회전력을 변환시키는 장치이며, 기관속도가 일정한 상태에서 건설기계의 주행속도가 줄어들면 토크가 증가한다.

답 : ①

06 자동변속기에서 사용하는 토크컨버터에 대한 설명으로 관계없는 것은?

① 펌프, 터빈, 스테이터로 구성되어 있다.
② 오일의 충돌에 의한 효율저하 방지를 위하여 가이드 링이 있다.
③ 토크컨버터의 회전력 변환비율은 3~5:1 이다.
④ 마찰클러치에 비해 연료소비율이 더 높다.

토크컨버터의 회전력 변환비율은 2~3:1 이다.

답 : ③

07 기관과 직결되어 같은 회전수로 회전하는 토크컨버터의 구성품은?

① 펌프   ② 터빈
③ 스테이터   ④ 변속기 출력축

펌프는 기관의 크랭크축에, 터빈은 변속기 입력축과 연결된다.

답 : ①

08 토크컨버터에서 오일의 흐름방향을 바꾸어 주는 부품은?

① 임펠러   ② 터빈러너
③ 스테이터   ④ 변속기 입력축

스테이터는 오일의 흐름 방향을 바꾸어 회전력을 증대시킨다.

답 : ③

09 토크컨버터에서 회전력이 최댓값이 될 때를 무엇이라 하는가?

① 스톨 포인트
② 회전력
③ 토크 변환비율
④ 유체충돌 손실비율

스톨 포인트(stall point)란 터빈이 정지되어 있을 때 펌프에서 전달되는 회전력이며, 펌프의 회전속도와 터빈의 회전비율이 0으로 회전력이 최대인 점이다.

답 : ①

10 토크컨버터의 출력이 가장 클 때는?
(단, 기관 회전속도는 일정함)

① 항상 일정하다.
② 변환비가 1:1일 때
③ 임펠러의 속도가 느릴 때
④ 터빈의 속도가 느릴 때

터빈의 속도가 느릴 때 토크컨버터의 출력이 가장 크다.

답 : ④

11 자동변속기를 장착한 지게차에서 부하가 걸릴 때 토크컨버터의 터빈속도는?

① 일정하다.   ② 관계없다.
③ 느려진다.   ④ 빨라진다.

지게차에 부하가 걸리면 토크컨버터의 터빈속도는 느려진다.

답 : ③

12 토크컨버터에서 사용하는 오일의 구비조건에 속하지 않는 것은?

① 착화점이 높아야 한다.
② 비점이 높아야 한다.
③ 빙점이 낮아야 한다.
④ 점도가 높아야 한다.

토크컨버터 오일은 점도가 낮고, 비중이 커야 한다.

답 : ④

13 자동변속기에서 변속레버에 의해 작동되며, 중립, 전진, 후진, 고속, 저속의 선택에 따라 오일통로를 변환시키는 밸브는?

① 스로틀 밸브   ② 매뉴얼 밸브
③ 시프트 밸브   ④ 거버너 밸브

매뉴얼 밸브(manual valve)는 변속레버에 의해 작동되며, 중립, 전진, 후진, 고속, 저속의 선택에 따라 오일통로를 변환시킨다.

답 : ②

14 유성기어장치의 구성요소로 옳은 것은?

① 평 기어, 유성기어, 후진기어, 링 기어
② 선 기어, 유성기어, 래크기어, 링 기어
③ 선 기어, 유성기어, 유성기어 캐리어, 링 기어
④ 링 기어 스퍼기어, 유성기어 캐리어, 선 기어

유성기어장치의 주요부품은 선 기어, 유성기어, 링 기어, 유성기어 캐리어이다.

답 : ③

15 자동변속기의 메인압력이 떨어지는 원인과 관계없는 것은?

① 오일여과기가 막혔다.
② 오일펌프 내에 공기가 생성되었다.
③ 클러치판이 마모되었다.
④ 오일이 부족하다.

자동변속기의 메인압력(유압)이 저하되는 원인은 오일 펌프 내에 공기생성, 오일필터 막힘, 오일부족 등이다.

답 : ③

16 자동변속기가 과열하는 원인으로 옳지 않은 것은?

① 오일이 규정량보다 많다.
② 과부하 운전을 계속하였다.
③ 변속기 오일쿨러가 막혔다.
④ 메인압력이 높다.

자동변속기의 오일량이 부족하면 과열된다.

답 : ①

17 슬립이음과 자재이음이 설치된 곳은?

① 차동기어   ② 종감속 기어
③ 드라이브 라인   ④ 유성기어

슬립이음과 자재이음은 드라이브 라인에 설치된다.

답 : ③

18 지게차의 동력전달장치에서 슬립이음이 변화를 가능하게 하는 것은?

① 회전속도
② 추진축의 길이
③ 드라이브 각도
④ 추진축의 진동

슬립이음을 사용하는 이유는 추진축의 길이변화를 주기 위함이다.

답 : ②

19 추진축의 각도변화를 가능하게 하는 이음은?

① 슬리브이음   ② 플랜지이음
③ 슬립이음   ④ 자재이음

자재이음(유니버설 조인트)은 변속기와 종감속 기어 사이(추진축)의 구동각도 변화를 가능하게 한다.

답 : ④

20 유니버설 조인트 중에서 훅형(십자형)조인트를 주로 사용하는 이유에 속하지 않는 것은?

① 작동이 확실하다.
② 구조가 간단하다.
③ 큰 동력의 전달이 가능하다.
④ 급유가 불필요하다.

훅형 조인트에는 그리스를 급유하여야 한다.

답 : ④

21 십자축 자재이음을 추진축 앞뒤에 두는 이유는?

① 길이의 변화를 다소 가능하게 하기 위하여
② 추진축이 구부러지는 것을 방지하기 위하여
③ 회전각 속도의 변화를 상쇄하기 위하여
④ 추진축의 진동을 방지하기 위하여

십자축 자재이음을 추진축 앞뒤에 두는 이유는 회전 각 속도의 변화를 상쇄하기 위함이다.

답 : ③

22 유니버설 조인트 중 등속 조인트의 종류에 속하지 않는 것은?

① 버필드형   ② 제파형
③ 트랙터형   ④ 훅형

등속 조인트의 종류에는 트랙터형, 벤딕스 와이스형, 제파형, 버필드형 등이 있다.

답 : ④

23 추진축의 밸런스 웨이트에 대한 설명으로 옳은 것은?

① 추진축의 회전 시 진동을 방지한다.
② 추진축의 회전수를 높인다.
③ 변속조작 시 변속을 용이하게 한다.
④ 추진축의 비틀림을 방지한다.

밸런스 웨이트는 추진축이 회전할 때 진동을 방지한다.

답 : ①

24 추진축의 스플라인부가 마모되면?

① 가속 시 미끄럼 현상이 발생한다.
② 클러치 페달의 유격이 크다.
③ 주행 중 소음이 나고 차체에 진동이 있다.
④ 차동기어의 물림이 불량하다.

추진축의 스플라인이 마모되면 주행 중 소음이 나고 차체에 진동이 발생한다.

답 : ③

25 지게차의 동력전달 계통에서 최종적으로 구동력을 증가시키는 장치는?

① 종감속 기어   ② 스윙 모터
③ 스프로킷   ④ 자동 변속기

종감속 기어(파이널 드라이브 기어)는 기관의 동력을 마지막으로 감속하여 구동력을 증가시킨다.

답 : ①

26 종감속비에 대한 설명으로 옳지 않은 것은?

① 종감속비는 나누어서 떨어지지 않는 값으로 한다.
② 종감속비가 크면 가속성능이 향상된다.
③ 종감속비는 링 기어 잇수를 구동피니언 잇수로 나눈 값이다.
④ 종감속비가 적으면 등판능력이 향상된다.

종감속비가 적으면 등판능력이 저하된다.

답 : ④

27 동력전달장치에 사용되는 차동기어장치에 대한 설명으로 옳지 않은 것은?

① 기관의 회전력을 크게 하여 구동바퀴에 전달한다.
② 선회할 때 바깥쪽 바퀴의 회전속도를 증대시킨다.
③ 선회할 때 좌·우 구동바퀴의 회전속도를 다르게 한다.
④ 보통 차동기어장치는 노면의 저항을 작게 받는 구동바퀴가 더 많이 회전하도록 한다.

기관의 회전력을 크게 하여 구동바퀴로 전달하는 장치는 종 감속기어이다.

답 : ①

28 차축의 스플라인부는 차동장치의 어느 기어와 결합되어 있는가?

① 구동 피니언
② 차동 피니언
③ 차동 사이드 기어
④ 링 기어

차축의 스플라인부는 차동 사이드 기어와 결합되어 있다.

답 : ③

29 액슬축의 종류에 속하지 않는 것은?

① 1/4 부동식   ② 전부동식
③ 반부동식   ④ 3/4 부동식

액슬축(차축) 지지방식에는 전부동식, 반부동식, 3/4 부동식이 있다.

답 : ①

02 제동장치(brake system)

1 제동장치의 개요

① 제동장치는 주행속도를 감속시키거나 정지시키기 위한 장치이다.
② 독립적으로 작동시킬 수 있는 2계통의 제동장치가 있다.
③ 경사로에서 정지된 상태를 유지할 수 있는 구조이다.

2 제동장치의 구비조건

① 작동이 확실하고, 제동효과가 커야 한다.
② 신뢰성과 내구성이 커야 한다.
③ 점검 및 정비가 쉬워야 한다.

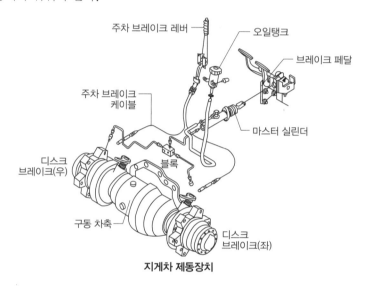

주차 브레이크 레버 — 오일탱크
브레이크 페달
주차 브레이크 케이블
마스터 실린더
디스크 브레이크(우)
블록
구동 차축
디스크 브레이크(좌)

지게차 제동장치

3 유압 브레이크(hydraulic brake)

유압 브레이크는 파스칼의 원리를 응용한다.

(1) 마스터 실린더(master cylinder)

① 브레이크 페달을 밟으면 유압을 발생시킨다.
② 잔압은 마스터 실린더 내의 체크밸브에 의해 형성된다.
③ 마스터 실린더를 조립할 때 부품의 세척은 브레이크액이나 알코올로 한다.

(2) 휠 실린더(wheel cylinder)

마스터 실린더에서 압송된 유압에 의하여 브레이크슈를 드럼에 압착시킨다.

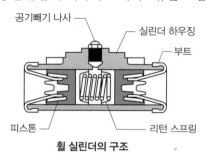

휠 실린더의 구조

(3) 브레이크슈(brake shoe)

휠 실린더의 피스톤에 의해 브레이크 드럼과 접촉하여 제동력을 발생하는 부품이며, 라이닝이 리벳이나 접착제로 부착되어 있다.

(4) 브레이크 드럼(brake drum)

휠 허브에 볼트로 설치되어 바퀴와 함께 회전하며, 브레이크슈와의 마찰로 제동을 발생시킨다.

(5) 브레이크 오일(브레이크액)

피마자기름에 알코올 등의 용제를 혼합한 식물성 오일이다.

4 배력 브레이크(servo brake)

① 유압 브레이크에서 제동력을 증대시키기 위해 사용한다.
② 기관의 흡입행정에서 발생하는 진공(부압)과 대기압 차이를 이용하는 진공배력 장치(하이드로 백)이 있다.
③ 진공배력 장치(하이드로 백)에 고장이 발생하여도 유압 브레이크로 작동한다.

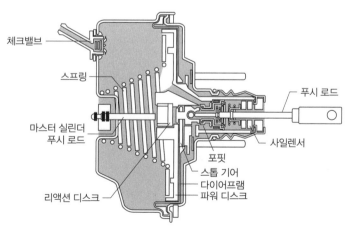

배력 브레이크의 구조(하이드로 백)

출제 예상 문제

01 제동장치의 기능과 관계없는 것은?

① 급제동 시 노면으로부터 발생되는 충격을 흡수하는 장치이다.
② 독립적으로 작동시킬 수 있는 2계통의 제동장치가 있다.
③ 주행속도를 감속시키거나 정지시키기 위한 장치이다.
④ 경사로에서 정지된 상태를 유지할 수 있는 구조이다.

제동장치는 주행속도를 감속시키고, 정지시키는 장치이며, 독립적으로 작동시킬 수 있는 2계통의 제동장치가 있다. 또 경사로에서 정지된 상태를 유지할 수 있어야 한다.

답 : ①

02 지게차에서 사용하는 유압식 제동장치의 구성부품이 아닌 것은?

① 에어 컴프레서　② 오일 리저브 탱크
③ 마스터 실린더　④ 휠 실린더

유압식 제동장치는 마스터 실린더, 오일 리저브 탱크, 브레이크 파이프 및 호스, 휠 실린더, 브레이크슈, 슈 리턴 스프링, 브레이크 드럼 등으로 구성되어 있다.

답 : ①

03 유압 브레이크에서 잔압을 유지시키는 부품은?

① 부스터　　　② 체크밸브
③ 휠 실린더　　④ 피스톤 스프링

유압 브레이크에서 잔압을 유지시키는 것은 체크밸브(첵밸브)이다.

답 : ②

04 제동장치의 마스터 실린더를 조립 시 어느 것으로 세척하는가?

① 경유　　　　② 석유
③ 솔벤트　　　④ 브레이크 액

마스터 실린더를 조립할 때 부품의 세척은 브레이크 액이나 알코올로 한다.

답 : ④

05 내리막길에서 제동장치를 자주사용 시 브레이크 오일이 비등하여 송유압력의 전달작용이 불가능하게 되는 현상은?

① 베이퍼 록 현상
② 페이드 현상
③ 브레이크 록 현상
④ 사이클링 현상

베이퍼 록은 브레이크 오일이 비등 기화하여 오일의 전달 작용을 불가능하게 하는 현상이다.

답 : ①

06 브레이크 파이프 내에 베이퍼 록이 발생하는 원인과 관계없는 것은?

① 브레이크 드럼이 과열되었다.
② 내리막길에서 지나치게 브레이크를 조작하였다.
③ 브레이크 계통 내의 잔압이 저하되었다.
④ 라이닝과 드럼의 간극이 과대하다.

베이퍼 록의 발생원인
• 긴 내리막길에서 과도하게 브레이크를 사용하였을 때
• 라이닝과 드럼의 간극 과소로 끌림에 의해 가열되었을 때
• 브레이크액의 변질에 의해 비점이 저하되었을 때
• 브레이크 계통 내의 잔압이 저하하였을 때
• 경사진 내리막길을 내려갈 때 베이퍼 록을 방지하려면 기관 브레이크를 사용한다.

답 : ④

07 지게차로 길고 급한 경사길을 운전할 때 반 브레이크를 사용하면 어떤 현상이 발생하는가?

① 라이닝은 페이드, 파이프는 스팀록
② 파이프는 증기폐쇄, 라이닝은 스팀록
③ 파이프는 스팀록, 라이닝은 베이퍼록
④ 라이닝은 페이드, 파이프는 베이퍼록

길고 급한 경사길을 운전할 때 반 브레이크를 사용하면 라이닝에서는 페이드가 발생하고, 파이프에서는 베이퍼 록이 발생한다.

답 : ④

08 긴 내리막길을 내려갈 때 베이퍼 록을 방지할 수 있는 올바른 운전방법은?

① 클러치를 끊고 브레이크 페달을 계속 밟고 속도를 조정하면서 내려간다.
② 변속레버를 중립으로 놓고 브레이크 페달을 밟고 내려간다.
③ 시동을 끄고 브레이크 페달을 밟고 내려간다.
④ 기관 브레이크를 사용한다.

답 : ④

09 브레이크 드럼의 구비조건으로 옳지 않은 것은?

① 가볍고 강도와 강성이 클 것
② 정적·동적 평형이 잡혀 있을 것
③ 내마멸성이 적을 것
④ 냉각이 잘될 것

브레이크 드럼은 가볍고 내마멸성과 강도와 강성이 커야 하며, 정적·동적 평형이 잡혀 있어야 하고, 냉각이 잘 되어야 한다.

답 : ③

10 지게차에서 브레이크를 연속하여 자주 사용하면 브레이크 드럼이 과열되어, 마찰계수가 떨어지며, 브레이크가 잘 듣지 않는 것으로서 짧은 시간 내에 반복조작이나, 내리막길을 내려갈 때 브레이크 효과가 나빠지는 현상은?

① 채터링 현상   ② 노킹현상
③ 수막현상   ④ 페이드 현상

페이드 현상
브레이크를 연속하여 자주 사용하면 브레이크 드럼이 과열되어, 마찰계수가 떨어지고 브레이크가 잘 듣지 않는 것으로 짧은 시간 내에 반복조작이나, 내리막길을 내려갈 때 브레이크 효과가 나빠지는 현상이다.

답 : ④

11 제동장치의 페이드 현상 방지방법에 관한 설명으로 옳지 않은 것은?

① 온도상승에 따른 마찰계수 변화가 큰 라이닝을 사용한다.
② 드럼은 열팽창률이 적은 재질을 사용한다.
③ 드럼의 냉각성능을 크게 한다.
④ 드럼의 열팽창률이 적은 형상으로 한다.

페이드 현상을 방지하려면 온도상승에 따른 마찰계수 변화가 작은 라이닝을 사용한다.

답 : ①

12 운행 중 브레이크에 페이드 현상이 발생했을 때 조치방법은?

① 주차 브레이크를 대신 사용한다.
② 운행을 멈추고 열이 식도록 한다.
③ 운행속도를 조금 올려준다.
④ 브레이크 페달을 자주 밟아 열을 발생시킨다.

브레이크에 페이드 현상이 발생하면 정차시켜 열이 식도록 한다.

답 : ②

13 진공식 제동 배력장치의 설명으로 옳은 것은?

① 릴레이 밸브 피스톤 컵이 파손되어도 브레이크는 작동된다.
② 릴레이 밸브의 다이어프램이 파손되면 브레이크가 작동되지 않는다.
③ 진공밸브가 새면 브레이크가 전혀 작동되지 않는다.
④ 하이드로릭 피스톤의 체크 볼이 밀착 불량이면 브레이크가 작동되지 않는다.

진공식 제동 배력장치(하이드로 백)는 배력장치에 고장이 발생하여도 일반적인 유압 브레이크로 작동할 수 있도록 하고 있다.

답 : ①

14 브레이크에서 하이드로 백에 관한 설명으로 옳지 않은 것은?

① 대기압과 흡기다기관 부압과의 차이를 이용하였다.
② 하이드로백은 브레이크 계통에 설치되어 있다.
③ 외부에 누출이 없는데도 브레이크 작동이 나빠지는 것은 하이드로 백 고장일 수도 있다.
④ 하이드로 백에 고장이 나면 브레이크가 전혀 작동하지 않는다.

답 : ④

15 공기 브레이크의 장점으로 옳지 않은 것은?

① 차량중량에 제한을 받지 않는다.
② 베이퍼 록 발생이 많다.
③ 페달을 밟는 양에 따라 제동력이 조절된다.
④ 공기가 다소 누출되어도 제동성능이 현저하게 저하되지 않는다.

공기 브레이크는 베이퍼 록 발생 염려가 없다.

답 : ②

16 공기 브레이크 장치의 구성부품에 속하지 않는 것은?

① 마스터 실린더   ② 브레이크 밸브
③ 공기탱크   ④ 릴레이 밸브

공기 브레이크는 공기압축기, 압력조정기와 언로드 밸브, 공기탱크, 브레이크 밸브, 퀵 릴리스 밸브, 릴레이 밸브, 슬랙 조정기, 브레이크 체임버, 캠, 브레이크 슈, 브레이크 드럼으로 구성된다.

답 : ①

17 공기 브레이크에서 브레이크슈를 직접 작동시키는 부품은?

① 브레이크 페달   ② 캠
③ 유압   ④ 릴레이 밸브

공기 브레이크에서 브레이크슈를 직접 작동시키는 것은 캠(cam)이다.

답 : ②

18 제동장치 중 주 브레이크의 종류에 속하지 않는 것은?

① 배기 브레이크   ② 배력 브레이크
③ 공기 브레이크   ④ 유압 브레이크

배기 브레이크는 긴 내리막길을 내려 갈 때 사용하는 감속 브레이크이다.

답 : ①

03 조향장치(환향장치 ; Steering System)

1 조향장치의 개요

(1) 조향장치의 원리

주행 중 진행방향을 바꾸기 위한 장치이며, 선회할 때 안쪽 바퀴의 조향각도가 바깥쪽 바퀴의 조향각도보다 크기 때문에 앞·뒷바퀴는 어떤 선회상태에서도 중심이 일치되는 원(동심원)을 그릴 수 있다. 이를 애커먼-장토 방식이라 한다.

(2) 조향장치의 구비조건

① 회전반경이 작아서 좁은 곳에서도 방향변환을 할 수 있어야 한다.
② 노면으로부터의 충격이나 원심력 등의 영향을 받지 않아야 한다.
③ 타이어 및 조향장치의 내구성이 커야 한다.
④ 조향조작이 경쾌하고 자유로워야 한다.

2 동력조향장치(power steering system)

(1) 동력조향장치의 장점

① 조향 기어비를 조작력에 관계없이 선정할 수 있다.
② 굴곡노면에서의 충격을 흡수하여 조향핸들에 전달되는 것을 방지한다.
③ 작은 조작력으로 조향 조작을 할 수 있다.
④ 조향조작이 경쾌하고 신속하다.
⑤ 조향핸들의 시미(shimmy)현상을 줄일 수 있다.

(2) 동력조향장치의 구조

① 유압 발생장치(오일펌프-동력부분), 유압 제어장치(제어밸브-제어부분), 작동장치(유압 실린더-작동부분)로 되어있다.
② 안전체크 밸브는 동력조향장치가 고장이 났을 때 수동조작이 가능하도록 해 준다.

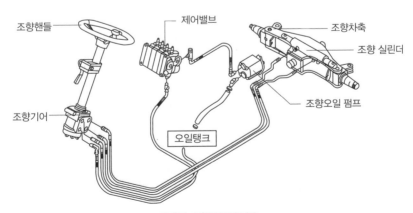

지게차 조향장치의 구조

3 앞바퀴 얼라인먼트(front wheel alignment)

(1) 앞바퀴 얼라인먼트(정렬)의 개요

캠버, 캐스터, 토인, 킹핀 경사각 등이 있으며, 앞바퀴 얼라인먼트의 역할은 다음과 같다.

① 조향핸들의 조작을 확실하게 하고 안전성을 준다.

② 조향핸들에 복원성을 부여한다.

③ 조향핸들의 조작력을 가볍게 한다.

④ 타이어 마멸을 최소로 한다.

(2) 앞바퀴 얼라인먼트 요소

① 캠버(camber)

앞바퀴를 앞에서 보면 바퀴의 윗부분이 아래쪽보다 더 벌어져 있는 데, 이 벌어진 바퀴의 중심선과 수선 사이의 각도를 캠버라 한다. 캠버를 두는 목적은 다음과 같다.

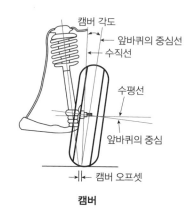

캠버

• 조향핸들의 조작을 가볍게 한다.

• 수직방향 하중에 의한 앞 차축의 휨을 방지한다.

• 하중을 받았을 때 앞바퀴의 아래쪽이 벌어지는 것(부의 캠버)을 방지한다.

② 캐스터(caster)

• 앞바퀴를 옆에서 보았을 때 조향축(킹핀)이 수직선과 어떤 각도를 두고 설치된다.

• 조향핸들의 복원성 부여 및 조향바퀴에 직진성능을 부여한다.

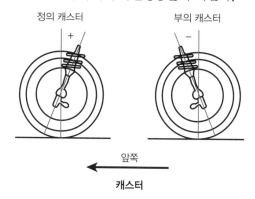

캐스터

③ 토인(toe-in)

앞바퀴를 위에서 아래로 보았을 때 앞쪽이 뒤쪽보다 좁게 되어져 있는 상태이며, 토인은 2~6mm정도 두며, 역할은 다음과 같다.

• 조향바퀴를 평행하게 회전시킨다.

• 조향바퀴가 옆 방향으로 미끄러지는 것을 방지한다.

• 타이어 이상마멸을 방지한다.

• 조향 링키지 마멸에 따라 토 아웃(toe-out)이 되는 것을 방지한다.

• 토인은 타이로드의 길이로 조정한다.

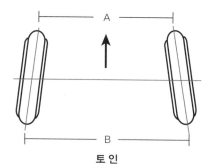

토 인

출제 예상 문제

01 지게차에서 환향장치의 기능은?

① 분사압력 증대장치이다.
② 건설기계의 진행방향을 바꾸는 장치이다.
③ 분사시기를 조절하는 장치이다.
④ 제동을 쉽게 하는 장치이다.

환향(조향)장치는 주행 중 건설기계의 진행방향을 바꾸는 장치이다.

답 : ②

02 조향장치의 특성에 관한 설명으로 옳지 않은 것은?

① 노면으로부터의 충격이나 원심력 등의 영향을 받지 않을 것
② 타이어 및 조향장치의 내구성이 클 것
③ 회전반경이 가능한 한 클 것
④ 조향조작이 경쾌하고 자유로울 것

조향장치는 회전반경이 작아서 좁은 곳에서도 방향을 변환을 할 수 있어야 한다.

답 : ③

03 동력조향장치의 장점과 관계없는 것은?

① 조작이 미숙하면 기관이 자동으로 정지된다.
② 작은 조작력으로 조향조작을 할 수 있다.
③ 조향 기어비는 조작력에 관계없이 선정할 수 있다.
④ 굴곡 노면에서의 충격을 흡수하여 조향핸들에 전달되는 것을 방지한다.

동력조향장치의 조작이 미숙하여도 기관이 정지하는 경우는 없다.

답 : ①

04 동력조향장치 구성부품에 속하지 않는 것은?

① 유압펌프
② 복동 유압 실린더
③ 제어밸브
④ 하이포이드 피니언

유압 발생장치(오일펌프), 유압제어장치(제어밸브), 작동장치(유압 실린더)로 되어있다.

답 : ④

05 지게차에서 조향핸들의 조작을 가볍고 원활하게 하는 방법에 속하지 않는 것은?

① 동력조향장치를 사용한다.
② 종감속장치를 사용한다.
③ 타이어 공기압을 적정압력으로 한다.
④ 바퀴의 정렬을 정확히 한다.

조향핸들의 조작을 가볍게 하는 방법은 동력조향장치를 사용하거나, 바퀴의 정렬을 정확히 조정하고, 타이어 공기압을 적정압력으로 한다.

답 : ②

06 조향장치에서 앞 액슬과 조향너클을 연결하는 부품은?

① 스티어링 암   ② 킹핀
③ 드래그 링크   ④ 타이로드

앞 액슬과 조향너클을 연결하는 것을 킹핀이라 한다.

답 : ②

07 조향바퀴의 얼라인먼트 요소와 관계없는 것은?

① 캠버   ② 캐스터
③ 토인   ④ 부스터

조향바퀴 얼라인먼트의 요소에는 캠버, 토인, 캐스터, 킹핀, 경사각 등이 있다.

답 : ④

08 앞바퀴 얼라인먼트의 역할과 관계없는 것은?

① 조향핸들의 조작을 작은 힘으로 쉽게 할 수 있다.
② 타이어 마모를 최소로 한다.
③ 브레이크의 수명을 길게 한다.
④ 방향 안정성을 준다.

앞바퀴 얼라인먼트의 역할은 조향핸들의 조작을 작은 힘으로 쉽게 할 수 있도록 하고, 타이어 마모를 최소로 하며, 방향 안정성을 준다.

답 : ③

09 앞바퀴 정렬요소 중 캠버의 필요성에 대한 설명과 관계없는 것은?

① 조향 시 바퀴의 복원력이 발생한다.
② 조향 휠의 조작을 가볍게 한다.
③ 앞차축의 휨을 적게 한다.
④ 토(toe)와 관련성이 있다.

조향할 때 바퀴에 복원력을 부여하는 요소는 캐스터이다.

답 : ①

10 토인에 대한 설명으로 틀린 것은?

① 토인 조정이 잘못되면 타이어가 편 마모된다.
② 토인은 좌·우 앞바퀴의 간격이 앞보다 뒤가 좁은 것이다.
③ 토인은 직진성능을 좋게 하고 조향을 가볍게 한다.
④ 토인은 반드시 직진상태에서 측정한다.

토인(toe-in)이란 좌·우 앞바퀴의 간격이 앞보다 뒤가 넓은 상태이다.

답 : ②

11 휠 얼라인먼트에서 토인의 필요성으로 관계없는 것은?

① 조향바퀴를 평행하게 회전시킨다.
② 타이어 이상마멸을 방지한다.
③ 조향바퀴의 방향성을 준다.
④ 바퀴가 옆 방향으로 미끄러지는 것을 방지한다.

조향바퀴의 방향성을 주는 요소는 캐스터이다.

답 : ③

12 조향바퀴의 토인을 조정하는 것은?

① 조향핸들   ② 드래그 링크
③ 웜 기어   ④ 타이로드

토인은 타이로드에서 조정한다.

답 : ④

04 휠과 타이어(Wheel & Tire)

1 공기압에 따른 타이어의 종류

고압 타이어, 저압 타이어, 초저압 타이어가 있다.

2 타이어의 구조

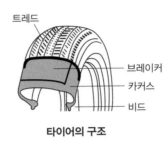

타이어의 구조

(1) 트레드(tread)

타이어가 직접 노면과 접촉되어 마모에 견디고 적은 슬립으로 견인력을 증대시키는 부분이다.

(2) 브레이커(breaker)

몇 겹의 코드층을 내열성의 고무로 싼 구조로 되어 있으며, 트레드와 카커스의 분리를 방지하고 노면에서의 완충작용도 한다.

(3) 카커스(carcass)

타이어의 골격을 이루는 부분이며, 공기압력을 견디어 일정한 체적을 유지하고, 하중이나 충격에 따라 변형하여 완충작용을 한다.

(4) 비드(bead)

타이어가 림과 접촉하는 부분이며, 비드 부분이 늘어나는 것을 방지하고 타이어가 림에서 빠지는 것을 방지하기 위해 내부에 몇 줄의 피아노선이 원둘레 방향으로 들어 있다.

3 타이어의 호칭 치수

(1) 고압 타이어

타이어 바깥지름(inch)×타이어 폭(inch) – 플라이 수(ply rating)

(2) 저압 타이어

타이어 폭(inch) – 타이어 안지름(inch) – 플라이 수

예 9.00-20-14PR에서 9.00은 타이어 폭, 20은 타이어 내경, 14PR은 플라이 수를 의미

출제 예상 문제

01 타이어 림에 대한 설명으로 옳지 않은 것은?

① 손상 또는 마모 시 교환한다.
② 변형 시 교환한다.
③ 경미한 균열도 교환한다.
④ 경미한 균열은 용접하여 재사용한다.

타이어 림에 경미한 균열이 발생하였더라도 교환하여야 한다.

답 : ④

02 사용압력에 따른 타이어의 분류에 속하지 않는 것은?

① 초고압 타이어   ② 고압 타이어
③ 초저압 타이어   ④ 저압 타이어

공기압력에 따른 타이어의 분류에는 고압 타이어, 저압 타이어, 초저압 타이어가 있다.

답 : ①

03 튜브리스 타이어의 장점에 속하지 않는 것은?

① 펑크수리가 간단하다.
② 타이어 수명이 길다.
③ 튜브조립이 없어 작업성이 향상된다.
④ 못이 박혀도 공기가 잘 새지 않는다.

튜브리스 타이어의 장점은 펑크수리가 간단하고, 튜브조립이 없어 작업성이 향상되며, 못이 박혀도 공기가 잘 새지 않는다.

답 : ②

04 타이어의 구조에서 직접 노면과 접촉되어 마모에 견디고 적은 슬립으로 견인력을 증대시키는 부분의 명칭은?

① 카커스   ② 브레이커
③ 트레드   ④ 비드

트레드는 타이어가 직접 노면과 접촉되어 마모에 견디고 적은 슬립으로 견인력을 증대시키는 곳이다.

답 : ③

05 타이어에서 몇 겹의 코드 층을 내열성의 고무로 싼 구조로 되어 있으며, 트레드와 카커스의 분리를 방지하고 노면에서의 완충작용도 하는 부분은?

① 카커스   ② 트레드
③ 비드   ④ 브레이커

브레이커는 타이어에서 몇 겹의 코드 층을 내열성의 고무로 싼 구조로 되어 있으며, 트레드와 카커스의 분리를 방지하고 노면에서의 완충작용도 한다.

답 : ④

06 타이어에서 고무로 피복된 코드를 여러 겹으로 겹친 층에 해당되며 타이어 골격을 이루는 부분은?

① 트레드부   ② 카커스부
③ 숄더부   ④ 비드부

카커스부는 고무로 피복된 코드를 여러 겹으로 겹친 층에 해당되며, 타이어 골격을 이루는 부분이다.

답 : ②

07 내부에는 고탄소강의 강선(피아노선)을 묶음으로 넣고 고무로 피복한 림 상태의 보강 부위로 타이어가 림에 견고하게 고정시키는 역할을 하는 부분은?

① 트레드부 ② 카커스부
③ 비드부   ④ 숄더부

비드부는 내부에는 고탄소강의 강선(피아노선)을 묶음으로 넣고 고무로 피복한 림 상태의 보강 부위이며 타이어를 림에 견고하게 고정시키는 역할을 하는 부분이다.

답 : ③

08 지게차에 부착된 부품을 확인하였더니 13.00 –24–18PR로 표기되어 있었을 경우 다음 중 무엇을 표시한 것인가?

① 기동전동기 용량
② 타이어 규격
③ 유압펌프
④ 기관 일련번호

답 : ②

09 저압 타이어 호칭치수 표시로 옳은 것은?

① 타이어의 폭-타이어의 내경-플라이 수
② 타이어의 폭-림의 지름
③ 타이어의 외경-타이어의 폭-플라이 수
④ 타이어의 내경-타이어의 폭-플라이 수

저압 타이어 호칭치수
타이어의 폭-타이어의 내경-플라이 수

답 : ①

10 타이어에 11.00–20–12PR이란 표시 중 "11.00"이 의미하는 것은?

① 타이어 외경을 인치로 표시한 것이다.
② 타이어 폭을 인치로 표시한 것이다.
③ 타이어 내경을 인치로 표시한 것이다.
④ 타이어 폭을 센티미터로 표시한 것이다.

11.00–20–12PR에서 11.00은 타이어 폭(인치), 20은 타이어 내경(인치), 12PR은 플라이 수를 의미한다.

답 : ②

11 지게차가 주행 중 발생할 수도 있는 히트 세퍼레이션 현상에 대한 설명으로 옳은 것은?

① 고속 주행할 때 타이어 공기압이 낮아져 타이어가 찌그러지는 현상이다.
② 고속 주행할 때 차체가 좌·우로 밀리는 현상이다.
③ 고속으로 주행 중 타이어가 터지는 현상이다.
④ 물에 젖은 노면을 고속으로 달리면 타이어와 노면 사이에 수막이 생기는 현상이다.

히트 세퍼레이션(heat separation)이란 고속으로 주행할 때 열에 의해 타이어의 고무나 코드가 용해 및 분리되어 터지는 현상이다.

답 : ③

12 지게차 타이어의 정비 점검에 관한 설명으로 옳지 않은 것은?

① 휠 부속품이 균열이 있는 것은 재가공, 용접, 땜질 열처리하여 사용한다.
② 휠 너트를 풀기 전에 차체에 고임목을 고인다.
③ 타이어와 휠의 정비 및 교환 작업은 위험하므로 반드시 숙련공이 한다.
④ 적절한 공구와 절차를 이용하여 수행한다.

답 : ①

제5장 유압장치 익히기

01 유압의 개요

1 액체의 성질

① 공기는 압력을 가하면 압축되지만 액체는 압축되지 않는다.

② 액체는 힘과 운동을 전달할 수 있다.

③ 액체는 힘(작용력)을 증대시킬 수도 있고, 감소시킬 수도 있다.

2 유압장치의 정의

유압장치는 유압유의 압력에너지(유압)를 이용하여 기계적인 일을 하는 장치이다.

3 파스칼(pascal)의 원리

① 밀폐용기 내의 한 부분에 가해진 압력은 액체 내의 모든 부분에 같은 압력으로 전달된다.

② 정지된 액체의 한 점에 있어서의 압력의 크기는 모든 방향에 대하여 동일하다.

③ 정지된 액체에 접하고 있는 면에 가해진 압력은 그 면에 수직으로 작용한다.

4 압력

① 압력이란 단위면적에 작용하는 힘이다.

> 압력=가해진 힘÷단면적(힘/면적)

② 압력의 단위는 kgf/cm², PSI, Pa(kPa, MPa), mmHg, bar, mAq, atm(대기압) 등이 있다.

③ 압력에 영향을 주는 요소는 유압유의 유량, 유압유의 점도, 관로직경의 크기이다.

④ 대기압 상태에서 측정한 압력계의 압력을 게이지 압력(gauge pressure)이라 한다.

5 유량

① 유량이란 단위시간에 이동하는 유압유의 체적 즉 유압계통 내에서 이동되는 유압유의 양이다.

② 유량의 단위는 GPM(gallon per minute) 또는 LPM(ℓ/min, liter per minute)을 사용한다.

02 유압장치의 장점 및 단점

1 유압장치의 장점

① 작은 동력원으로 큰 힘을 낼 수 있고, 정확한 위치제어가 가능하다.

② 원격제어가 가능하고, 속도제어가 쉽다.

③ 과부하 방지가 간단하고 정확하다.

④ 운동방향을 쉽게 변경할 수 있고, 에너지 축적이 가능하다.

⑤ 전기·전자의 조합으로 자동제어가 가능하다.
⑥ 윤활성, 내마멸성, 방청성이 좋다.
⑦ 힘의 전달 및 증폭과 연속적 제어가 용이하다.
⑧ 무단변속이 가능하고 작동이 원활하다.

2 유압장치의 단점

① 유압유 온도의 영향에 따라 정밀한 속도와 제어가 곤란하다.
② 유압유의 온도에 따라서 점도가 변하므로 유압기계의 속도가 변화한다.
③ 회로구성이 어렵고, 관로를 연결하는 곳에서 유압유가 누출될 우려가 있다.
④ 유압유는 가연성이 있어 화재에 위험하다.
⑤ 폐유에 의해 주변 환경이 오염될 수 있다.
⑥ 고압사용으로 인한 위험성 및 이물질(수분, 공기 및 먼지)에 민감하다.
⑦ 에너지의 손실이 크며, 구조가 복잡하므로 고장원인의 발견이 어렵다.

03 유압유(작동유)

1 유압유의 개요

① 유압유는 마찰부분의 윤활작용 및 냉각작용을 한다.
② 유압유의 점도가 낮으면 유압이 낮아지고, 점도가 높으면 유압이 높아진다.
③ 유압유는 점도지수가 높아야 한다.
④ 유압유에 공기가 혼입되면 유압기기의 성능은 저하된다.

2 유압유의 점도

점도는 점성의 정도를 나타내는 척도이며, 유압유의 성질 중 가장 중요하다. 점도는 온도가 올라가면 낮아지고, 온도가 내려가면 높아진다.

(1) 유압유의 점도가 높을 때의 영향

① 유압이 높아진다.
② 유동저항이 커져 압력손실이 증가한다.
③ 동력손실이 증가하여 기계효율이 감소한다.
④ 내부마찰이 증가하고, 압력이 상승한다.
⑤ 관(pipe) 내의 마찰손실과 동력손실이 커진다.
⑥ 열 발생의 원인이 될 수 있다.
⑦ 유압유 누출은 감소한다.

(2) 유압유의 점도가 낮을 때의 영향

① 유압펌프의 효율이 저하된다.
② 유압 실린더 및 제어밸브에서 누출현상이 발생한다.

③ 유압계통(회로) 내의 압력이 저하된다.

④ 유압 실린더와 유압모터의 작동속도가 늦어진다.

> **POINT**
>
> 유압유에 점도가 서로 다른 오일을 혼합하면 열화 현상을 촉진시킨다.

3 유압유의 작용

① 열을 흡수하고, 부식을 방지한다.

② 필요한 요소 사이를 밀봉한다.

③ 미끄럼운동 부분을 윤활시킨다.

④ 움직이는 기계요소의 마모를 방지한다.

⑤ 유압 에너지를 이송한다. 즉, 동력을 전달한다.

4 유압유의 구비조건

① 점도지수 및 체적탄성계수가 커야 한다.

② 적절한 유동성과 점성이 있어야 한다.

③ 화학적 안정성이 커야 한다. 즉, 산화안정성(방청 및 방식성)이 좋아야 한다.

④ 압축성, 밀도, 열팽창계수가 작아야 한다.

⑤ 기포분리 성능(소포성)이 커야 한다.

⑥ 인화점 및 발화점이 높고, 내열성이 커야 한다.

5 유압유 첨가제

유압유 첨가제에는 산화방지제, 유성향상제, 마모방지제, 소포제(거품 방지제), 유동점 강하제, 점도지수 향상제 등이 있다.

(1) 산화방지제

산의 생성을 억제함과 동시에 금속표면에 부식억제 피막을 형성하여 산화 물질이 금속에 직접 접촉하는 것을 방지한다.

(2) 유성향상제

금속 사이의 마찰을 방지하기 위한 것으로, 마찰계수를 저하시키기 위하여 사용한다.

(3) 소포제(거품 방지제)

유압유에 기포가 발생하면 유압유의 손실이 증가하고, 유압펌프 작용이 원활하지 못하여 유압유 공급이 중단되는데 이를 방지하기 위하여 사용한다.

(4) 유동점 강하제

유압유 속의 납(Pb) 결정이 스펀지(sponge) 구조로 형성되는 것을 방지하며, 낮은 온도에서도 유압유의 유동성을 유지할 수 있도록 한다.

(5) 점도지수 향상제

점도지수가 높은 유압유를 만들기 위하여 사용한다.

6 난연성 유압유

① 난연성 유압유에는 비함수계(내화성을 갖는 합성물)와 함수계가 있다.
② 비함수계의 유압유는 인산 에스테르와 폴리올 에스테르가 있다.
③ 함수계 유압유에는 수중유적형(O/W), 유중수적형(W/O), 물-글리콜계가 있다.

7 유압유에 수분이 미치는 영향

유압유에 수분이 생성되는 주원인은 공기혼입 때문이며, 유압유에 수분이 유입되었을 때의 영향은 다음과 같다.

① 유압유의 산화와 열화를 촉진시키고, 내마모성을 저하시킨다.
② 유압유의 윤활성 및 방청성을 저하시킨다.
③ 수분함유 여부는 가열한 철판 위에 유압유를 떨어뜨려 점검한다.

8 유압유 열화 판정방법

① 유압유의 점도상태로 확인한다.
② 유압유의 자극적인 악취 유무로 확인(냄새로 확인)한다.
③ 유압유의 색깔 변화나 수분, 침전물의 유무로 확인한다.
④ 유압유를 흔들었을 때 생기는 거품이 없어지는 양상을 확인한다.
⑤ 유압유 교환을 판단하는 조건은 점도의 변화, 색깔의 변화, 수분의 함량 여부이다.

9 유압유의 온도

(1) 유압유의 온도범위

① 난기운전 후 유압유의 온도 : 25~30℃
② 최저 허용 유압유의 온도 : 40℃
③ 작업 중 적정 유압유의 온도 : 40~80℃
④ 최고 허용 유압유의 온도 : 80℃
⑤ 열화되는 유압유의 온도 : 80~100℃

(2) 유압장치의 열 발생원인

① 유압유의 점도가 너무 높다.
② 유압장치 내에서 내부마찰이 발생하고 있다.
③ 유압회로 내의 작동압력이 너무 높다.
④ 유압회로 내에서 캐비테이션이 발생하였다.
⑤ 릴리프 밸브가 닫힌 상태로 고장났다.
⑥ 오일 냉각기의 냉각핀이 오손되었다.
⑦ 유압유가 부족하다.

(3) 유압유가 과열되었을 때의 영향

① 열화를 촉진하고, 점도저하에 의해 누출되기 쉽다.
② 온도변화에 의해 유압기기가 열 변형되기 쉽다.
③ 유압장치의 효율이 저하한다.
④ 유압장치의 작동불량 현상이 발생한다.
④ 유압유의 산화작용을 촉진한다.
⑤ 기계적인 마모가 발생할 수 있다.

04 유압장치의 이상현상

1 캐비테이션(cavitation)

① 공동현상이라고도 하며, 이 현상이 발생하면 최고 압력이 발생하여 급격한 압력파가 일어나고, 체적효율이 감소한다.
② 저압부분의 기포가 과포화 상태로 되며 유압장치 내부에 국부적인 고압이 발생하여 소음과 진동이 발생한다.
③ 유압이 진공에 가까워져 기포가 발생하고, 이 기포가 파괴되어 국부적인 고압이나 소음과 진동이 발생하며, 양정과 효율이 저하된다.

2 서지압력(surge pressure)

① 과도적으로 발생하는 이상 압력의 최댓값이다.
② 유압회로 내의 밸브를 갑자기 닫았을 때 유압유의 속도에너지가 압력에너지로 변하면서 일시적으로 큰 압력증가가 생기는 현상이다.

3 숨 돌리기 현상

① 유압유의 공급이 부족할 때 발생한다.
② 피스톤 작동이 불안정하게 된다.
③ 작동시간의 지연이 생긴다.
④ 서지압력이 발생한다.

출제 예상 문제

01 지게차의 유압장치를 가장 적절히 표현한 것은?

① 기체를 액체로 전환시키기 위하여 압축하는 것
② 오일의 유체에너지를 이용하여 기계적인 일을 하도록 하는 것
③ 오일의 연소에너지를 통해 동력을 생산하는 것
④ 오일을 이용하여 전기를 생산하는 것

유압장치란 유압유의 압력에너지를 이용하여 기계적인 일을 하는 것이다.

답 : ②

02 "밀폐된 용기 속의 유체 일부에 가해진 압력은 각부의 모든 부분에 같은 세기로 전달된다."는 원리는?

① 보일-샤를의 원리
② 파스칼의 원리
③ 베르누이의 원리
④ 렌즈의 원리

파스칼의 원리는 "밀폐된 용기 속의 유체 일부에 가해진 압력은 각부의 모든 부분에 똑같은 세기로 전달된다."라는 원리로 유압장치에 이용한다.

답 : ②

03 압력을 표현한 공식으로 옳은 것은?

① 압력=힘-면적   ② 압력=면적×힘
③ 압력=면적÷힘   ④ 압력=힘÷면적

압력은 가해진 힘÷면적으로 나타낸다.

답 : ④

04 유체의 압력에 영향을 주는 요소에 속하지 않는 것은?

① 작동유 탱크 용량
② 관로의 직경
③ 유체의 점도
④ 유체의 흐름량

유압에 영향을 주는 요소는 유체의 유량(흐름량), 유체의 점도, 관로직경의 크기이다.

답 : ①

05 보기에서 압력의 단위만 나열한 것은?

보기
㉮ psi   ㉯ kgf/cm² 　㉰ bar   ㉱ N·m

① ㉮, ㉰, ㉱   ② ㉮, ㉯, ㉱
③ ㉯, ㉰, ㉱   ④ ㉮, ㉯, ㉰

압력의 단위에는 kgf/cm², psi(PSI), atm, Pa(kPa, MPa), mmHg, bar, atm, mAq 등이 있다.

답 : ④

06 압력 1atm(지구 대기압)과 같지 않은 것은?

① 760mmHg   ② 75kgf·m/s
③ 14.7psi   ④ 1,013mbar

75kgf·m/s는 마력의 단위이다.

답 : ②

07 단위시간에 이동하는 유체의 체적을 무엇이라고 하는가?

① 언더 랩   ② 드레인
③ 유량   ④ 토출압력

유량이란 단위시간에 이동하는 체적이다.

답 : ③

08 유압펌프에서 사용하는 GPM의 의미는?

① 복동 실린더의 치수이다.
② 분당 토출하는 작동유의 양이다.
③ 계통 내에서 형성되는 압력의 크기이다.
④ 흐름에 대한 저항이다.

GPM(gallon per minute)이란 유압펌프에서 분당 토출하는 유압유의 양을 의미한다.

답 : ②

09 유압장치의 장점에 속하지 않는 것은?

① 온도의 영향을 많이 받는다.
② 힘의 연속적 제어가 쉽다.
③ 속도제어가 쉽다.
④ 윤활성, 내마멸성 및 방청성이 좋다.

유압유는 온도에 따라 점도가 변화하므로 유압기계의 속도가 변화하는 단점이 있다.

답 : ①

10 유압장치의 단점에 속하지 않는 것은?

① 고압사용으로 인한 위험성이 존재한다.
② 전기·전자의 조합으로 자동제어가 곤란하다.
③ 작동유 누유로 인해 환경오염을 유발할 수 있다.
④ 관로를 연결하는 곳에서 작동유가 누출될 수 있다.

유압장치는 전기·전자의 조합으로 자동제어가 가능한 장점이 있다.

답 : ②

11 작동유에 대한 설명으로 옳지 않은 것은?

① 점도는 압력손실에 영향을 미친다.
② 마찰부분의 윤활작용 및 냉각작용도 한다.
③ 점도지수가 낮아야 한다.
④ 공기가 혼입되면 유압기기의 성능은 저하된다.

작동유는 마찰부분의 윤활 및 냉각작용을 하며, 점도지수가 높아야 하고, 공기가 혼입되면 유압기기의 성능은 저하된다.

답 : ③

12 유압유의 점도에 대한 설명으로 관계없는 것은?

① 점성계수를 밀도로 나눈 값이다.
② 점성의 정도를 표시하는 값이다.
③ 점도가 낮아지면 유압이 떨어진다.
④ 온도가 상승하면 점도는 낮아진다.

점도는 점성의 정도를 나타내는 값이며, 온도가 상승하면 점도와 유압이 낮아지고, 온도가 내려가면 점도는 높아진다.

답 : ①

13 유압유의 점도가 지나치게 높을 때 발생하는 현상과 관계없는 것은?

① 내부마찰이 증가하고, 압력이 상승한다.
② 유동저항이 커져 압력손실이 증가한다.
③ 동력손실이 증가하여 기계효율이 감소한다.
④ 오일누설이 증가한다.

유압유의 점도가 높으면 유동저항이 커져 압력손실 및 동력손실의 증가로 기계효율이 감소하고, 내부마찰이 증가하여 압력이 상승하며 열 발생의 원인이 된다.

답 : ④

14 유압계통에 사용되는 오일의 점도가 너무 낮을 경우 일어나는 현상과 관계없는 것은?

① 오일누설 증가
② 유압회로 내 압력저하
③ 시동저항 증가
④ 유압펌프의 효율저하

유압유의 점도가 너무 낮으면 유압펌프의 효율저하, 유압유의 누설증가, 유압계통(회로)내의 압력저하, 액추에이터의 작동속도가 늦어진다.

답 : ③

15 작동유가 넓은 온도범위에서 사용되기 위한 조건으로 옳은 것은?

① 점도지수가 높아야 한다.
② 산화작용이 양호해야 한다.
③ 소포성이 좋아야 한다.
④ 유성이 커야 한다.

작동유가 넓은 온도범위에서 사용되기 위해서는 점도지수가 높아야 한다.

답 : ①

16 서로 다른 종류의 유압유를 혼합하였을 경우에 대한 설명으로 옳은 것은?

① 서로 보완 가능한 유압유의 혼합은 권장사항이다.
② 유압유의 성능이 혼합으로 인해 향상된다.
③ 열화현상을 촉진시킨다.
④ 점도가 달라지나 사용에는 전혀 지장이 없다.

서로 다른 종류의 유압유를 혼합하면 열화현상을 촉진시킨다.

답 : ③

17 작동유의 주요기능에 속하지 않는 것은?

① 압축작용   ② 냉각작용
③ 윤활작용   ④ 동력전달 작용

작동유는 냉각작용, 동력전달 작용, 밀봉작용, 윤활작용 등을 한다.

답 : ①

18 작동유의 구비조건으로 옳지 않은 것은?

① 유동성이 좋을 것
② 윤활성이 좋을 것
③ 비압축성일 것
④ 휘발성이 좋을 것

유압유는 비압축성이며, 윤활성과 유동성이 좋고, 휘발성이 낮아야 한다.

답 : ④

19 다음 [보기]에서 작동유의 구비조건이 맞게 짝지어진 것은?

보기
A. 압력에 대해 비압축성일 것
B. 밀도가 작을 것
C. 열팽창계수가 작을 것
D. 체적탄성계수가 작을 것
E. 점도지수가 낮을 것
F. 발화점이 높을 것

① A, B, C, F   ② B, C, E, F
③ B, D, F, F   ④ A, B, C, D

유압유(작동유) 구비조건
• 비압축성일 것
• 밀도와 열팽창계수가 작을 것
• 체적탄성계수가 클 것, 점도지수가 높을 것
• 인화점 및 발화점이 높을 것

답 : ①

20 유압유의 첨가제에 속하지 않는 것은?

① 마모방지제   ② 점도지수 방지제
③ 산화방지제   ④ 유동점 강하제

유압유 첨가제에는 마모방지제, 점도지수 향상제, 산화방지제, 소포제(기포방지제), 유동점 강하제 등이 있다.

답 : ②

21 금속 간의 마찰을 방지하기 위한 방안으로 마찰계수를 저하시키기 위하여 사용되는 첨가제는?

① 점도지수 향상제
② 방청제
③ 유성향상제
④ 유동점 강하제

유성향상제는 금속 간의 마찰을 방지하기 위한 방안으로 마찰계수를 저하시키기 위하여 사용되는 첨가제이다.

답 : ③

22 난연성 작동유의 종류에 속하지 않는 것은?

① 인산 에스텔형 작동유
② 유중수형 작동유
③ 물-글리콜형 작동유
④ 석유계 작동유

난연성 작동유의 종류에는 유중수형, 물-글리콜형, 인산 에스텔형 등이 있다.

답 : ④

23 유압유를 외관상 점검한 결과 정상적인 상태인 것은?

① 기포가 발생되어 있다.
② 투명한 색으로 처음과 변화가 없다.
③ 흰색을 나타낸다.
④ 암흑색이다.

사용 중인 유압유는 투명한 색으로 처음과 변화가 없어야 한다.

답 : ②

24 유압유의 점검사항과 관계없는 것은?

① 소포성   ② 점도
③ 마멸성   ④ 윤활성

유압유의 점검사항은 점도, 내마멸성, 소포성(거품 방지성), 윤활성이다.

답 : ③

25 유압유에 수분이 생성되는 주원인은?

① 유압유의 열화
② 슬러지 생성
③ 공기혼입
④ 유압유 누출

유압유에 수분이 생성되는 주원인은 공기혼입 때문이다.

답 : ③

26 작동유에 수분이 미치는 영향과 관계없는 것은?

① 작동유의 내마모성을 향상시킨다.
② 작동유의 방청성을 저하시킨다.
③ 작동유의 산화와 열화를 촉진시킨다.
④ 작동유의 윤활성을 저하시킨다.

유압유에 수분이 혼입되면 윤활성, 방청성, 내마모성을 저하시키고, 산화와 열화를 촉진시킨다.

답 : ①

27 현장에서 오일의 오염도 판정방법 중 가열한 철판 위에 오일을 떨어뜨리는 방법은 오일의 무엇을 판정하기 위한 방법인가?

① 먼지나 이물질 함유
② 오일의 열화
③ 수분함유
④ 산성도

가열한 철판 위에 오일을 떨어뜨리는 방법은 오일의 수분함유 여부를 판정하기 위한 방법이다.

답 : ③

28 현장에서 오일의 열화를 확인하는 인자로 옳지 않은 것은?

① 오일의 유동 ② 오일의 냄새
③ 오일의 점도 ④ 오일의 색깔

유압유의 열화를 확인하는 인자는 오일의 점도, 오일의 냄새, 오일의 색깔 등이다.

답 : ①

29 현장에서 오일의 열화를 찾아내는 방법에 속하지 않는 것은?

① 색깔의 변화나 수분, 침전물의 유무를 확인한다.
② 오일을 가열하였을 때 냉각되는 시간을 확인한다.
③ 자극적인 악취 유무를 확인한다.
④ 흔들었을 때 생기는 거품이 없어지는 양상을 확인한다.

열화를 판정하는 방법
• 점도, 색깔의 변화나 수분 유무
• 침전물의 유무
• 자극적인 악취 유무(냄새)
• 흔들었을 때 생기는 거품이 없어지는 양상

답 : ②

30 유압유의 노화촉진 원인과 관계없는 것은?

① 플러싱을 하였다.
② 다른 오일이 혼입되었다.
③ 수분이 혼입되었다.
④ 유온이 높다.

플러싱이란 유압유가 노화되었을 때 유압계통을 세척하는 작업이다.

답 : ①

31 유압유를 교환하는 판단조건과 관계없는 것은?

① 점도가 변화되었을 때
② 유량이 감소하였을 때
③ 수분이 유입되었을 때
④ 색깔이 변화하였을 때

유압유를 교환하는 판단조건은 점도가 변화되었을 때, 수분이 유입되었을 때, 색깔이 변화하였을 때 등이다.

답 : ②

32 유압장치에서 작동유의 정상작동 온도로 옳은 것은?

① 125~140℃ ② 112~115℃
③ 40~80℃   ④ 5~10℃

작동유의 정상작동 온도범위는 40~80℃ 정도이다.

답 : ③

33 유압유(작동유)의 온도상승 원인과 관계없는 것은?

① 유압회로 내의 작동압력이 너무 낮다.
② 유압회로 내에서 공동현상이 발생하였다.
③ 작동유의 점도가 너무 높다.
④ 유압모터 내에서 내부마찰이 발생하고 있다.

유압회로 내의 작동압력(유압)이 너무 높으면 유압장치의 열 발생 원인이 된다.

답 : ①

34 유압유의 온도가 상승할 때 발생하는 현상과 관계없는 것은?

① 유압유의 누설이 촉진된다.
② 유압펌프의 효율이 저하된다.
③ 유압유의 점도가 상승한다.
④ 각종 유압밸브의 기능이 저하한다.

유압유의 온도가 상승하면 점도가 낮아져 누설되며, 유압펌프의 효율 및 유압밸브의 기능이 저하한다.

답 : ③

35 유압유 관내에 공기가 혼입되었을 때 발생하는 현상으로 옳지 않은 것은?

① 기화현상   ② 공동현상
③ 열화현상   ④ 숨 돌리기 현상

관로에 공기가 침입하면 실린더 숨돌리기 현상, 열화촉진, 공동현상 등이 발생한다.

답 : ①

36 유압펌프에서 진동과 소음이 발생하고 양정과 효율이 급격히 저하되며, 날개차 등에 부식을 일으키는 등 펌프의 수명을 단축시키는 현상은?

① 유압펌프의 공동현상
② 유압펌프의 서지현상
③ 유압펌프의 비속도
④ 유압펌프의 채터링 현상

공동현상(캐비테이션)은 유압이 진공에 가까워져 기포가 발생하고, 기포가 파괴되어 국부적인 고압이나 소음, 진동이 발생하며, 양정과 효율이 저하되는 현상이다.

답 : ①

37 공동현상이 발생하였을 때의 영향과 관계없는 것은?

① 유압장치 내부에 국부적인 고압이 발생하여 소음과 진동이 발생된다.
② 체적효율이 감소한다.
③ 최고 압력이 발생하여 급격한 압력파가 일어난다.
④ 고압 부분의 기포가 과포화 상태로 된다.

공동현상이 발생하면 최고 압력이 발생하여 급격한 압력파가 일어나고, 체적효율이 감소한다. 또 저압부분의 기포가 과포화 상태로 되며 유압장치 내부에 국부적인 고압이 발생하여 소음과 진동이 발생된다.

답 : ④

38 유압회로 내에서 서지압력(surge pressure)이란?

① 정상적으로 발생하는 압력의 최솟값이다.
② 정상적으로 발생하는 압력의 최댓값이다.
③ 과도적으로 발생하는 이상 압력의 최솟값이다.
④ 과도적으로 발생하는 이상 압력의 최댓값이다.

서지압력이란 유압회로에서 과도하게 발생하는 이상 압력의 최댓값이다.

답 : ④

39 유압회로 내의 밸브를 갑자기 닫았을 때, 유압유의 속도에너지가 압력에너지로 변하면서 일시적으로 큰 압력증가가 생기는 현상은?

① 캐비테이션(cavitation) 현상
② 채터링(chattering) 현상
③ 서지(surge)현상
④ 에어레이션(aeration) 현상

서지현상이란 유압회로 내의 밸브를 갑자기 닫았을 때, 유압유의 속도에너지가 압력에너지로 변하면서 일시적으로 큰 압력 증가가 생기는 것이다.

답 : ③

05 유압장치(Hydraulic System)

유압장치의 기본구성 요소는 유압구동장치(기관 또는 전동기), 유압발생장치(유압펌프), 유압제어장치(유압제어밸브)이다.

1 오일탱크(hydraulic oil tank)

(1) 오일탱크의 구조

① 오일탱크는 유압유를 저장하는 장치이며, 주입구 캡, 유면계(오일탱크 내의 오일량 표시), 격판(배플), 스트레이너(유압유 여과기), 드레인 플러그 등으로 구성되어 있다.

② 유압펌프 흡입 파이프(구멍)는 오일탱크 가장 밑면과 어느 정도 공간을 두고 설치하며, 펌프 흡입 파이프(구멍)에는 스트레이너를 설치한다.

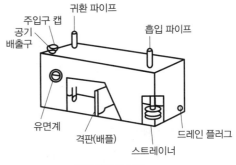

오일 탱크의 구조

③ 유압펌프 흡입 파이프(구멍)와 오일탱크로의 귀환 파이프(복귀 파이프) 사이에는 격판(배플)을 설치한다.

④ 유압펌프 흡입 파이프는 탱크로의 귀환 파이프(복귀 파이프)로부터 가능한 한 멀리 떨어진 위치에 설치한다.

(2) 오일탱크의 기능

① 유압계통 내의 필요한 유량을 확보(유압유 저장)한다.
② 격판(배플)에 의한 기포발생을 방지하고 제거한다.
③ 격판을 설치하여 유압유의 출렁거림을 방지한다.
④ 스트레이너 설치로 회로 내 불순물 혼입을 방지한다.
⑤ 오일탱크 외벽의 방열에 의한 적정온도를 유지한다.
⑥ 유압유 수명을 연장하는 역할을 한다.
⑦ 유압유 중의 이물질을 분리하는 작용을 한다.

(3) 오일탱크의 구비조건

① 드레인 플러그(배출밸브) 및 유면계를 설치한다.
② 흡입관과 복귀관 사이에 격판(배플)을 설치한다.
③ 적당한 크기의 주유구 및 스트레이너를 설치한다.
④ 유면은 적정위치 "F(full)"에 가깝게 유지한다.
⑤ 발생한 열을 발산할 수 있게 한다.
⑥ 공기 및 수분 등의 이물질을 분리할 수 있게 한다.
⑦ 유압유에 이물질이 유입되지 않도록 밀폐되어야 한다.
⑧ 오일탱크의 크기는 중력에 의하여 복귀되는 장치 내의 모든 유압유를 받아들일 수 있는 크기로 한다(유압펌프 토출유량의 2~3배가 표준이다).

2 유압펌프(hydraulic pump)

① 유압펌프는 원동기(내연기관, 전동기 등)로부터의 기계적인 에너지를 이용하여 유압유에 압력 에너지를 부여해 주는 장치이다.

② 유압펌프는 동력원(원동기)과 커플링으로 직결되어 있어 동력원이 회전하는 동안에는 항상 함께 회전하여 오일탱크 내의 유압유를 흡입하여 제어밸브(control valve)로 송유(토출)한다.

③ 종류에는 기어 펌프, 베인 펌프, 피스톤(플런저)펌프, 나사펌프, 트로코이드 펌프 등이 있다.

④ 가변용량형(가변 토출량형)은 작동 중 유압펌프의 회전속도를 바꾸지 않고도 토출유량을 변환시킬 수 있는 형식이다.

⑤ 정용량형은 유압펌프가 1사이클을 작동할 때 토출유량이 일정하며, 토출유량을 변화시키려면 펌프의 회전속도를 바꾸어야 하는 형식이다.

3 유압펌프의 종류와 특징

(1) 기어 펌프(gear pump)

외접 기어 펌프와 내접 기어 펌프가 있으며, 회전속도에 따라 흐름용량이 변화하는 정용량형이다.

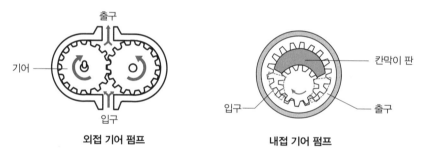

외접 기어 펌프   내접 기어 펌프

① 기어 펌프의 장점 및 단점

기어 펌프의 장점	• 흡입성능이 우수하므로 유압유의 기포발생이 적어 캐비테이션 발생이 적다. • 소형이며 제작이 쉽고, 구조가 간단하다. • 고속회전이 가능하고, 가혹한 조건에 잘 견딘다.
기어 펌프의 단점	• 토출유량의 맥동이 커 소음과 진동이 크다. • 수명이 비교적 짧다. • 대용량 및 초고압 유압펌프로 하기가 곤란하다. • 플런저 펌프에 비해 효율이 낮다.

② 외접 기어 펌프의 폐입현상

• 폐입현상이란 토출된 유량 일부가 입구 쪽으로 귀환하여 토출유량 감소, 축 동력 증가 및 케이싱 마모, 기포발생 등의 원인을 유발하는 현상이다.

• 폐입현상은 소음과 진동의 원인이 되며, 폐입된 부분의 유압유는 압축이나 팽창을 받는다.

• 기어 측면에 접하는 펌프 측판(side plate)에 릴리프 홈을 만들어 방지한다.

(2) 베인 펌프(vane pump)

① 베인 펌프는 캠링(케이스), 로터(회전자), 베인(날개)으로 구성되며, 정용량형과 가변용량형이 있으며, 회전력(torque)이 안정되어 있다.

② 로터를 회전시키면 베인과 캠링(케이싱)의 내벽과 밀착된 상태가 되므로 기밀을 유지하게 된다.

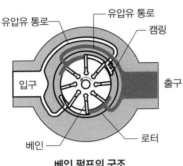

베인 펌프의 구조

③ 베인 펌프의 장점 및 단점

베인 펌프의 장점	• 토출압력의 맥동과 소음이 적다. • 구조가 간단하고 성능이 좋다. • 펌프 출력에 비해 소형·경량이다. • 베인의 마모에 의한 압력저하가 발생하지 않는다(자체보상 기능). • 비교적 고장이 적고 수리 및 관리가 쉽다. • 수명이 길고 장시간 안정된 성능을 발휘할 수 있다.
베인 펌프의 단점	• 제작할 때 높은 정밀도가 요구된다. • 유압유의 점도에 제한을 받는다. • 유압유의 오염에 주의하여야 한다. • 흡입 진공도가 허용한도 이하이어야 한다.

(3) 플런저(피스톤) 펌프(plunger or piston pump)

① 플런저 펌프는 플런저가 실린더 내를 왕복운동을 하면서 펌프작용을 한다.

② 맥동적인 출력을 하지만 다른 유압펌프에 비하여 일반적으로 최고압력의 토출이 가능하고, 효율에서도 전체 압력범위가 높다.

③ 플런저 펌프의 장점 및 단점

플런저 펌프의 장점	• 플런저(피스톤)가 직선운동을 한다. • 축은 회전 또는 왕복운동을 한다. • 가변용량에 적합하다. 즉, 토출유량의 변화범위가 크다.
플런저 펌프의 단점	• 베어링에 가해지는 부하가 크다. • 가격이 비싸고, 구조가 복잡하여 수리가 어렵다. • 흡입능력이 가장 낮다.

④ 플런저 펌프의 분류
- 액시얼형 플런저 펌프(axial type plunger pump)
  플런저를 펌프축과 평행하게 설치하며, 플런저(피스톤)가 경사판에 연결되어 회전한다. 경사판의 기능은 유압펌프의 용량조절이며, 유압펌프 중에서 발생유압이 가장 높다.
- 레이디얼형 플런저 펌프(radial type plunger pump)
  플런저가 펌프축에 직각으로 즉 반지름 방향으로 배열되어 있다. 기본 작동은 간단하지만 구조가 복잡하다.

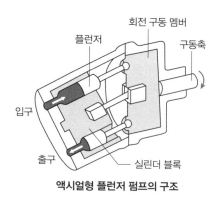

액시얼형 플런저 펌프의 구조

(4) 유압펌프의 용량 표시방법

① 유압펌프의 용량은 주어진 압력과 그 때의 토출유량으로 표시하며, 토출유량이란 유압펌프가 단위시간 당 토출하는 유압유의 체적이다.
② 토출유량의 단위는 LPM(ℓ/min)이나 GPM(gallon per minute)을 사용한다.

4 제어밸브(control valve)

제어밸브는 유압유의 압력·유량 또는 방향을 제어하는 밸브의 총칭이다.
① 압력제어 밸브 : 일의 크기를 결정한다.
② 유량제어 밸브 : 일의 속도를 결정한다.
③ 방향제어 밸브 : 일의 방향을 결정한다.

5 압력제어 밸브(pressure control valve)

유압장치의 유압을 일정하게 유지하고 최고압력을 제한한다. 종류에는 릴리프 밸브, 감압(리듀싱)밸브, 시퀀스 밸브, 무부하(언로드) 밸브, 카운터 밸런스 밸브 등이 있다.

(1) 릴리프 밸브(relief valve)

① 유압펌프 출구와 제어밸브 입구사이. 즉, 유압펌프와 방향제어밸브 사이에 설치된다.
② 유압장치 내의 압력을 일정하게 유지하고, 최고압력을 제한하여 유압장치를 보호하며, 과부하를 방지한다.
③ 유압이 규정값보다 높아지면 작동하여 유압장치를 보호한다.
④ 릴리프 밸브의 작동이 불량하면 작업 중 힘이 떨어진다.

> **POINT**
> - 크랭킹 압력(cranking pressure) : 릴리프 밸브에서 포핏밸브(poppet valve)를 밀어 올려 유압유가 흐르기 시작할 때의 압력이다.
> - 채터링(chattering) : 릴리프 밸브의 볼(ball)이 밸브의 시트를 때려 소음을 발생시키는 현상이다.

(2) 감압밸브(리듀싱 밸브 ; reducing valve)

① 유압회로에서 메인 유압보다 낮은 압력으로 유압 액추에이터를 동작시키고자 할 때 사용한다.

② 회로일부의 유압을 릴리프 밸브의 설정압력 이하로 하고 싶을 때 사용한다.

③ 입구(1차 쪽)의 주 회로에서 출구(2차 쪽)의 감압회로로 유압유가 흐른다.

④ 상시 개방상태로 되어 있다가 출구(2차 쪽)의 압력이 감압밸브의 설정압력보다 높아지면 밸브가 작용하여 유로(유압회로)를 닫는다.

⑤ 분기회로에서 사용한다.

(3) 시퀀스 밸브(sequence valve)

① 유압원에서의 주 회로부터 액추에이터(유압 실린더와 모터) 등이 2개 이상의 분기회로를 가질 때, 각 액추에이터를 일정한 순서로 순차적으로 작동시킨다.

② 2개 이상의 분기회로에서 유압 실린더나 모터의 작동순서를 결정한다.

(4) 무부하 밸브(언로드 밸브 ; unloader valve)

① 유압회로 내의 압력이 설정압력에 도달하면 펌프에서 토출된 오일을 전부 탱크로 회송시켜 펌프를 무부하로 운전시키는데 사용한다.

② 고압·소용량, 저압·대용량 유압펌프를 조합 운전할 경우 회로 내의 유압이 설정압력에 도달하면 저압 대용량 유압펌프의 토출유량을 오일탱크로 귀환시키는 작용을 한다.

③ 유압장치에서 2개의 유압펌프를 사용할 때 펌프의 전체 송출량을 필요로 하지 않을 경우, 동력의 절감과 유온상승을 방지한다.

(5) 카운터 밸런스 밸브(counter balance valve)

① 체크밸브(역류방지용 밸브)가 내장되는 밸브이며, 유압회로의 한방향의 흐름에 대해서는 설정된 배압을 생기게 하고, 다른 방향의 흐름은 자유롭게 흐르도록 한다.

② 중력 및 자체중량에 의한 자유낙하 등을 방지하기 위하여 회로에 배압을 유지한다.

6 유량제어 밸브(flow control valve)

유량제어 밸브는 액추에이터의 운동속도를 제어한다. 종류에는 속도제어 밸브, 급속배기 밸브, 분류밸브, 니들밸브, 오리피스 밸브, 교축밸브(스로틀 밸브), 스톱밸브, 스로틀 체크밸브 등이 있다.

(1) 속도제어 밸브(speed control valve)

액추에이터의 속도를 제어하기 위하여 사용하며, 가변교축밸브와 체크밸브를 병렬로 설치하여 한쪽 방향으로는 자유흐름으로 하고 반대방향으로는 제어흐름이 되도록 한다.

(2) 급속배기 밸브(quick exhaust valve)

입구와 출구, 배기구멍에 3개의 포트가 있는 밸브이다. 입구유량에 비해 배기유량이 매우 크다.

(3) 분류밸브(low dividing valve)

2개 이상의 액추에이터에 동일한 유량을 분배하여 속도를 동기 시키는 경우에 사용한다.

(4) 니들밸브(needle valve)

밸브보디가 바늘모양으로 되어, 노즐 또는 파이프 속의 유량을 조절한다.

(5) 오리피스 밸브(orifice valve)

유압유가 통하는 작은 지름의 구멍으로 비교적 소량의 유량측정 등에 사용된다.

(6) 교축밸브(throttling valve)

밸브 내의 통로면적을 외부로부터 바꾸어 유압유의 통로에 저항을 부여하여 유량을 조정한다.

(7) 스톱밸브(stop valve)

유압유의 흐름 방향과 평행하게 개폐되는 밸브이다.

(8) 스로틀 체크밸브(throttle check valve)

한쪽에서의 흐름은 교축이고 반대 방향에서의 흐름은 자유롭다.

7 방향제어 밸브(direction control valve)

(1) 방향제어 밸브의 기능

① 유압유의 흐름방향을 변환시킨다. 즉, 액추에이터의 작동방향을 바꾸는데 사용한다.
② 유압유의 흐름방향을 한쪽으로만 허용한다.

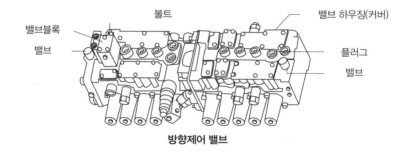

방향제어 밸브

③ 방향제어 밸브를 동작시키는 방식에는 수동방식, 전자방식, 유압 파일럿 방식 등이 있다.
④ 방향제어 밸브에서 내부 누유에 영향을 미치는 요소는 밸브간극의 크기, 밸브 양단의 압력 차이, 유압유의 점도 등이다.
⑤ 방향제어 밸브 포트의 구성요소는 유로의 연결포트 수, 작동방향 수, 작동위치 수이다.

(2) 방향제어 밸브의 종류

스풀밸브(spool valve)	• 액추에이터의 방향전환밸브이며, 원통형 슬리브 면에 내접하여 축방향으로 이동하여 유로를 개폐한다. • 유압유 흐름 방향을 바꾸기 위해 사용한다.
체크밸브(chceck valve)	• 유압회로에서 역류를 방지하고 회로 내의 잔류압력을 유지한다. • 유압유의 흐름을 한쪽으로만 허용하고 반대방향의 흐름을 제어한다.
셔틀밸브(shuttle valve)	• 2개 이상의 입구와 1개의 출구가 설치되어 있으며, 출구가 최고 압력의 입구를 선택하는 기능을 가진 밸브이다.

8 디셀러레이션 밸브(deceleration valve)

① 유압실린더를 행정 최종 단계에서 실린더의 속도를 감속하여 서서히 정지시키고자 할 때 사용한다.

② 액추에이터의 속도를 서서히 감속시키는 경우에 사용되며, 캠(cam)으로 조작된다. 이 밸브는 행정에 대응하여 통과 유량을 조정하며 원활한 감속 또는 증속을 하도록 되어있다.

9 액추에이터(Actuator)

유압유의 압력에너지(힘)를 기계적 에너지(일)로 변환시키는 장치이며, 유압펌프를 하여 송출된 에너지를 직선운동(유압 실린더)이나 회전운동(유압모터)을 하여 기계적 일을 한다.

(1) 유압 실린더(hydraulic cylinder)

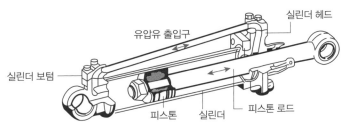

유압 실린더의 구조(복동형)

① 유압 실린더는 실린더, 피스톤, 피스톤 로드로 구성되며 직선왕복 운동을 한다.

② 종류

단동 실린더	복동 실린더		다단 실린더	램형 실린더
	싱글 로드형	더블 로드형		

③ 단동실린더는 한쪽 방향에 대해서만 유효한 일을 하고, 복귀는 중력이나 복귀 스프링에 의한다.

④ 복동실린더는 피스톤의 양쪽에 유압유를 교대로 공급하여 양방향의 운동을 유압으로 작동시킨다.

⑤ 유압 실린더의 지지방식에는 푸트형, 플랜지형, 트러니언형, 클레비스형이 있다.

⑥ 쿠션기구는 유압 실린더에서 피스톤 행정이 끝날 때 발생하는 충격을 흡수하기 위해 설치한다.

⑦ 유압 실린더의 자연 하강현상 원인은 작동압력이 낮을 때, 실린더 내부 마모, 제어밸브의 스 풀 마모, 릴리프 밸브의 불량 등이다.

⑧ 유압 장치를 교환하였을 때에는 기관을 시동하여 공회전시킨 후 작동상태 점검, 공기빼기 작업, 누유점검, 오일보충을 한다.

(2) 유압모터(hydraulic motor)

① 유압에너지에 의해 연속적으로 회전운동을 하고 기계적인 일을 하는 장치이다.

② 종류에는 기어 모터, 베인 모터, 플런저 모터가 있다.

③ 용량은 입구압력(kgf/cm^2)당 토크로 나타낸다.

④ 장점 및 단점

장점	• 넓은 범위의 무단변속이 용이하다. • 소형·경량으로 큰 출력을 낼 수 있다. • 구조가 간단하며, 과부하에 대해 안전하다. • 정·역회전 변화가 가능하다. • 자동원격 조작이 가능하고 작동이 신속·정확하다. • 전동모터에 비하여 급속정지가 쉽다. • 회전속도나 방향의 제어가 용이하다. • 회전체의 관성이 작아 응답성이 빠르다.
단점	• 유압유의 점도변화에 의하여 유압모터의 사용에 제약이 있다. • 유압유는 인화하기 쉽다. • 유압유에 먼지나 공기가 침입하지 않도록 특히 보수에 주의해야 한다. • 공기와 먼지 등이 침투하면 성능에 영향을 준다.

10 그 밖의 유압장치

(1) 어큐뮬레이터(축압기 ; accumulator)

① 유압펌프에서 발생한 유압을 저장하고, 맥동을 소멸시키고 유압에너지의 저장, 충격흡수 등에 이용되는 기구이다.

② 용도는 압력보상, 체적변화 보상, 유압에너지 축적, 유압회로 보호, 맥동감쇠, 충격압력 흡수, 일정압력 유지, 보조 동력원으로 사용 등이다.

③ 블래더형 어큐뮬레이터의 고무주머니 내에는 질소가스를 주입한다.

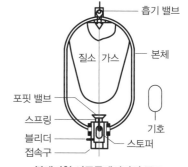

블래더형 어큐뮬레이터의 구조

(2) 오일여과기(oil filter)

① 금속 등 마모된 찌꺼기나 카본 덩어리 등의 이물질을 제거하는 장치이며, 종류에는 흡입 여과기, 고압 여과기, 저압 여과기 등이 있다.

② 스트레이너는 유압펌프의 흡입 쪽에 설치되어 여과작용을 한다.

③ 오일여과기의 여과입도가 너무 조밀하면(여과 입도수가 높으면) 공동현상(캐비테이션)이 발생한다.

④ 유압장치의 수명연장을 위한 가장 중요한 요소는 유압유 및 오일 여과기의 점검과 교환이다.

(3) 오일냉각기(oil cooler)

① 오일량은 정상인데 유압유가 과열하면 가장 먼저 오일냉각기를 점검한다.

② 구비조건은 촉매작용이 없을 것, 유압유 흐름 저항이 작을 것, 온도조정이 잘 될 것, 정비 및 청소하기가 편리할 것 등이다.

③ 수냉식 오일 냉각기는 유온을 항상 적정한 온도로 유지하기 위하여 사용하며, 소형으로 냉각능력은 크지만 고장이 발생하면 유압유 중에 물이 혼입될 우려가 있다.

(4) 유압호스

① 플렉시블 호스는 내구성이 강하고 작동 및 움직임이 있는 곳에서 사용한다.

② 가장 큰 압력에 견딜 수 있는 것은 나선 와이어 블레이드 호스이다.

③ 유압호스 연결부에는 유니온 조인트를 주로 사용한다.

④ 릴리프 밸브의 설정압력이 높으면 고압호스가 자주 파열된다.

(5) 오일 실(oil seal)

① 유압장치에서 유압유의 누유를 방지하는 부품이며, 유압유가 누출되면 가장 먼저 오일 실(seal)을 점검한다.

② O-링은 유압기기의 고정부위에서 누유를 방지하며, 구비조건은 다음과 같다.

- 내압성과 내열성이 커야 한다.
- 피로강도가 크고, 비중이 작아야 한다.
- 탄성이 양호하고, 압축변형이 작아야 한다.
- 정밀가공 면을 손상시키지 않아야 한다.
- 설치하기가 쉬워야 한다.

출제 예상 문제

01 유압장치의 기본적인 구성요소에 속하지 않는 것은?

① 유압발생장치　② 유압구동장치
③ 유압제어장치　④ 유압재순환 장치

유압장치의 기본구성 요소는 유압구동장치(기관 또는 전동기), 유압발생장치(유압펌프), 유압제어장치(유압제어 밸브)이다.

답 : ④

02 유압장치의 구성요소 중 유압발생장치와 관계없는 것은?

① 유압 실린더
② 기관 또는 전기모터
③ 오일탱크
④ 유압펌프

유압 실린더는 유압펌프의 유압을 받아 작동하는 장치이다.

답 : ①

03 유압탱크의 구성부품에 속하지 않는 것은?

① 유압계　　② 주입구
③ 유면계　　④ 격관(배플)

유압탱크는 주입구, 흡입 및 복귀파이프, 유면계, 격판(배플), 스트레이너, 드레인 플러그 등으로 구성된다.

답 : ①

04 오일탱크 내의 오일량을 표시하는 부품은?

① 온도계　　② 유면계
③ 유량계　　④ 유압계

유면계는 오일탱크 내의 오일량을 표시한다.

답 : ②

05 오일탱크 내의 오일을 모두 배출시킬 때 사용하는 부품은?

① 어큐뮬레이터
② 배플
③ 드레인 플러그
④ 리턴라인

오일탱크 내의 오일을 배출시킬 때에는 드레인 플러그를 사용한다.

답 : ③

06 유압장치의 오일탱크에서 펌프 흡입구의 설치에 관한 설명으로 옳지 않은 것은?

① 펌프 흡입구는 탱크로의 귀환구(복귀구)로부터 될 수 있는 한 멀리 떨어진 위치에 설치한다.
② 펌프 흡입구에는 스트레이너(오일여과기)를 설치한다.
③ 펌프 흡입구와 탱크로의 귀환구(복귀구) 사이에는 격리판(배플)을 설치한다.
④ 펌프 흡입구는 반드시 탱크 가장 밑면에 설치한다.

펌프 흡입구는 탱크 밑면과 어느 정도 공간을 두고 설치한다.

답 : ④

07 유압유 탱크의 기능과 관계없는 것은?

① 스트레이너 설치로 회로 내 불순물 혼입을 방지한다.
② 유압회로에 필요한 유량을 확보한다.
③ 격판에 의한 기포를 분리하고 제거한다.
④ 유압회로에 필요한 압력을 설정한다.

유압회로에 필요한 압력은 릴리프 밸브에서 설정한다.

답 : ④

08 유압장치의 작동유 탱크의 구비조건으로 옳지 않은 것은?

① 유면을 흡입라인 아래까지 항상 유지할 수 있어야 한다.
② 흡입관과 복귀관 사이에 격판(차폐장치, 격리판)을 두어야 한다.
③ 배유구(드레인 플러그)와 유면계를 두어야 한다.
④ 흡입 작동유 여과를 위한 스트레이너를 두어야 한다.

유면은 적정위치 "Full"에 가깝게 유지하여야 한다.

답 : ①

09 원동기(내연기관, 전동기 등)로부터의 기계적인 에너지를 이용하여 작동유에 유압에너지를 부여해 주는 유압장치는?

① 유압탱크　② 유압스위치
③ 유압밸브　④ 유압펌프

유압펌프는 원동기의 기계적 에너지를 유압에너지로 변환한다.

답 : ④

10 건설기계의 유압펌프를 구동하는 장치로 옳은 것은?

① 기관의 캠축에 의해 구동된다.
② 전동기에 의해 구동된다.
③ 기관의 플라이휠에 의해 구동된다.
④ 에어 컴프레서에 의해 구동된다.

건설기계의 유압펌프는 기관의 플라이휠에 의해 구동된다.

답 : ③

11 유압펌프에 관한 설명으로 옳지 않은 것은?

① 벨트에 의해서만 구동된다.
② 기관 또는 모터의 동력으로 구동된다.
③ 동력원이 회전하는 동안에는 항상 회전한다.
④ 오일을 흡입하여 컨트롤밸브(control valve)로 송유(토출)한다.

유압펌프는 동력원과 커플링으로 직결되어 있다.

답 : ①

12 유압장치에 사용되는 펌프형식에 속하지 않는 것은?

① 제트 펌프　② 플런저 펌프
③ 베인 펌프　④ 기어 펌프

유압펌프의 종류에는 기어 펌프, 베인 펌프, 피스톤(플런저) 펌프, 나사 펌프, 트로코이드 펌프 등이 있다.

답 : ①

13 유압장치에서 회전형 펌프에 속하지 않는 것은?

① 기어 펌프　② 나사 펌프
③ 베인 펌프　④ 피스톤 펌프

회전형 펌프에는 기어 펌프, 베인 펌프, 나사 펌프가 있다.

답 : ④

14 유압펌프 중 토출량을 변화시킬 수 있는 형식은?

① 수직 토출량형　② 고정 토출량형
③ 회전 토출량형　④ 가변 토출량형

가변 토출형은 유압펌프의 토출유량을 변화시킬 수 있는 형식이다.

답 : ④

15 아래 그림과 같이 2개의 기어와 케이싱으로 구성되어 오일을 토출하는 펌프는?

① 외접 기어 펌프   ② 내접 기어 펌프
③ 스크루 기어펌프 ④ 베인 펌프

답 : ①

16 기어 펌프에 관한 설명으로 옳은 것은?

① 날개깃에 의해 펌핑 작용을 한다.
② 가변용량형 펌프이다.
③ 비정용량 펌프이다.
④ 정용량 펌프이다.

기어 펌프는 회전속도에 따라 흐름용량(유량)이 변화하는 정용량형이다.

답 : ④

17 기어 펌프의 장·단점으로 옳지 않은 것은?

① 소형이며 구조가 간단하다.
② 피스톤 펌프에 비해 수명이 짧고 진동 소음이 크다.
③ 피스톤 펌프에 비해 흡입력이 나쁘다.
④ 초고압에는 사용이 곤란하다.

기어 펌프는 피스톤 펌프에 비해 흡입력이 우수하다.

답 : ③

18 외접형 기어 펌프에서 토출된 유량 일부가 입구 쪽으로 귀환하여 토출량 감소, 축동력 증가 및 케이싱 마모 등의 원인을 유발하는 현상을 무엇이라고 하는가?

① 열화촉진 현상   ② 캐비테이션 현상
③ 숨 돌리기 현상   ④ 폐입현상

폐입현상이란 토출된 유량의 일부가 입구 쪽으로 귀환하여 토출유량 감소, 축동력 증가 및 케이싱 마모, 기포발생 등의 원인을 유발하는 현상이다.

답 : ④

19 기어형 유압펌프에서 폐쇄작용이 발생 시 일어나는 현상은?

① 출력이 증가한다.
② 기포가 발생한다.
③ 기어진동이 소멸한다.
④ 유압유가 토출된다.

폐쇄작용이 발생하면 토출유량 감소, 펌프를 구동하는 동력증가 및 케이싱 마모, 기포가 발생한다.

답 : ②

20 날개로 펌핑 동작을 하며, 소음과 진동이 적은 유압펌프는?

① 베인 펌프   ② 플런저 펌프
③ 기어 펌프   ④ 나사 펌프

베인 펌프는 원통형 캠링 안에 편심 된 로터가 들어 있으며 로터에는 홈이 있고, 그 홈 속에 판 모양의 베인(날개)가 끼워져 자유롭게 작동유가 출입할 수 있도록 되어있다.

답 : ①

21 베인 펌프의 특징에 속하지 않는 것은?

① 구조가 간단하고 성능이 좋다.
② 맥동과 소음이 적다.
③ 대용량, 고속 가변형에 적합하지만 수명이 짧다.
④ 소형이고, 경량이다.

베인 펌프는 소형·경량이고, 간단하고 성능이 좋으며, 맥동과 소음이 적고, 수명이 길다.

답 : ③

22 플런저 유압펌프의 특징에 속하지 않는 것은?

① 플런저가 회전운동을 한다.
② 구동축이 회전운동을 한다.
③ 가변용량형과 정용량형이 있다.
④ 기어 펌프에 비해 최고압력이 높다.

플런저 펌프의 플런저는 왕복운동을 한다.

답 : ①

23 기어 펌프와 비교한 플런저 펌프의 특징에 속하지 않는 것은?

① 펌프효율이 높다.
② 펌프의 수명이 짧다.
③ 구조가 복잡하다.
④ 최고 토출압력이 높다.

플런저 펌프는 효율과 최고 토출압력이 높고 수명이 긴 장점이 있다.

답 : ②

24 유압펌프에서 경사판의 각을 조정하여 토출유량을 변환시키는 펌프는?

① 베인 펌프   ② 로터리 펌프
③ 플런저 펌프   ④ 기어 펌프

액시얼형 플런저 펌프는 경사판의 각도를 조정하여 토출유량(펌프용량)을 변환시킨다.

답 : ③

25 유압펌프 중에서 토출압력이 가장 높은 형식은?

① 기어 펌프
② 액시얼 플런저 펌프
③ 베인 펌프
④ 레이디얼 플런저 펌프

유압펌프의 토출압력
• 기어 펌프 : 10~250kgf/cm²
• 베인 펌프 : 35~140kgf/cm²
• 레이디얼 플런저 펌프 : 140~250kgf/cm²
• 액시얼 플런저 펌프 : 210~400kgf/cm²

답 : ②

26 유압펌프의 용량을 표시하는 방법으로 옳은 것은?

① 주어진 압력과 그 때의 토출량으로 표시한다.
② 주어진 속도와 그 때의 토출압력으로 표시한다.
③ 주어진 압력과 그 때의 오일무게로 표시한다.
④ 주어진 속도와 그 때의 오일점도로 표시한다.

유압펌프의 용량은 주어진 압력과 그 때의 토출량으로 표시한다.

답 : ①

27 유압펌프의 토출량을 표시하는 단위는?

① kW 또는 PS   ② kgf·m
③ L/min   ④ kgf/cm²

유압펌프 토출량의 단위는 L/min(LPM)이나 GPM을 사용한다.

답 : ③

28 유압펌프가 작동 중 소음이 발생하는 원인으로 옳지 않은 것은?

① 릴리프 밸브 출구에서 오일이 배출되고 있다.
② 펌프 흡입관 접합부로부터 공기가 유입된다.
③ 펌프 축의 편심오차가 크다.
④ 스트레이너가 막혀 흡입용량이 너무 작아졌다.

유압펌프 축의 편심오차가 클 때, 유압펌프 흡입관 접합부로부터 공기가 유입될 때, 스트레이너가 막혀 흡입용량이 작아졌을 때, 유압펌프의 회전속도가 너무 빠를 때 유압펌프에서 소음이 발생한다.

답 : ①

29 유압펌프에서 흐름(flow ; 유량)에 대해 저항(제한)이 발생하면?

① 펌프 회전수의 증가 원인이 된다.
② 오일흐름의 증가 원인이 된다.
③ 밸브 작동속도의 증가 원인이 된다.
④ 압력형성의 원인이 된다.

유압펌프에서 흐름(유량)에 대해 저항(제한)이 생기면 압력형성의 원인이 된다. 즉, 유압이 높아진다.

답 : ④

30 유압펌프가 오일을 토출하지 않을 때의 원인과 관계없는 것은?

① 토출 측 배관 체결볼트가 이완되었다.
② 흡입관으로 공기가 유입된다.
③ 오일탱크의 유면이 낮다.
④ 오일이 부족하다.

토출측 배관 체결볼트가 이완되면 유압유가 누출된다.

답 : ①

31 유압펌프 내의 내부누설은 어느 것에 반비례하여 증가하는가?

① 작동유의 오염   ② 작동유의 압력
③ 작동유의 점도   ④ 작동유의 온도

유압펌프 내의 내부 누설은 작동유의 점도에 반비례하여 증가한다.

답 : ③

32 유압회로의 제어밸브 역할과 종류의 연결 사항이 옳지 않은 것은?

① 일의 방향제어 : 방향제어 밸브
② 일의 속도제어 : 유량제어 밸브
③ 일의 시간제어 : 속도제어 밸브
④ 일의 크기제어 : 압력제어 밸브

압력제어 밸브는 일의 크기결정, 유량제어 밸브는 일의 속도결정, 방향제어 밸브는 일의 방향결정이다.

답 : ③

33 유압장치에서 릴리프 밸브가 설치되는 위치는?

① 유압펌프와 오일탱크 사이
② 오일여과기와 오일탱크 사이
③ 유압펌프와 제어밸브 사이
④ 유압 실린더와 오일여과기 사이

릴리프 밸브는 유압펌프 출구와 제어밸브(방향전환 밸브) 입구사이에 설치한다.

답 : ③

34 유압유의 압력을 제어하는 밸브의 종류에 속하지 않는 것은?

① 체크밸브   ② 릴리프 밸브
③ 리듀싱 밸브   ④ 시퀀스 밸브

압력제어 밸브의 종류에는 릴리프 밸브, 리듀싱(감압) 밸브, 시퀀스(순차) 밸브, 언로드(무부하) 밸브, 카운터 밸런스 밸브 등이 있다.

답 : ①

35 유압회로 내의 압력이 설정압력에 도달하면 유압펌프에 토출된 유압유의 일부 또는 전량을 직접 탱크로 돌려보내 회로의 압력을 설정값으로 유지하는 밸브는?

① 시퀀스 밸브   ② 언로드 밸브
③ 릴리프 밸브   ④ 체크밸브

릴리프 밸브는 유압장치 내의 압력을 일정하게 유지하고, 최고 압력을 제한하며 회로를 보호하고, 과부하 방지와 유압기기의 보호를 위하여 최고 압력을 규제한다.

답 : ③

36 릴리프 밸브에서 포핏 밸브를 밀어 올려 작동유가 흐르기 시작할 때의 압력은?

① 크랭킹 압력 　② 허용압력
③ 설정압력 　　④ 전량압력

크랭킹 압력이란 릴리프 밸브에서 포핏 밸브를 밀어 올려 기름이 흐르기 시작할 때의 압력이다.

답 : ①

37 릴리프 밸브에서 볼(ball)이 밸브의 시트(seat)를 때려 소음을 발생시키는 현상을 무엇이라고 하는가?

① 노킹(knocking)현상
② 베이퍼 록(vapor lock)현상
③ 페이드(fade)현상
④ 채터링(chattering)현상

채터링이란 릴리프 밸브에서 스프링 장력이 약할 때 볼이 밸브의 시트를 때려 소음을 내는 진동현상이다.

답 : ④

38 유압으로 작동되는 작업 장치에서 작업 중 힘이 떨어지는 원인과 밀접한 관련이 있는 밸브는?

① 메이크업 밸브 　② 체크밸브
③ 스풀밸브 　　　④ 메인 릴리프 밸브

유압으로 작동되는 작업 장치에서 작업 중 힘이 떨어지면 메인 릴리프 밸브를 점검한다.

답 : ④

39 유압회로에서 메인 유압보다 낮은 압력으로 유압 작동기를 동작시키고자 할 때 사용하는 밸브는?

① 시퀀스 밸브
② 감압밸브
③ 릴리프 밸브
④ 카운터 밸런스 밸브

감압밸브(리듀싱 밸브)는 유압회로에서 어떤 부분회로의 유압을 주 회로의 유압보다 저압으로 해서 사용하고자 할 때 사용한다.

답 : ②

40 압력제어 밸브 중 상시 닫혀 있다가 일정조건이 되면 열려 작동하는 밸브에 속하지 않는 것은?

① 릴리프 밸브 　② 무부하 밸브
③ 감압밸브 　　④ 시퀀스 밸브

감압밸브는 상시 열려 있다가 일정조건이 되면 닫혀 유압을 감압시킨다.

답 : ③

41 유압원에서의 주 회로로부터 유압 실린더 등이 2개 이상의 분기회로를 가질 때, 각 유압 실린더를 일정한 순서로 순차 작동시키는 밸브는?

① 릴리프 밸브 　② 감압밸브
③ 시퀀스 밸브 　④ 체크밸브

시퀀스 밸브는 2개 이상의 분기회로에서 유압 실린더나 모터의 작동순서를 결정한다.

답 : ③

42 유압회로 내의 압력이 설정압력에 도달하면 펌프에서 토출된 오일을 전부 탱크로 회송시켜 펌프를 무부하로 운전시키는데 사용하는 밸브는?

① 카운터 밸런스 밸브
② 시퀀스 밸브
③ 언로드 밸브
④ 체크밸브

언로드(무부하) 밸브는 유압회로 내의 압력이 설정압력에 도달하면 유압펌프에서 토출된 작동유를 모두 오일탱크로 회송시켜 유압 펌프를 무부하로 작동시킨다.

답 : ③

43 고압·소용량, 저압·대용량 펌프를 조합 운전할 경우 회로 내의 압력이 설정압력에 도달하면 저압 대용량 펌프의 토출유량을 오일탱크로 귀환시키는데 사용하는 밸브는?

① 체크밸브
② 카운터밸런스 밸브
③ 시퀀스 밸브
④ 무부하 밸브

무부하 밸브는 고압·소용량, 저압·대용량 펌프를 조합 운전할 경우 회로 내의 유압이 설정압력에 도달하면 저압 대용량 펌프의 토출유량을 오일탱크로 귀환시키며, 동력의 절감과 유온상승을 방지한다.

답 : ④

44 체크밸브가 내장되는 밸브로서 유압회로의 한방향의 흐름에 대해서는 설정된 배압을 생기게 하고, 다른 방향의 흐름은 자유롭게 흐르도록 한 밸브는?

① 셔틀 밸브
② 카운터 밸런스 밸브
③ 슬로리턴 밸브
④ 언로더 밸브

카운터 밸런스 밸브는 체크밸브를 내장한 밸브이며, 유압회로의 한방향의 흐름에 대해서는 설정된 배압을 생기게 하고, 다른 방향의 흐름은 자유롭게 흐르도록 한다.

답 : ②

45 유압 실린더 등의 중력에 의한 자유낙하를 방지하기 위해 배압을 유지하는 압력제어 밸브는?

① 카운터 밸런스 밸브
② 시퀀스 밸브
③ 언로드 밸브
④ 감압밸브

카운터 밸런스 밸브는 유압실린더 등이 중력 및 자체 중량에 의한 자유낙하를 방지하기 위해 배압을 유지한다.

답 : ①

46 유압장치에서 액추에이터(작동체)의 속도를 변환시켜주는 밸브는?

① 유량제어 밸브   ② 압력제어 밸브
③ 방향제어 밸브   ④ 유온제어 밸브

유량제어 밸브는 액추에이터의 속도를 제어한다.

답 : ①

47 유압장치에서 사용하는 유량제어 밸브의 종류에 속하지 않는 것은?

① 교축밸브   ② 분류밸브
③ 유량조정 밸브   ④ 릴리프 밸브

유량제어 밸브의 종류에는 속도제어 밸브, 급속배기 밸브, 분류밸브, 니들밸브, 오리피스 밸브, 교축밸브 (스로틀 밸브), 스톱밸브, 스로틀 체크밸브 등이 있다.

답 : ④

48 내경이 작은 파이프에서 미세한 유량을 조정하는 밸브는?

① 압력보상 밸브   ② 바이패스 밸브
③ 니들밸브   ④ 스로틀 밸브

니들밸브(needle valve)는 내경이 작은 파이프에서 미세한 유량을 조절한다.

답 : ③

49 유압장치에서 사용하는 방향제어밸브에 속하는 것은?

① 언로더 밸브　　② 릴리프 밸브
③ 시퀀스 밸브　　④ 셔틀밸브

방향제어밸브의 종류에는 스풀밸브, 체크밸브, 셔틀밸브 등이 있다.

답 : ④

50 유압작동기의 방향을 전환시키는 밸브에 사용되는 형식 중 원통형 슬리브 면에 내접하여 축 방향으로 이동하면서 유로를 개폐하는 밸브는?

① 스풀 밸브
② 포핏 밸브
③ 시퀀스 밸브
④ 카운터 밸런스 밸브

스풀 밸브는 원통형 슬리브 면에 내접하여 축 방향으로 이동하여 유로를 개폐하여 오일의 흐름방향을 바꾸는 기능을 한다.

답 : ①

51 유압유를 한쪽 방향으로는 흐르게 하고 반대 방향으로는 흐르지 않도록 하기 위해 사용하는 밸브는?

① 체크밸브　　② 무부하 밸브
③ 릴리프 밸브　　④ 감압 밸브

체크밸브는 역류를 방지하고, 회로 내의 잔류압력을 유지시킨다.

답 : ①

52 유압회로 내에 잔압을 설정해 두는 목적은?

① 제동해제를 방지한다.
② 작동지연을 방지한다.
③ 오일산화를 방지한다.
④ 유로파손을 방지한다.

유압회로 내에 잔압을 설정해 두는 이유는 작동지연 방지이다.

답 : ②

53 방향제어 밸브를 동작시키는 방식이 아닌 것은?

① 유압 파일럿 방식
② 수동방식
③ 전자방식
④ 스프링 방식

방향제어 밸브를 동작시키는 방식에는 수동방식, 전자방식, 유압 파일럿 방식 등이 있다.

답 : ④

54 방향제어 밸브에서 내부 누유에 영향을 주는 요소에 속하지 않는 것은?

① 밸브 양단의 압력차이
② 밸브간극의 크기
③ 관로의 유량
④ 유압유의 점도

방향제어 밸브의 내부 누유에 영향을 미치는 요소는 밸브간극의 크기, 밸브 양단의 압력차이, 유압유의 점도 등이다.

답 : ③

55 방향전환 밸브 포트의 구성요소에 속하지 않는 것은?

① 감압위치 수
② 작동방향 수
③ 작동위치 수
④ 유로의 연결포트 수

방향전환 밸브 포트(port)의 구성요소는 유로의 연결 포트 수, 작동방향 수, 작동위치 수이다.

답 : ①

56 방향전환 밸브 중 4포트 3위치 밸브에 대한 설명으로 옳지 않은 것은?

① 밸브와 주 배관이 접속하는 접속구는 3개이다.
② 스풀의 전환위치가 3개이다.
③ 직선형 스풀 밸브이다.
④ 중립위치를 제외한 양끝 위치에서 4포트 2위치이다.

밸브와 주 배관이 접속하는 접속구는 4개이다.

답 : ①

57 유압 실린더의 행정 최종단에서 실린더의 속도를 감속하여 서서히 정지시키고자 할 때 사용되는 밸브는?

① 디셀러레이션 밸브
② 디콤프레션 밸브
③ 프레필 밸브
④ 셔틀 밸브

디셀러레이션 밸브는 캠으로 조작되는 유압밸브이며 액추에이터의 속도를 서서히 감속시킬 때 사용한다.

답 : ①

58 유압장치에 사용되는 밸브부품의 세척유로 가장 적절한 것은?

① 경유   ② 물
③ 기관오일   ④ 합성세제

밸브부품은 솔벤트나 경유로 세척한다.

답 : ①

59 유압유의 유체에너지(압력·속도)를 기계적인 일로 변환시키는 유압장치는?

① 유압펌프
② 어큐뮬레이터
③ 유압 액추에이터
④ 유압제어밸브

유압 액추에이터는 유압펌프에서 발생된 유압(유체) 에너지를 기계적 에너지(직선운동이나 회전운동)로 바꾸는 장치이다.

답 : ③

60 유압 실린더의 주요 구성부품에 속하지 않는 것은?

① 커넥팅 로드   ② 피스톤
③ 실린더   ④ 피스톤 로드

유압 실린더는 실린더, 피스톤, 피스톤 로드로 구성된다.

답 : ①

61 유압 실린더의 종류에 속하지 않는 것은?

① 복동 실린더 싱글로드형
② 복동 실린더 더블로드형
③ 단동 실린더 램형
④ 단동 실린더 배플형

유압 실린더의 종류에는 단동 실린더, 복동 실린더(싱글로드형과 더블로드형), 다단 실린더, 램형 실린더 등이 있다.

답 : ④

62 유압 실린더 중 피스톤의 양쪽에 유압유를 교대로 공급하여 양방향의 운동을 유압으로 작동시키는 형식은?

① 복동식
② 단동식
③ 다동식
④ 편동식

복동식은 유압 실린더 피스톤의 양쪽에 유압유를 교대로 공급하여 양방향의 운동을 유압으로 작동시킨다.

답 : ①

63 유압 복동 실린더에 대한 설명으로 옳지 않은 것은?

① 수축은 자중이나 스프링에 의해서 이루어진다.
② 더블 로드형이 있다.
③ 싱글 로드형이 있다.
④ 피스톤의 양방향으로 유압을 받아 늘어난다.

자중이나 스프링에 의해서 수축이 이루어지는 방식은 단동 실린더이다.

답 : ①

64 유압 실린더의 지지방식에 속하지 않는 것은?

① 트러니언형
② 푸트형
③ 유니언형
④ 플랜지형

유압 실린더 지지방식에는 플랜지형, 트러니언형. 클레비스형. 푸트형이 있다.

답 : ③

65 유압 실린더에서 피스톤 행정이 끝날 때 발생하는 충격을 흡수하기 위해 설치하는 장치는?

① 스로틀 밸브
② 쿠션기구
③ 서보밸브
④ 압력보상장치

쿠션기구는 유압 실린더에서 피스톤 행정이 끝날 때 발생하는 충격을 흡수하기 위해 설치한다.

답 : ②

66 유압 실린더에서 발생되는 피스톤 자연하강현상(cylinder drift)의 발생 원인과 관계없는 것은?

① 작동압력이 높을 때
② 유압 실린더의 내부부품이 마모되었을 때
③ 컨트롤 밸브의 스풀이 마모되었을 때
④ 릴리프 밸브의 작동이 불량할 때

실린더의 과도한 자연낙하현상이 발생하는 원인은 작동압력이 낮을 때, 실린더 내부 마모, 컨트롤 밸브의 스풀 마모, 릴리프 밸브의 불량 등이다.

답 : ①

67 유압 실린더의 작동속도가 정상보다 느린 원인은?

① 릴리프 밸브의 설정압력이 너무 높다.
② 작동유의 점도가 약간 낮아짐을 알 수 있다.
③ 작동유의 점도지수가 높다.
④ 계통 내의 흐름용량이 부족하다.

유압계통 내의 흐름용량(유량)이 부족하면 액추에이터의 작동속도가 느려진다.

답 : ④

68 유압 실린더의 움직임이 느리거나 불규칙한 원인과 관계없는 것은?

① 피스톤 링이 마모되었을 때
② 체크밸브의 방향이 반대로 설치되었을 때
③ 회로 내에 공기가 혼입될 때
④ 유압유의 점도가 너무 높을 때

답 : ②

69 유압 실린더를 교환하였을 때 조치해야 할 사항과 관계없는 것은?

① 시운전하여 작동상태를 점검한다.
② 공기빼기 작업을 한다.
③ 누유를 점검한다.
④ 오일필터를 교환한다.

유압장치를 교환하였을 경우에는 기관을 시동하여 공회전시킨 후 작동상태 점검, 공기빼기 작업, 누유점검, 오일보충을 한다.

답 : ④

70 유압 실린더에서 숨 돌리기 현상이 생겼을 때 일어나는 현상과 관계없는 것은?

① 유압유의 공급이 과대해진다.
② 피스톤 동작이 정지된다.
③ 작동지연 현상이 생긴다.
④ 작동이 불안정하게 된다.

숨 돌리기 현상은 유압유의 공급이 부족할 때 발생한다.

답 : ①

71 유압에너지를 이용하여 외부에 기계적인 일을 하는 유압장치는?

① 기동전동기   ② 유압모터
③ 유압탱크   ④ 유압 스위치

유압모터는 유압에너지에 의해 연속적으로 회전운동을 하는 장치이다.

답 : ②

72 유압모터의 회전력 변화에 영향을 주는 요소는?

① 유압유 점도   ② 유압유 유량
③ 유압유 압력   ④ 유압유 온도

유압모터의 회전력에 영향을 주는 것은 유압유의 압력이다.

답 : ③

73 유압모터의 종류에 속하지 않는 것은?

① 기어형   ② 베인형
③ 터빈형   ④ 플런저형

유압모터의 종류에는 기어 모터, 베인 모터, 플런저 모터 등이 있다.

답 : ③

74 유압모터의 특징 설명 중 관계없는 것은?

① 작동유의 점도변화에 의하여 유압모터의 사용에 제약이 있다.
② 작동유가 인화되기 어렵다.
③ 속도나 방향의 제어가 용이하다.
④ 무단변속이 가능하다.

작동유는 인화하기 쉬운 단점이 있다.

답 : ②

75 유압모터의 장점에 속하지 않는 것은?

① 광범위한 무단변속을 얻을 수 있다.
② 전동모터에 비하여 급속정지가 쉽다.
③ 작동이 신속·정확하다.
④ 관성력이 크며, 소음이 크다.

유압모터는 관성력 및 소음이 작다.

답 : ④

76 유압장치에서 기어모터에 대한 설명으로 옳지 않은 것은?

① 일반적으로 스퍼기어를 사용하나 헬리컬 기어도 사용한다.
② 구조가 간단하고 가격이 저렴하다.
③ 내부누설이 적어 효율이 높다.
④ 유압유에 이물질이 혼입되어도 고장 발생이 적다.

기어모터는 구조가 간단하여 가격이 싸며, 먼지나 이물질이 많은 곳에서도 사용이 가능한 장점이 있으나 소음과 진동이 크고 효율이 낮다.

답 : ③

77 플런저가 구동축의 직각방향으로 설치되어 있는 유압모터는?

① 레이디얼형 플런저 모터
② 액시얼형 플런저 모터
③ 블래더형 플런저 모터
④ 캠형 플런저 모터

레이디얼형 플런저 모터는 플런저가 구동축의 직각 방향으로 설치되어 있다.

답 : ①

78 유압모터와 연결된 감속기의 오일수준을 점검할 때의 주의사항으로 옳지 않은 것은?

① 오일량이 너무 적으면 모터 유닛이 올바르게 작동하지 않거나 손상될 수 있으므로 오일량은 항상 정량유지가 필요하다.
② 오일수준을 점검하기 전에 항상 오일수준 게이지 주변을 깨끗하게 청소한다.
③ 오일량은 영하(−)의 온도상태에서 가득 채워야 한다.
④ 오일이 정상 온도일 때 오일수준을 점검해야 한다.

유압모터의 감속기 오일량은 정상온도 상태에서 'Full'에 가까이 있어야 한다.

답 : ③

79 유압펌프에서 발생한 유압을 저장하고 맥동을 소멸시키는 장치는?

① 언로딩 밸브 　② 어큐뮬레이터
③ 릴리프 밸브 　④ 스트레이너

어큐뮬레이터(축압기)는 유압펌프에서 발생한 유압을 저장하고, 맥동을 소멸시키는 장치이다.

답 : ②

80 축압기(어큐뮬레이터)의 기능과 관계없는 것은?

① 충격압력을 흡수한다.
② 유압에너지를 축적한다.
③ 유압펌프의 맥동을 흡수한다.
④ 릴리프 밸브를 제어한다.

축압기의 기능은 압력보상, 체적변화 보상, 유압에너지 축적, 유압회로 보호, 맥동감쇠, 충격압력 흡수, 일정압력 유지, 보조 동력원으로 사용 등이다.

답 : ④

81 축압기의 종류 중 가스−오일 방식에 속하지 않는 것은?

① 블래더 방식(bladder type)
② 피스톤 방식(piston type)
③ 다이어프램 방식(diaphragm type)
④ 스프링 하중방식(Spring loaded type)

가스−오일 방식의 어큐뮬레이터에는 피스톤 방식, 다이어프램 방식, 블래더 방식이 있다.

답 : ④

82 기체-오일식 어큐뮬레이터에서 주로 사용하는 가스로 옳은 것은?

① 이산화탄소　② 질소
③ 아세틸렌가스　④ 산소

가스형 축압기에는 질소가스를 주입한다.

답 : ②

83 유압유에 포함된 불순물을 제거하기 위해 유압펌프 흡입관에 설치하는 것은?

① 부스터　② 공기청정기
③ 스트레이너　④ 어큐뮬레이터

스트레이너(strainer)는 유압펌프의 흡입관에 설치하는 여과기이다.

답 : ③

84 오일필터의 여과입도가 너무 조밀하였을 때 일어나기 쉬운 현상은?

① 오일누출 현상
② 블로바이 현상
③ 맥동현상
④ 공동현상

필터의 여과입도가 너무 조밀하면(필터의 눈이 작으면) 오일공급 불충분으로 공동현상(캐비테이션)이 발생한다.

답 : ④

85 유압장치의 수명연장을 위한 가장 중요한 요소는?

① 오일탱크의 세척이다.
② 오일냉각기의 점검 및 세척이다.
③ 오일필터의 점검 및 교환이다.
④ 유압펌프의 교환이다.

유압장치의 수명연장을 위한 가장 중요한 요소는 오일필터의 점검 및 교환이다.

답 : ③

86 유압장치에서 사용하는 오일냉각기(oil cooler)의 구비조건과 관계없는 것은?

① 촉매작용이 없어야 한다.
② 온도조정이 잘 되어야 한다.
③ 오일 흐름에 저항이 커야 한다.
④ 정비 및 청소하기가 편리해야 한다.

오일냉각기는 촉매작용이 없고, 온도조정이 쉽고, 정비 및 청소하기가 편리하며, 오일 흐름의 저항이 적어야 한다.

답 : ③

87 유압장치에서 내구성이 강하고 작동 및 움직임이 있는 장소에 사용하기 알맞은 호스는?

① 강 파이프 호스
② 구리 파이프 호스
③ PVC 호스
④ 플렉시블 호스

플렉시블 호스는 내구성이 강하고 작동 및 움직임이 있는 곳에 사용하기 적합하다.

답 : ④

88 유압호스 중 가장 큰 압력에 견딜 수 있는 형식은?

① 나선 와이어 블레이드 형식
② 고무형식
③ 와이어리스 고무 블레이드 형식
④ 직물 블레이드 형식

유압호스 중 가장 큰 압력에 견딜 수 있는 것은 나선 와이어 블레이드 형식이다.

답 : ①

89 유압회로에서 사용하는 호스의 노화현상과 관계없는 것은?

① 액추에이터의 작동이 원활하지 않을 경우
② 호스의 표면에 갈라짐이 발생한 경우
③ 코킹부분에서 오일이 누유되는 경우
④ 정상적인 압력상태에서 호스가 파손될 경우

호스의 노화는 호스의 표면에 갈라짐이 발생한 때, 호스의 탄성이 거의 없는 상태로 굳어 있는 때, 정상적인 압력상태에서 호스가 파손될 때, 코킹부분에서 오일이 누출되는 때이다.

답 : ①

90 유압장치 작동 중 갑자기 유압배관에서 유압유가 분출되기 시작할 때 가장 먼저 운전자가 취해야 할 조치는?

① 유압회로 내의 잔압을 제거한다.
② 작업을 멈추고 배터리 선을 분리한다.
③ 오일이 분출되는 호스를 분리하고 플러그를 막는다.
④ 작업 장치를 지면에 내리고 기관 시동을 정지한다.

유압배관에서 오일이 분출되기 시작하면 가장 먼저 작업 장치를 지면에 내리고 기관 시동을 정지한다.

답 : ④

91 유압작동부에서 오일이 새고 있을 때 가장 먼저 점검해야 하는 부품은?

① 밸브(valve)   ② 기어(gear)
③ 실(seal)   ④ 플런저(plunger)

유압 작동부분에서 오일이 누유되면 가장 먼저 실(seal)을 점검한다.

답 : ③

92 유압장치에 사용되는 오일 실(seal)의 종류 중 O-링의 구비조건으로 옳은 것은?

① 체결력이 작아야 한다.
② 작동 시 마모가 커야 한다.
③ 탄성이 양호하고, 압축변형이 적어야 한다.
④ 오일의 입·출입이 가능해야 한다.

O-링은 탄성이 양호하고, 압축변형이 적어야 한다.

답 : ③

93 유압장치에서 피스톤 로드에 있는 먼지 또는 오염물질 등이 실린더 내로 혼입되는 것을 방지하는 부품은?

① 필터(filter)
② 실린더 커버(cylinder cover)
③ 밸브(valve)
④ 더스트 실(dust seal)

더스트 실(dust seal)은 피스톤 로드에 있는 먼지 또는 오염물질 등이 실린더 내로 혼입되는 것을 방지한다.

답 : ④

94 실(seal)의 구분에서 밀봉장치 중 고정부분에만 사용되는 것은?

① 개스킷   ② 로드 실
③ 패킹   ④ 메커니컬 실

개스킷은 고정부분(접합부분)에 사용되는 밀봉장치이다.

답 : ①

95 유압장치를 수리할 때마다 반드시 교환해야 하는 부품은?

① 터미널 피팅(terminal fitting)
② 샤프트 실(shaft seals)
③ 밸브스풀(valve spools)
④ 커플링(couplings)

샤프트 실은 유압장치를 수리할 때마다 반드시 교환해야 한다.

답 : ②

96 지게차 작업 중 유압회로 내의 유압이 상승하지 않을 때의 점검사항과 관계없는 것은?

① 오일탱크의 오일량을 점검한다.
② 오일이 누출되었는지를 점검한다.
③ 자기탐상법에 의한 작업장치의 균열 유무를 점검한다.
④ 유압펌프로부터 유압이 발생되는지를 점검한다.

유압이 상승되지 않을 경우에는 유압펌프로부터 유압이 발생되는지 여부, 오일탱크의 오일량, 릴리프 밸브의 고장 여부, 오일 누출 여부 등을 점검한다.

답 : ③

97 유압장치의 일상점검 사항과 관계없는 것은?

① 유압탱크의 유량을 점검한다.
② 릴리프 밸브 작동을 점검한다.
③ 소음 및 호스 누유 여부를 점검한다.
④ 오일누설 여부를 점검한다.

답 : ②

98 유압장치 취급방법으로 옳지 않은 것은?

① 종류가 다른 오일이라도 부족하면 보충할 수 있다.
② 가동 중 이상 음이 발생되면 즉시 작업을 중지한다.
③ 추운 날씨에는 충분한 준비 운전 후 작업한다.
④ 오일양이 부족하지 않도록 점검 보충한다.

작동유가 부족할 때 종류가 다른(점도) 작동유를 보충하면 열화가 일어난다.

답 : ①

99 유압회로 내에 기포가 발생할 때 일어날 수 있는 현상과 관계없는 것은?

① 작동유의 누설이 저하된다.
② 액추에이터의 작동이 불량해진다.
③ 소음이 증가한다.
④ 공동현상이 발생한다.

유압회로 내에 기포가 생기면 공동현상 발생, 오일탱크의 오버플로, 소음증가, 액추에이터의 작동불량 등이 발생한다.

답 : ①

100 지게차에서 유압 구성부품을 분해하기 전에 내부압력을 제거하는 방법은?

① 압력밸브를 밀어 준다.
② 고정너트를 서서히 푼다.
③ 기관정지 후 개방하면 된다.
④ 기관정지 후 조정레버를 모든 방향으로 작동하여 압력을 제거한다.

유압 구성부품을 분해하기 전에 내부압력을 제거하려면 기관정지 후 조정레버를 모든 방향으로 작동한다.

답 : ④

06 유압회로 및 기호

1 유압의 기본회로

유압의 기본회로에는 오픈(개방)회로, 클로즈(밀폐)회로, 병렬회로, 직렬회로, 탠덤회로 등이
있다.

(1) 언로드 회로(unload circuit)

일하는 도중에 유압 펌프의 유량이 필요하지 않게 되었을 때 유압유를 저압으로 탱크에 귀환시
킨다.

(2) 속도제어 회로(speed control circuit)

유량제어를 통하여 작업속도를 조절하는 방식에는 미터 인 회로, 미터 아웃 회로, 블리드 오프
회로, 카운터 밸런스 회로 등이 있다.

① 미터 인 회로(meter in circuit)

액추에이터의 입구 쪽 관로에 유량제어밸브를 직렬로 설치하여 작동유의 유량을 제어함으
로서 액추에이터의 속도를 제어한다.

② 미터 아웃 회로(meter out circuit)

액추에이터의 출구 쪽 관로에 유량제어밸브를 직렬로 설치하여 작동유의 유량을 제어함으
로서 액추에이터의 속도를 제어한다.

③ 블리드 오프 회로(bleed off circuit)

유량제어밸브를 실린더와 병렬로 설치하여 유압 펌프 토출유량 중 일정한 양을 오일탱크로
되돌리므로 릴리프 밸브에서 과잉압력을 줄일 필요가 없는 장점이 있으나 부하변동이 급격
한 경우에는 정확한 유량제어가 곤란하다.

2 유압기호

(1) 기호 회로도에 사용되는 기호의 표시방법

① 기호에는 흐름의 방향을 표시한다.
② 각 기기의 기호는 정상상태 또는 중립상태를 표시한다.
③ 오해의 위험이 없는 경우에는 기호를 회전하거나 뒤집어도 된다.
④ 기호에는 각 기기의 구조나 작용압력을 표시하지 않는다.
⑤ 기호가 없어도 바르게 이해할 수 있는 경우에는 드레인 관로를 생략해도 된다.

(2) 기호 회로도

정용량 유압 펌프		압력 스위치	
가변용량형 유압 펌프		단동 실린더	
복동 실린더		릴리프 밸브	
무부하 밸브		체크밸브	
축압기(어큐뮬레이터)		공기·유압 변환기	
압력계		오일탱크	
유압 동력원		오일여과기	
정용량형 펌프·모터		회전형 전기 액추에이터	
가변용량형 유압 모터		솔레노이드 조작 방식	
간접 조작 방식		레버 조작 방식	
기계 조작 방식		복동 실린더 양로드형	
드레인 배출기		전자·유압 파일럿	

출제 예상 문제

01 유압회로의 설명으로 옳은 것은?

① 유압회로 내 압력이 규정 이상일 때는 공기를 혼입하여 압력을 조절한다.

② 유압회로의 동력 발생부에는 공기와 혼합하는 장치가 설치되어 있다.

③ 유압회로에서 릴리프 밸브는 닫혀 있으며, 규정압력 이하의 오일압력이 오일탱크로 회송된다.

④ 유압회로에서 릴리프 밸브는 압력제어 밸브이다.

답 : ④

02 작업 중에 유압펌프로부터 토출량이 필요하지 않게 되었을 때, 토출유를 탱크에 저압으로 귀환시키는 회로는?

① 시퀀스 회로

② 언로드 회로

③ 블리드 오프 회로

④ 어큐뮬레이터 회로

언로드 회로는 작업 중에 유압펌프 유량이 필요하지 않게 되었을 때 오일을 저압으로 탱크에 귀환시킨다.

답 : ②

03 유량제어를 통하여 작업속도를 조절하는 방식에 속하지 않는 것은?

① 미터 인(meter in)방식

② 미터 아웃(meter out)방식

③ 블리드 오프(bleed off)방식

④ 블리드 온(bleed on)방식

속도제어 회로에는 미터 인 방식, 미터 아웃 방식, 블리드 오프 방식이 있다.

답 : ④

04 액추에이터의 입구 쪽 관로에 유량제어 밸브를 직렬로 설치하여 작동유의 유량을 제어함으로서 액추에이터의 속도를 제어하는 회로는?

① 미터 인 회로(meter in circuit)

② 미터 아웃 회로(meter out circuit)

③ 블리드 오프 회로 (bleed off circuit)

④ 시스템 회로(system circuit)

미터 인 회로는 유압 액추에이터의 입구 쪽에 유량제어 밸브를 직렬로 연결하여 액추에이터로 유입되는 유량을 제어하여 액추에이터의 속도를 제어한다.

답 : ①

05 유압 실린더의 속도를 제어하는 블리드 오프(bleed off) 회로에 대한 설명과 관계없는 것은?

① 펌프 토출량 중 일정한 양을 탱크로 되돌린다.

② 유량제어 밸브를 실린더와 직렬로 설치한다.

③ 릴리프 밸브에서 과잉압력을 줄일 필요가 없다.

④ 부하변동이 급격한 경우에는 정확한 유량제어가 곤란하다.

블리드 오프 회로는 유량제어 밸브를 실린더와 병렬로 연결하여 실린더의 속도를 제어한다.

답 : ②

06 유압장치의 기호 회로도에 사용되는 유압 기호의 표시방법으로 옳지 않은 것은?

① 기호에는 흐름의 방향을 표시한다.
② 각 기기의 기호는 정상상태 또는 중립 상태를 표시한다.
③ 기호에는 각 기기의 구조나 작용압력을 표시하지 않는다.
④ 기호는 어떠한 경우에도 회전하여서는 안 된다.

기호는 오해의 위험이 없는 경우에는 기호를 회전하거나 뒤집어도 된다.

답 : ④

07 유압장치에서 가장 많이 사용되는 유압 회로도는?

① 기호 회로도　　② 그림 회로도
③ 단면 회로도　　④ 조합 회로도

일반적으로 많이 사용하는 유압 회로도는 기호 회로도이다.

답 : ①

08 공·유압기호 중 그림이 의미하는 것은?

① 밸브
② 유압
③ 공기압
④ 전기

답 : ②

09 아래 그림의 유압기호는 무엇을 나타내는가?

① 어큐뮬레이터
② 증압기
③ 촉매컨버터
④ 공기·유압변환기

답 : ④

10 다음의 유압 도면기호의 명칭은?

① 유압펌프
② 스트레이너
③ 유압모터
④ 압력계

답 : ①

11 정용량형 유압펌프의 기호는?

① 　　②

③ 　　④

답 : ②

12 유압장치에서 가변용량형 유압펌프의 기호는?

①

②

③

④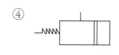

답 : ③

13 공·유압기호 중 그림이 나타내는 것은?

① 요동형 액추에이터
② 가변형 액추에이터
③ 정용량형 펌프·모터
④ 가변용량형 펌프·모터

답 : ③

14 그림의 유압기호는 무엇을 표시하는가?

① 가변 흡입밸브 ② 유압 펌프
③ 가변 토출밸브 ④ 가변 유압모터

답 : ④

15 그림과 같은 유압기호에 해당하는 밸브는?

① 릴리프 밸브
② 카운터 밸런스 밸브
③ 체크밸브
④ 감압밸브

답 : ①

16 유압기호가 나타내는 것은?

① 릴리프 밸브
② 감압밸브
③ 무부하 밸브
④ 순차밸브

답 : ③

17 단동 실린더의 기호 표시로 옳은 것은?

①

②

③

④

답 : ①

18 아래 그림과 같은 실린더의 명칭은?

① 복동 실린더　② 단동 다단 실린더
③ 단동 실린더　④ 복동 다단 실린더

답 : ①

21 그림의 유압기호는 무엇을 표시하는가?

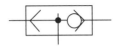

① 고압우선형 셔틀밸브
② 무부하 밸브
③ 스톱밸브
④ 저압우선형 셔틀밸브

답 : ①

19 복동 실린더 양 로드형을 나타내는 유압기호는?

① 　②

③ 　④

답 : ②

22 그림의 유압기호는 무엇을 표시하는가?

① 복동 가변식 전자 액추에이터
② 직접 파일럿 조작 액추에이터
③ 단동 가변식 전자 액추에이터
④ 회전형 전기 액추에이터

답 : ④

20 체크밸브를 나타낸 것은?

① 　②

③ 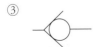 　④

답 : ③

23 그림의 공·유압기호는 무엇을 표시하는가?

① 전자·공기압 파일럿
② 유압 2단 파일럿
③ 전자·유압 파일럿
④ 유압가변 파일럿

답 : ③

24 유압·공기압 도면기호 중 그림이 나타내는 것은?

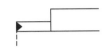

① 유압 파일럿(외부)
② 유압 파일럿(내부)
③ 공기압 파일럿(외부)
④ 공기압 파일럿(내부)

답 : ①

25 방향전환밸브의 조작방식에서 단동 솔레노이드 기호는?

① 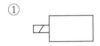 ②

③   ④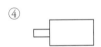

①은 솔레노이드 조작방식, ②는 간접 조작방식, ③은 레버 조작방식, ④는 기계 조작방식이다.

답 : ①

26 그림의 유압기호에서 "A" 부분이 나타내는 것은?

① 오일냉각기
② 가변용량 유압모터
③ 가변용량 유압 펌프
④ 스트레이너

답 : ④

27 그림의 유압기호가 나타내는 것은?

① 오일탱크 ② 차단밸브
③ 유압밸브 ④ 유압실린더

답 : ①

28 유압장치에서 오일탱크(밀폐식)의 기호 표시로 옳은 것은?

①   ②

③   ④

답 : ①

29 아래 그림의 유압기호는 무엇을 표시하는가?

① 유압 실린더 로드
② 축압기
③ 오일탱크
④ 유압 실린더

답 : ②

30 유압 도면기호에서 여과기의 기호 표시는?

① ②

③ ④

답 : ①

31 공·유압기호 중 그림이 의미하는 것은?

① 원동기　　② 공기압 동력원
③ 전동기　　④ 유압동력원

답 : ④

32 유압 압력계의 기호는?

① ②

③ ④

답 : ①

33 그림에서 드레인 배출기의 기호 표시로 맞는 것은?

① ②

③ ④

답 : ②

34 유압 도면기호에서 압력스위치를 나타내는 것은?

① ②

③ ④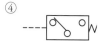

답 : ④

35 유압장치의 계통 내에 슬러지 등이 생겼을 때 이것을 용해하여 세척하는 작업은?

① 플러싱　　② 코킹
③ 서징　　　④ 트램핑

플러싱이란 유압계통의 오일장치 내에 슬러지 등이 생겼을 때 이것을 용해하여 장치 내를 깨끗이 하는 작업이다.

답 : ①

제2편

작업 전 점검

제1장 외관점검

01 타이어 공기압 및 손상점검

1 타이어의 공기압 및 손상 점검

(1) 타이어의 역할

① 지게차의 하중을 지지한다.

② 지게차의 동력과 제동력을 전달한다.

③ 노면에서의 충격을 흡수한다.

(2) 타이어의 마모한계

① 마모가 심한 타이어는 빗길 운전에서 수막현상 발생비율이 높아져 사고의 위험이 높다.

② 타이어의 교체 시기

▲형이 표시된 부분을 보면 홈 속에 돌출된 부분이 보이는데 이것이 마모한계 표시이다.

타이어의 교체시기

(3) 타이어 마모한계 시 발생되는 현상

① 제동력이 저하되어 브레이크 페달을 밟아도 미끄러져 제동거리가 길어진다.

② 우천 시 주행 중에는 도로와 타이어 사이의 물이 배수가 되지 않아 타이어가 물에 떠있는 것과 같은 수막현상이 발생한다.

③ 도로를 주행할 때 도로의 작은 이물질에 의해서도 타이어 트레드에 상처가 발생하여 사고의 원인이 된다.

2 지게차 외관점검

(1) 지게차가 안전하게 주기되었는지 확인

지게차 외관을 점검하기 위해서는 지게차의 주기상태를 육안으로 확인한다. 평평한 지면에 포크가 정확하게 내려졌는지, 마스트는 전경되었는지 확인한다.

(2) 오버 헤드가드 점검

지게차로 작업할 때 화물의 낙하 및 날아오는 물건에 대해 운전자를 보호하기 위한 안전장치인 오버 헤드가드의 균열 및 변형을 점검한다.

(3) 백 레스트 점검

지게차로 작업할 때 화물이 마스트 또는 조종석 쪽으로 쏟아지는 것을 방지하기 위한 안전장치인 백 레스트의 균열 및 변형을 점검한다.

(4) 포크 점검

포크의 휨, 균열, 이상 마모 및 핑거 보드와의 정상 연결상태를 확인한다.

(5) 핑거 보드 점검

핑거 보드의 균열 및 변형을 점검한다.

3 작업 전 지게차 점검사항

① 팬벨트 장력 점검

팬벨트의 장력 점검방법은 오른손 엄지손가락으로 팬벨트 중앙을 약 10kgf 힘으로 눌러 처지는 양을 확인한다. 벨트의 처지는 양이 13~15mm이면 정상이다. 벨트장력이 느슨하면 기관을 시동할 때 벨트의 미끄럼 현상이 발생하여 소음이 발생한다.

② 공기청정기 점검

건식 공기청정기 엘리먼트가 더러우면 압축공기로 안에서 밖으로 불어내어 청소한다.

③ 그리스 주입상태 점검

각 작업 장치 작동부분의 그리스 주입상태를 확인하여 부족하면 그리스를 주입한다.

④ 후진 경보장치 점검

지게차를 후진 운전할 때 뒷면에 통행 중인 다른 작업자나 물체와의 충돌 및 접촉을 방지하기 위한 접근 경보장치의 음량을 확인하고 경광등의 점등상태를 점검한다.

⑤ 룸 미러 점검

지게차 운전을 할 때 후방의 사각지역의 다른 근로자나 다른 건설기계와의 충돌 및 협착을 방지하기 위한 안전장치인 룸 미러의 정상 위치 및 오염 여부를 점검하고 오염되었으면 오염물질을 제거한다.

⑥ 전조등 점등 여부 점검

짙은 안개 및 야간작업을 할 때 안전작업을 확보하는 전조등의 점등 여부를 점검한다.

⑦ 후미등 점등 여부 점검

후진할 때 충돌을 방지하기 위한 등으로 지게차의 위치 표시를 위한 안전장치인 후미등의 점등 여부를 점검한다.

02 조향장치 및 제동장치 점검

1 조향장치 점검

조향핸들을 조작하여 유격상태를 점검하고 조향핸들에 이상 진동이 느껴지는지 확인한다. 조향핸들을 조작할 때 조향비율 및 조작력에 큰 차이가 느껴진다면 점검이 필요하다.

(1) 조향핸들이 무거운 원인

① 타이어의 공기압이 부족하다.

② 조향기어의 백래시가 작다.

③ 조향기어 박스의 오일 양이 부족하다.

④ 앞바퀴 정렬이 불량하다.

⑤ 타이어의 마멸이 과대하다.

(2) 조향핸들 조작상태 점검

조향핸들을 왼쪽 및 오른쪽으로 끝까지 돌렸을 때 양쪽 바퀴의 돌아가는 위치의 각도가 같으면 정상이다.

2 제동장치 점검 및 점검방법

(1) 제동장치 점검

① 포크를 지면으로부터 20cm 들어 올린다.

② 브레이크 페달을 밟은 상태로 전·후진레버를 전진에 넣는다.

③ 주차 브레이크를 해제한다.

④ 브레이크 페달에서 발을 떼고 가속페달을 서서히 밟는다.

⑤ 브레이크 페달을 밟아 제동이 되면 제동장치는 정상이다.

(2) 제동장치 점검방법

① 포크를 지면으로부터 20cm 들어 올린다.

② 브레이크 페달을 밟은 상태로 전·후진레버를 전진에 넣는다.

③ 주차 브레이크를 해제한다.

④ 브레이크 페달에서 발을 떼고 가속페달을 서서히 밟는다.

⑤ 브레이크 페달을 밟아 제동이 되면 제동장치는 정상이다.

3 브레이크 고장 점검

(1) 브레이크 라이닝과 드럼과의 간극 확인

① 간극이 클 때

- 브레이크 작동이 늦어진다.
- 브레이크 페달의 행정이 길어진다.
- 브레이크 페달이 발판에 닿아 제동 작용이 불량해 진다.

② 간극이 작을 때

- 라이닝과 드럼의 마모가 촉진된다.
- 베이퍼 록의 원인이 된다.

(2) 제동불량 원인

① 브레이크 회로 내의 오일누설 및 공기가 혼입되었다.

② 라이닝에 오일, 물 등이 묻었다.

174

③ 라이닝 또는 드럼이 과도하게 편마모 되었다.
④ 라이닝과 드럼의 간극이 너무 크다.
⑤ 브레이크 페달의 자유간극이 너무 크다.

03 엔진시동 전 · 후 점검

① 엔진이 공회전할 때 이상한 소음이 발생하는지 점검한다.
② 흡입 및 배기밸브 간극 및 밸브기구 불량으로 이상한 소음이 발생하는지 점검한다.
③ 엔진 내·외부 각종 베어링의 불량으로 이상한 소음이 발생하는지 점검한다.
④ 발전기 및 물펌프 구동벨트의 불량으로 이상한 소음이 발생하는지 점검한다.
⑤ 배기계통 불량으로 이상한 소음이 발생하는지 점검한다.

제2장 누유·누수 확인

01 엔진오일 누유점검

① 엔진오일 누유점검은 엔진에서 누유된 부분이 있는지 육안으로 확인한다. 주기된 지게차의 지면을 확인하여 엔진오일의 누유 흔적을 확인한다.
② 엔진오일 양 점검
  • 유면표시기를 빼어 유면표시기에 묻은 오일을 깨끗이 닦는다.
  • 유면표시기를 탈·부착 했을 때 오일이 묻은 부분이 상한선과 하한선의 중간부분에 위치하면 정상이다.

02 유압 실린더 누유점검

1 유압 실린더 누유점검

① 유압유가 유압장치에서 누유된 부분이 있는지 육안으로 확인한다.
② 주기된 지게차의 지면을 확인하여 유압유의 누유 흔적을 확인한다.
③ 유압펌프 배관 및 호스와의 이음부분의 누유, 제어밸브의 누유, 리프트 실린더 및 틸트 실린더의 누유를 확인하고 유압유 양이 부족하면 유압유를 보충한다.

2 유압유 유면표시기

① 유압유 유면표시기는 유압유 탱크 내의 유압유 양을 점검할 때 사용되는 표시기이다.
② 유면표시기에는 아래쪽에 L(low or min) 위쪽에 F(full or max) 의 눈금이 표시되어 있다.
③ 유압유 양이 유면표시기의 "L"과 "F" 중간에 위치하고 있으면 정상이다.

03 제동장치 및 조향장치 누유점검

① 제동장치의 누유점검

마스터 실린더 및 제동계통 파이프 연결부위의 누유를 점검한다.

② 조향장치 누유점검

조향장치 파이프 연결부위에서의 누유를 점검한다.

04 냉각수 누수점검

① 냉각수 누수점검은 냉각장치에서 누수된 부분이 있는지 육안으로 확인한다.

② 주기된 지게차의 지면을 확인하여 냉각수의 누수 흔적을 확인한다.

③ 냉각수 양 점검

엔진 과열을 방지하기 위해 냉각장치 호스 클램프의 풀림 여부 및 각부 이음에서의 냉각수의 누수를 육안으로 확인하고 냉각수 양이 부족하면 냉각수를 보충한다.

제3장 계기판 점검

1 엔진오일 압력경고등 점검

엔진오일 압력경고등은 엔진이 작동하는 도중 유압이 규정값 이하로 저하하면 경고등이 점등한다. 경고등이 점등되면 엔진 시동을 끄고 윤활장치를 점검한다.

2 냉각수 온도계 점검

냉각수 온도게이지를 점검하여 냉각수 정상 순환 여부를 확인한다. 냉각수 온도게이지는 저온에서 고온으로 점진적인 증가를 보이도록 작동된다.

3 연료계 점검

연료계를 확인하여 연료가 부족하면 보충한다.

4 방향지시등 및 전조등 점검

방향지시등 및 전조등을 확인하여 전구가 점등되지 않으면 전구를 교환한다.

5 아워미터(hour meter ; 시간계) 점검

아워미터를 점검하여 지게차 가동시간을 확인한다.

제4장 마스트 및 체인 점검

01 체인연결 부위 점검

1 포크와 체인의 연결부위 균열 상태 점검

포크와 리프트 체인 연결부의 균열 여부를 확인하며 포크의 휨, 이상 마모, 균열 및 핑거 보드와의 연결상태를 점검한다.

2 리프트 체인 점검

좌우 리프트 체인의 유격상태를 확인한다.

02 마스트 및 베어링 점검

1 리프트 체인 및 마스트 베어링 점검

리프트 레버를 조작, 리프트 실린더를 작동하여 리프트 체인 고정핀의 마모 및 헐거움을 점검하고 마스트 롤러 베어링의 정상작동 상태를 점검한다.

2 마스트 상·하 작동상태 점검

마스트의 휨, 이상 마모, 균열여부 및 변형을 확인하며 리프트 실린더를 조작하여 마스트의 정상작동 상태를 점검한다.

제5장 기관시동 상태 점검

01 축전지 점검

1 축전지 단자 및 케이블 결선상태 점검

① 축전지 단자의 파손상태를 점검하며 축전지 단자를 보호하기 위하여 고무커버를 씌운다.
② 축전지 배선의 결선상태를 점검한다.

2 축전지 충전상태 점검

(1) 축전지 점검

① 축전지 충전 상태를 점검 창을 통하여 확인하고 방전되었으면 축전지를 충전한다.
② MF 축전지의 점검방법은 점검 창의 색깔로 확인 할 수 있다.

• 초록색 : 충전된 상태	• 검정색 : 방전된 상태(충전 필요)
• 흰색 : 축전지 점검(축전지 교환)	

(2) 축전지를 충전할 때 주의사항

① 충전장소에는 환기장치를 설치한다.
② 축전지가 방전되었으면 즉시 충전한다.
③ 충전 중 전해액의 온도는 45℃ 이상 상승시키지 않는다.
④ 충전 중인 축전지 근처에서 불꽃을 가까이 하지 않는다.
⑤ 축전지를 과다충전하지 않는다.
⑥ 지게차에서 축전지를 떼내지 않고 충전할 경우에 축전지와 기동전동기 연결배선을 분리한다.

02 예열장치 및 시동장치 점검

1 예열플러그 단선 원인

① 기관이 과열되었다.
② 기관 가동 중에 예열하였다.
③ 예열플러그에 규정 이상의 과대 전류가 흐르고 있다.
④ 예열시간이 너무 길다.
⑤ 예열플러그를 설치할 때 조임이 불량하다.

2 기동전동기가 회전하지 않는 원인

① 시동스위치 접촉 및 배선이 불량이다.　② 계자코일이 손상되었다.
③ 브러시가 정류자에 밀착이 되지 않는다.　④ 전기자 코일이 단선되었다.

03 지게차 난기운전

한랭할 때 엔진 시동 후 바로 작업을 시작하면 유압기기의 갑작스러운 동작으로 인해 유압장치의 고장을 유발하게 되므로 작업 전에 유압유 온도를 상승시키는 것을 난기운전이라고 한다. 동절기 또는 한랭한 경우에는 반드시 난기운전을 해야 한다.

1 난기운전 방법

① 기관을 시동 후 5분 정도 공회전시킨다.
② 가속페달을 서서히 밟으면서 리프트 실린더를 최고 높이까지 상승시킨다.
③ 가속페달에서 발을 떼고 리프트 실린더를 하강시킨다.
④ ②와 ③을 3~4회 정도 실시한다(동절기에는 횟수를 증가해서 실시한다).
⑤ 가속페달을 서서히 밟으면서 틸트 실린더를 후경시킨다.
⑥ 가속페달을 서서히 밟으면서 틸트 실린더를 전경시킨다.
⑦ ⑤와 ⑥을 3~4회 정도 실시한다(동절기에는 횟수를 증가해서 실시한다).

> **POINT**
> 작업 전 유압유 온도를 최소 20~27℃ 이상이 되도록 한다.

출제 예상 문제

01 조향핸들의 유격이 커지는 원인과 관계없는 것은?

① 피트먼 암의 헐거움
② 타이어 공기압 과대
③ 조향기어, 링키지 조정불량
④ 앞바퀴 베어링 과대 마모

조향핸들의 유격이 커지는 원인
조향기어가 마모 되었을 때, 피트먼 암이 헐거울 때, 조향 링키지의 조정이 불량할 때, 앞바퀴 베어링이 과대 마모되었을 때

답 : ②

02 동력조향장치의 조향핸들 조작이 무거운 원인으로 틀린 것은?

① 유압이 낮다.
② 오일이 부족하다.
③ 유압장치에 공기가 혼입되었다.
④ 오일펌프의 회전이 빠르다.

조향핸들의 조작이 무거운 원인
• 유압장치 내에 공기가 유입되었을 때
• 타이어의 공기압력이 너무 낮을 때
• 오일이 부족하거나 유압이 낮을 때
• 오일펌프의 회전속도가 느릴 때
• 오일펌프의 벨트가 파손되었을 때
• 오일호스가 파손되었을 때

답 : ④

03 지게차의 조향 휠이 정상보다 돌리기 힘든 원인과 관계없는 것은?

① 파워스티어링 오일의 공기를 제거하였다.
② 파워스티어링 오일펌프의 벨트가 파손되었다.
③ 파워스티어링 오일호스가 파손되었다.
④ 파워스티어링 오일이 부족하다.

답 : ①

04 지게차에서 조향핸들 유격이 큰 원인과 관계없는 것은?

① 타이로드의 볼 조인트가 마모되었다.
② 스티어링 기어박스 장착부가 풀려있다.
③ 스태빌라이저가 마모되었다.
④ 아이들 암 부시가 마모되었다.

스태빌라이저는 선회할 때 롤링을 작게 하고 빠른 평형상태를 유지시키는 현가장치의 부품이다.

답 : ③

05 주행 중 특정속도에서 조향핸들의 떨림이 발생되는 원인으로 옳지 않은 것은?

① 타이어 또는 휠이 불량하다.
② 타이어 사이즈와 휠 사이즈가 다르다.
③ 타이어 휠 밸런스가 맞지 않았다.
④ 타이어 좌우 공기압이 다르다.

주행 중 특정속도에서 조향핸들이 떨리는 원인은 타이어 사이즈와 휠 사이즈가 다르거나, 타이어 휠 밸런스가 맞지 않거나, 타이어 또는 휠의 불량 때문이다.

답 : ④

06 지게차에서 주행 중 조향핸들이 한쪽으로 쏠리는 원인이 아닌 것은?

① 타이어 공기압 불균일
② 브레이크 라이닝 간극 조정 불량
③ 베이퍼 록 현상 발생
④ 휠 얼라인먼트 조정 불량

주행 중 조향핸들이 한쪽으로 쏠리는 원인
• 타이어 공기압 불균일
• 브레이크 라이닝 간극 조정 불량
• 휠 얼라인먼트 조정 불량
• 한쪽 휠 실린더의 작동이 불량할 때

답 : ③

07 지게차에서 조향기어 백래시가 클 경우 발생될 수 있는 현상으로 가장 적절한 것은?

① 조향핸들이 한쪽으로 쏠린다.
② 조향각도가 커진다.
③ 조향핸들의 유격이 커진다.
④ 조향핸들의 축   향 유격이 커진다.

조향기어 백래시가 크면(기어가 마모되면) 조향핸들의 유격이 커진다.

답 : ③

08 브레이크가 잘 작동되지 않을 때의 원인으로 가장 거리가 먼 것은?

① 라이닝에 오일이 묻었을 때
② 휠 실린더 오일이 누출되었을 때
③ 브레이크 페달 자유간극이 작을 때
④ 브레이크 드럼의 간극이 클 때

브레이크 페달의 자유간극이 작으면 급제동되기 쉽다.

답 : ③

09 유압브레이크 장치에서 제동페달이 복귀되지 않는 원인에 해당되는 것은?

① 진공 체크밸브가 불량할 때
② 파이프 내에 공기가 침입하였을 때
③ 브레이크 오일점도가 낮을 때
④ 마스터 실린더의 리턴구멍이 막혔을 때

마스터 실린더의 리턴구멍 막히면 제동이 풀리지 않는다.

답 : ④

10 기관에서 팬벨트 장력 점검방법으로 맞는 것은?

① 벨트길이 측정게이지로 측정 점검
② 엔진의 가동이 정지된 상태에서 벨트의 중심을 엄지손가락으로 눌러서 점검
③ 엔진을 가동한 후 텐셔너를 이용하여 점검
④ 발전기의 고정 볼트를 느슨하게 하여 점검

팬벨트 장력은 기관의 가동이 정지된 상태에서 물 펌프와 발전기 사이의 벨트 중심을 엄지손가락으로 눌러서 점검한다.

답 : ②

11 팬벨트에 대한 점검과정이다. 가장 적합하지 않은 것은?

① 팬벨트는 눌러(약 10kgf) 처짐이 13~20mm 정도로 한다.
② 팬벨트는 풀리의 밑 부분에 접촉되어야 한다.
③ 팬벨트 조정은 발전기를 움직이면서 조정한다.
④ 팬벨트가 너무 헐거우면 기관 과열의 원인이 된다.

팬벨트는 풀리의 양쪽 경사진 부분에 접촉되어야 미끄러지지 않는다.

답 : ②

12 지게차의 기관에 있는 팬벨트의 장력이 약할 때 생기는 현상으로 맞는 것은?

① 발전기 출력이 저하될 수 있다.
② 물 펌프 베어링이 조기에 손상된다.
③ 엔진이 과냉된다.
④ 엔진이 부조를 일으킨다.

팬벨트의 장력이 약하면 발전기 출력이 저하하고, 기관이 과열하기 쉽다.

답 : ①

13 냉각팬의 벨트유격이 너무 클 때 일어나는 현상으로 옳은 것은?

① 발전기의 과충전이 발생된다.
② 강한 텐션으로 벨트가 절단된다.
③ 기관 과열의 원인이 된다.
④ 점화시기가 빨라진다.

냉각팬의 벨트유격이 너무 크면 기관 과열의 원인이 된다.

답 : ③

14 기관에서 팬벨트 및 발전기 벨트의 장력이 너무 강할 경우에 발생될 수 있는 현상은?

① 발전기 베어링이 손상될 수 있다.
② 기관의 밸브장치가 손상될 수 있다.
③ 충전부족 현상이 생긴다.
④ 기관이 과열된다.

팬벨트의 장력이 너무 강하면 발전기 베어링이 손상되기 쉽다.

답 : ①

15 건식 공기청정기의 효율저하를 방지하기 위한 방법으로 가장 적합한 것은?

① 기름으로 닦는다.
② 마른걸레로 닦아야 한다.
③ 압축공기로 먼지 등을 털어낸다.
④ 물로 깨끗이 세척한다.

건식 공기청정기 엘리먼트는 압축공기로 안에서 밖으로 불어내어 청소한다.

답 : ③

16 지게차의 운전 전 점검사항을 나타낸 것으로 적합하지 않은 것은?

① 라디에이터의 냉각수량 확인 및 부족 시 보충
② 엔진 오일량 확인 및 부족 시 보충
③ V벨트 상태확인 및 장력부족 시 조정
④ 배출가스의 상태확인 및 조정

답 : ④

17 지게차의 작업 전 점검사항이다. 틀린 것은?

① 제동장치 및 조종장치 기능의 이상 유무
② 하역장치 및 유압장치 기능의 이상 유무
③ 유압장치의 과열 이상 유무
④ 전조등, 후미등, 방향지시등 및 경보장치의 이상 유무

답 : ③

18 기관을 시동하여 공전 상태에서 점검하는 사항으로 틀린 것은?

① 배기가스 색 점검
② 냉각수 누수 점검
③ 팬벨트 장력 점검
④ 이상 소음 발생 유무 점검

공전상태에서 점검할 사항
• 오일의 누출 여부를 점검
• 냉각수의 누출 여부를 점검
• 배기가스의 색깔을 점검
• 이상 소음 발생 유무를 점검

답 : ③

19 작업 중 운전자가 확인해야 할 것으로 가장 거리가 먼 것은?

① 온도계
② 충전 경고등
③ 유압 경고등
④ 실린더 압력계

작업 중 운전자가 확인해야 하는 계기는 충전 경고등, 유압 경고등, 온도계 등이다.

답 : ④

20 기관의 오일레벨 게이지에 관한 설명으로 틀린 것은?

① 윤활유 레벨을 점검할 때 사용한다.
② 윤활유를 육안검사 시에도 활용한다.
③ 기관의 오일팬에 있는 오일을 점검하는 것이다.
④ 반드시 기관 작동 중에 점검해야 한다.

답 : ④

21 엔진오일량 점검에서 오일게이지에 상한선 (Full)과 하한선(Low)표시가 되어 있을 때 가장 적합한 것은?

① Low 표시에 있어야 한다.
② Low와 Full 표시 사이에서 Low에 가까이 있으면 좋다.
③ Low와 Full 표시 사이에서 Full에 가까이 있으면 좋다.
④ Full 표시 이상이 되어야 한다.

답 : ③

22 운전 중 엔진오일 경고등이 점등되었을 때의 원인이 아닌 것은?

① 오일팬의 드레인 플러그가 열렸을 때
② 윤활계통이 막혔을 때
③ 오일필터가 막혔을 때
④ 오일밀도가 낮을 때

엔진오일 경고등이 점등되는 원인은 오일팬의 드레인 플러그가 열렸을 때, 윤활계통이 막혔을 때, 오일 필터가 막혔을 때이다.

답 : ④

23 지게차 작업 시 계기판에서 오일 경고등이 점등되었을 때 우선 조치사항으로 적합한 것은?

① 엔진을 분해한다.
② 즉시 엔진시동을 끄고 오일계통을 점검한다.
③ 엔진오일을 교환하고 운전한다.
④ 냉각수를 보충하고 운전한다.

계기판의 오일 경고등이 점등되면 즉시 엔진의 시동을 끄고 오일계통을 점검한다.

답 : ②

24 동절기 축전지 관리요령으로 틀린 것은?

① 충전이 불량하면 전해액이 결빙될 수 있으므로 완전충전 시킨다.
② 엔진시동을 쉽게 하기 위하여 축전지를 보온시킨다.
③ 전해액 수준이 낮으면 운전 후 즉시 증류수를 보충한다.
④ 전해액 수준이 낮으면 운전시작 전 아침에 증류수를 보충한다.

답 : ③

25 축전지를 충전기에 의해 충전 시 정전류 충전범위로 틀린 것은?

① 최대 충전 전류 : 축전지 용량의 20%
② 최소 충전 전류 : 축전지 용량의 5%
③ 최대 충전 전류 : 축전지 용량의 50%
④ 표준 충전 전류 : 축전지 용량의 10%

정전류 충전전류 범위
• 표준 충전 전류는 축전지 용량의 10%
• 최소 충전 전류는 축전지 용량의 5%
• 최대 충전 전류는 축전지 용량의 20%

답 : ③

26 축전지의 충전에서 충전말기에 전류가 거의 흐르지 않기 때문에 충전능률이 우수하며 가스발생이 거의 없으나 충전 초기에 많은 전류가 흘러 축전지 수명에 영향을 주는 단점이 있는 충전방법은?

① 정전류 충전   ② 정전압 충전
③ 단별전류 충전   ④ 급속충전

정전압 충전은 충전시작에서부터 충전이 완료될 때까지 일정한 전압으로 충전하는 방법이며, 축전지의 충전에서 충전말기에 전류가 거의 흐르지 않기 때문에 충전능률이 우수하며 가스발생이 거의 없으나 충전 초기에 많은 전류가 흘러 축전지 수명에 영향을 주는 단점이 있다.

답 : ②

27 급속충전을 할 때 주의사항으로 옳지 않은 것은?

① 충전시간은 가급적 짧아야 한다.
② 충전 중인 축전지에 충격을 가하지 않는다.
③ 통풍이 잘되는 곳에서 충전한다.
④ 축전지가 차량에 설치된 상태로 충전한다.

급속충전을 할 때에는 축전지의 접지케이블을 분리한 후 충전한다.

답 : ④

28 지게차에 장착된 축전지를 급속충전할 때 축전지의 접지케이블을 분리시키는 이유는?

① 과충전을 방지하기 위함이다.
② 시동스위치를 보호하기 위함이다.
③ 발전기의 다이오드를 보호하기 위함이다.
④ 기동전동기를 보호하기 위함이다.

급속충전할 때 축전지의 접지케이블을 분리하여야 하는 이유는 발전기의 다이오드를 보호하기 위함이다.

답 : ③

29 납산 축전지를 충전할 때 화기를 가까이 하면 위험한 이유는?

① 수소가스가 폭발성 가스이기 때문에
② 산소가스가 폭발성 가스이기 때문에
③ 수소가스가 조연성 가스이기 때문에
④ 산소가스가 인화성 가스이기 때문에

축전지 충전 중에 화기를 가까이 하면 위험한 이유는 발생하는 수소가스가 폭발하기 때문이다.

답 : ①

30 축전지가 낮은 충전율로 충전되는 이유가 아닌 것은?

① 축전지의 노후
② 레귤레이터의 고장
③ 전해액 비중의 과다
④ 발전기의 고장

축전지가 충전되지 않는 원인
• 축전지 극판이 손상되었거나 노후된 때
• 축전지 본선 연결부분의 접속이 이완되었을 때
• 축전지 접지케이블의 접속이 이완되었을 때
• 레귤레이터(전압조정기)가 고장 났을 때
• 발전기가 고장 났을 때
• 전장부품에서 전기사용량이 많을 때

답 : ③

31 예열플러그를 빼서 보았더니 심하게 오염되었을 때의 원인으로 가장 적합한 것은?

① 불완전 연소 또는 노킹
② 기관의 과열
③ 예열플러그의 용량과다
④ 냉각수 부족

예열플러그가 심하게 오염되는 경우는 불완전 연소 또는 노킹이 발생하였기 때문이다.

답 : ①

32 예열플러그의 고장이 발생하는 경우로 거리가 먼 것은?

① 엔진이 과열되었을 때
② 발전기의 발전전압이 낮을 때
③ 예열시간이 길었을 때
④ 정격이 아닌 예열플러그를 사용했을 때

예열플러그의 단선 원인
• 예열시간이 너무 길 때
• 기관이 과열된 상태에서 빈번한 예열
• 예열플러그를 규정토크로 조이지 않았을 때
• 정격이 아닌 예열플러그를 사용했을 때
• 규정 이상의 과대전류가 흐를 때

답 : ②

33 예열장치의 고장원인이 아닌 것은?

① 가열시간이 너무 길면 자체 발열에 의해 단선된다.
② 접지가 불량하면 전류의 흐름이 적어 발열이 충분하지 못하다.
③ 규정 이상의 전류가 흐르면 단선되는 고장의 원인이 된다.
④ 예열릴레이가 회로를 차단하면 예열플러그가 단선된다.

예열릴레이는 예열시킬 때에는 예열플러그로만 축전지 전류를 공급하고, 시동할 때에는 기동전동기로만 전류를 공급하는 부품이다.

답 : ④

34 기동전동기가 회전하지 않는 원인으로 틀린 것은?

① 배선과 스위치가 손상되었다.
② 기동전동기의 피니언이 손상되었다.
③ 배터리의 용량이 작다.
④ 기동전동기가 소손되었다.

기동전동기의 피니언이 손상되면 플라이휠 링 기어와의 물림이 불량해지며, 기동전동기는 회전한다.

답 : ②

35 기관에 사용되는 기동전동기가 회전이 안되거나 회전력이 약한 원인이 아닌 것은?

① 시동스위치의 접촉이 불량하다.
② 배터리 단자와 터미널의 접촉이 나쁘다.
③ 브러시가 정류자에 잘 밀착되어 있다.
④ 축전지 전압이 낮다.

답 : ③

36 기동전동기는 정상 회전하지만 피니언이 플라이휠 링 기어와 물리지 않을 경우 고장원인이 아닌 것은?

① 전동기축의 스플라인 섭동부분이 불량일 때
② 기동전동기의 클러치 피니언의 앞 끝이 마모되었을 때
③ 마그네틱 스위치의 플런저가 튀어나오는 위치가 틀릴 때
④ 정류자 상태가 불량할 때

정류자 상태가 불량하면 기동전동기가 원활하게 작동하지 못한다.

답 : ④

37 시동스위치를 시동(ST)위치로 했을 때 솔레노이드 스위치는 작동되나 기동전동기는 작동되지 않는 원인으로 틀린 것은?

① 축전지 방전으로 전류용량 부족
② 시동스위치 불량
③ 엔진내부 피스톤 고착
④ 기동전동기 브러시 손상

시동스위치를 시동위치로 했을 때 솔레노이드 스위치는 작동되나 기동전동기가 작동되지 않는 원인은 축전지 용량의 과다방전, 엔진내부 피스톤 고착, 전기자 코일 또는 계자코일의 개회로(단선) 등이다.

답 : ②

38 겨울철에 디젤엔진 기동전동기의 크랭킹 회전수가 저하되는 원인으로 틀린 것은?

① 엔진오일의 점도상승
② 온도에 의한 축전지의 용량감소
③ 점화스위치의 저항증가
④ 기온저하로 기동부하 증가

겨울철에 기동전동기 크랭킹 회전수가 낮아지는 원인은 엔진오일의 점도상승, 온도에 의한 축전지의 용량감소, 기온저하로 기동부하 증가 등이다.

답 : ③

39 지게차에서 난기운전을 할 때 리프트 레버로 포크를 올렸다가 내렸다 하고, 틸트레버를 작동시키는 목적으로 가장 알맞은 것은?

① 유압 실린더 내부의 녹을 제거하기 위해
② 오일여과기 내의 오물이나 금속 분말을 제거하기 위해
③ 유압유의 온도를 올리기 위해
④ 유압탱크 내의 공기빼기를 위해

난기운전을 할 때 리프트 레버로 포크를 올렸다가 내렸다 하고, 틸트레버를 작동시키는 목적은 유압유의 온도를 올리기 위함이다.

답 : ③

40 작업 전 지게차의 워밍업 운전 및 점검 사항으로 틀린 것은?

① 엔진 시동 후 5분간 저속운전을 실시한다.
② 엔진 시동 후 작동유의 온도가 정상범위 내에 도달하도록 고속으로 전·후진 주행을 2~3회 실시한다.
③ 리프트 레버를 사용하여 상승·하강운동을 전체 행정으로 2~3회 실시한다.
④ 틸트 레버를 사용하여 전체 행정으로 전후 경사운동을 2~3회 실시한다.

지게차의 난기운전(워밍업) 방법
• 엔진을 시동 후 5분 정도 공회전시킨다.
• 리프트 레버를 사용하여 포크의 상승·하강운동을 실린더 전체 행정으로 2~3회 실시한다.
• 포크를 지면으로부터 20cm 정도로 올린 후 틸트 레버를 사용하여 전체 행정으로 포크를 앞뒤로 2~3회 작동시킨다.

답 : ②

제3편

화물적재 및 하역작업

제1장 화물의 무게중심 확인

01 화물의 종류 및 무게중심

1 컨테이너(container)

컨테이너는 단위별 화물의 수송, 보관 등을 쉽게 할 수 있어 선정된 포장방법이다. ISO 6346에 따라 소유자와 연번 중량 등을 나타내는 표시가 문에 표시되어 있다.

2 팔레트

팔레트는 목재, 철제, 알루미늄, 플라스틱, 하드보드 등 화물의 사용목적에 따라 사용자가 선택하여 사용하는 포장방법으로 적재, 운반, 하역할 때 작업이 쉽도록 제작된다.

02 작업 장치 상태 점검

① 적재하고자 하는 화물의 바로 앞에 도달하면 안전한 속도로 감속한다.
② 화물 앞에 가까이 갔을 때에는 일단 정지하여 마스트를 수직으로 한다.
③ 포크의 간격(폭)은 컨테이너 및 팔레트 폭의 1/2 이상 3/4 이하 정도로 유지하여 적재하여야 한다.
④ 컨테이너, 팔레트, 스키드(skid)에 포크를 꽂아 넣을 때에는 지게차를 화물 방향으로 향하고, 포크의 삽입 위치를 확인한 후에 천천히 포크를 넣는다.
⑤ 단위포장 화물은 화물의 무게 중심에 따라 포크 폭을 조정하고 천천히 포크를 완전히 넣는다.
⑥ 지면으로부터 화물을 들어 올릴 때 작업 순서
- 일단 포크를 지면으로부터 5~10cm 들어 올린 후에 화물의 안정 상태와 포크에 대한 편하중이 없는지 등을 확인한다.
- 이상이 없음을 확인한 후에 마스트를 충분히 뒤로 기울이고, 포크를 지면으로부터 약 20~30cm의 높이를 유지한 상태에서 약간 후진을 하면서 브레이크 페달을 밟았을 때 화물의 내용물에 동하중이 발생되는지를 확인한다.
- 적재 후 마스트를 지면에 내려놓은 후 반드시 화물의 적재상태의 이상 유무를 확인한 후 포크를 지면으로부터 약 20~30cm의 높이를 유지한 상태로 주행한다.

03 화물의 결착

① 팔레트는 적재하는 화물의 중량에 따른 충분한 강도를 가지고 심한 손상이나 변형이 없는지를 확인하고 적재한다.
② 팔레트에 실려 있는 화물은 안전하고 확실하게 적재되어 있는지를 확인하며 불안정한 적재 또는 화물이 무너질 우려가 있는 경우에는 밧줄로 묶거나 그 밖의 안전조치를 한 후에 적재한다.

③ 단위화물의 바닥이 불균형 형태인 경우 포크와 화물의 사이에 고임목을 사용하여 안정시킬 수 있다.

④ 인양물이 불안정할 경우 슬링(sling) 와이어로프, 체인블록(chain block) 등 결착도구(공구)를 사용하여 지게차와 결착한다.

⑤ 결착할 때 화물의 형태에 따라 결착도구(공구)와 화물사이의 손상을 방지하기 위하여 보호대를 사용할 수 있다. 금속과 금속 간에 결착 시 중간에 목재 및 하드보드(hard board), 종이, 천 등을 사용하여 금속사이의 미끄러짐 방지 및 완충역할을 하도록 한다.

04 포크삽입 확인

① 지게차는 화물을 적재하였을 때 평형추(counter weight) 무게에 의하여 안정된 상태를 유지할 수 있도록 제작된 건설기계이며 아래와 같이 최대 하중 이하에서 적재하여야 한다.

② 지게차의 이상적인 적재 안전작업은 지게차의 임계하중 모멘트(forklift tipping load moment). 즉, 평형추가 장착된 뒷부분이 들리지 않는 상태로서 화물은 포크의 중심점 안쪽으로 작업하여 임계하중 모멘트 안에서 작업하는 것이 이상적인 안전작업이다.

③ 화물 A, B가 같은 무게라도 B 화물의 경우 받침점(fulcrum)을 기준으로 지게차의 앞쪽에 가해지는 임계하중이 증가한다.

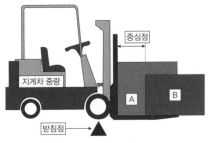

지게차 중심점

④ 마스트는 레일확장 방식으로 리프트 실린더가 확장되거나 수축되면 실린더 로드에 연결된 크로스바가 상하 작동되고 크로스바(cross bar)와 포크장착장치에 연결된 체인에 의하여 상하 작동되는 원리이므로 무게중심은 화물의 높이에 따라서 변동 폭이 증가하기 때문에 주의하여야 한다.

⑤ 표준 생산품(STD)은 2단 마스트이지만 고속작업을 위하여 3단 이상을 선택 구입하여 사용할 수 있다.

⑥ 마스트와 차체에 부착된 유압 실린더로 마스트를 숙이거나 뒤로 젖히어 포크의 각도를 변형하고 포크를 위 아래로 조절하여 작업을 수행한다.

⑦ 포크의 작업 장치

용도에 따라서 부착할 수 있으며 그 밖에 여러 형태의 많은 작업 장치가 있다

- 항만전용 컨테이너 작업용
- 벌크(bulk)용
- 자동하역용 버킷 용
- 작업대 등
- 고속작업용
- 철 자재전용
- 롤로 된 종이류 전용

제2장 화물 하역작업

하역장소를 답사하여 하역장소의 지반 및 주변 여건을 확인하여야 한다. 비포장인 경우 야적장에 지반이 견고한지 확인하고 불안정하면 작업관리자에게 통보하여 수정 후 하역장소에서 하역할 수 있도록 한다. 화물을 하역하는 경우에는 다음과 같은 순서로 한다.

① 하역하는 장소의 바로 앞에 오면 안전한 주행속도로 감속한다.

② 하역하는 장소의 앞에 접근하였을 때에는 일단 정지한다.

③ 하역하는 장소에 화물의 붕괴, 파손 등의 위험이 없는지 확인한다.

④ 마스트를 수직으로 하고 포크를 수평으로 한 후, 내려놓을 위치보다 약간 높은 위치까지 올린다.

⑤ 내려놓을 위치를 잘 확인한 후, 천천히 전진하여 예정된 위치에 내린다.

⑥ 천천히 후진하여 포크를 10~20cm 정도 빼내고, 다시 약간 들어 올려 안전하고 올바른 하역 위치까지 밀어 넣고 내려야 한다.

⑦ 팔레트 또는 스키드로부터 포크를 빼낼 때에도 넣을 때와 마찬가지로 접촉 또는 비틀리지 않도록 조작한다.

⑧ 하역하는 경우에 포크를 완전히 올린 상태에서는 마스트 앞뒤 작동을 거칠게 조작하지 않는다.

⑨ 하역하는 상태에서는 절대로 지게차에서 내리거나 이탈하여서는 안 된다.

⑩ 주행할 때 앞뒤 안정도는 4%, 좌우 안정도는 6% 이내이며 마스트는 앞뒤 작동이 5~12%이므로 마스트를 작동할 때 변동하중이 가산됨을 숙지하여야 한다.

마스트 앞뒤 기울임

출제 예상 문제

01 지게차의 작업을 쉽게 하기 위하여 사용하는 것은?

① 컨테이너 ② 스키드
③ 지브 ④ 널빤지

스키드(skid)는 팔레트와 함께 지게차 등에 화물을 운반할 때에 사용하는 기구이다.

답 : ②

02 지게차로 화물을 적하작업할 때 작업을 용이하게 하는 것은?

① 화물 밑에 고이는 상자
② 화물 밑에 고이는 판자
③ 화물 밑에 고이는 드럼통
④ 화물 밑에 고이는 팔레트

팔레트(pallet)는 지게차로 화물을 실어 나를 때 화물을 안정적으로 옮기기 위해 사용하는 구조물이다.

답 : ④

03 지게차의 안전작업에 관한 설명으로 틀린 것은?

① 정격용량을 초과하는 화물을 싣고 균형을 맞추려면 밸런스 웨이트(balance weight)에 사람을 태워야 한다.
② 부피가 큰 화물로 인하여 전방시야가 방해를 받을 경우에는 후진으로 운행한다.
③ 경사면에서 운행을 할 때에는 화물이 언덕 위를 향하도록 하고 후진한다.
④ 포크(fork) 끝 부분으로 화물을 올려서는 안 된다.

답 : ①

04 지게차 화물취급 작업 시 준수하여야 할 사항으로 틀린 것은?

① 화물 앞에서 일단 정지해야 한다.
② 지게차를 화물 쪽으로 반듯하게 향하고 포크가 팔레트를 마찰하지 않도록 주의한다.
③ 팔레트에 실려 있는 물체의 안전한 적재 여부를 확인한다.
④ 화물의 근처에 왔을 때에는 가속페달을 살짝 밟는다.

화물의 근처에 왔을 때에는 브레이크 페달을 가볍게 밟아 정지할 준비를 한다.

답 : ④

05 지게차의 화물취급 방법 중 설명이 틀린 것은?

① 지게차가 경사진 상태에서는 적하작업을 할 수 없다.
② 포크에 실린 화물을 내릴 때에는 마스트를 수직으로 하고 천천히 내린다.
③ 내리막길에서는 급제동을 자주하면서 천천히 내려간다.
④ 노면이 거친 곳에서는 천천히 운행한다.

답 : ③

06 지게차의 적재 방법으로 틀린 것은?

① 화물을 올릴 때에는 포크를 수평으로 한다.
② 화물이 무거우면 사람이나 중량물로 밸런스 웨이트를 삼는다.
③ 포크로 물건을 찌르거나 물건을 끌어서 올리지 않는다.
④ 적재할 장소에 도달했을 때 천천히 정지한다.

답 : ②

07 지게차의 화물적재 방법 설명 중 틀린 것은?

① 화물을 쌓을 장소에 도착하면 일단 정지한다.

② 마스트가 수직이 되게 틸트시키고 화물을 쌓을 위치보다 조금 높은 위치까지 포크를 상승시킨다.

③ 화물을 쌓을 위치를 잘 확인하고 나서 천천히 전진하여 예정된 위치에 화물을 내린다.

④ 화물을 정해진 위치에 정확히 쌓기 위해서는 포크에 사람을 태워서 작업하는 편이 좋다.

답 : ④

08 지게차의 하역작업 과정으로 맞는 것은?

① 마스트 틸트→포크 하강→화물 하역

② 마스트 틸트→포크 삽입→포크 상승

③ 포크 삽입→포크 상승→마스트 틸트

④ 포크 하강→마스트 틸트→화물 하역

하역작업 과정
포크 하강→마스트 틸트→화물 하역

답 : ④

09 지게차 하역작업 시 안전한 방법이 아닌 것은?

① 허용적재 하중을 초과하는 화물의 적재는 금한다.

② 가벼운 것은 위로, 무거운 것은 밑으로 적재한다.

③ 굴러갈 위험이 있는 물체는 고임목으로 고인다.

④ 무너질 위험이 있는 경우 화물 위에 사람이 올라간다.

답 : ④

10 지게차 하역작업에 관한 설명 중 틀린 것은?

① 운반하려는 화물 앞으로 가까이 오면 속도를 줄인다.

② 화물 앞에서 일단 정지한다.

③ 틸트 레버를 이용해 포크를 수평으로 한다.

④ 포크는 팔레트에 대해 항상 평행을 유지시킨다.

포크에 팔레트를 적재하였을 때에는 마스트를 뒤로 6° 기울인 상태로 주행하여야 한다.

답 : ④

11 지게차로 화물을 하역할 때의 방법으로 틀린 것은?

① 화물 앞에서 일단 정지한다.

② 포크가 팔레트를 긁거나 비비면서 들어가도록 한다.

③ 운반하려는 화물 앞으로 가까이 오면 속도를 줄인다.

④ 포크를 밀어 넣을 위치를 확인한 후 천천히 넣는다.

포크가 팔레트를 긁거나 비비면서 들어가도록 작업해서는 안 된다.

답 : ②

12 평탄한 노면에서의 지게차 하역작업 시 올바른 방법이 아닌 것은?

① 불안정한 적재의 경우에는 빠르게 작업을 진행시킨다.

② 포크를 삽입하고자 하는 곳과 평행하게 한다.

③ 팔레트에 실은 화물이 안정되고 확실하게 실려 있는지를 확인한다.

④ 화물 앞에서 정지한 후 마스트가 수직이 되도록 기울여야 한다.

답 : ①

13 지게차의 작업방법을 설명한 것 중 적당한 것은?

① 화물을 싣고 평지에서 주행할 때에는 브레이크 페달을 급격히 밟아도 된다.

② 화물을 싣고 비탈길을 내려올 때에는 후진하여 천천히 내려온다.

③ 자동변속기가 장착된 지게차는 전진 중에는 브레이크 페달을 밟지 않고, 후진을 시켜도 된다.

④ 비탈길을 오르내릴 때에는 마스트를 전면으로 기울인 상태에서 전진 운행한다.

포크에 화물을 싣고 비탈길을 내려올 때에는 천천히 후진으로 내려온다.

답 : ②

14 지게차 작업방법 중 틀린 것은?

① 경사길에서 내려올 때에는 후진으로 진행한다.

② 주행방향을 바꿀 때에는 완전정지 또는 저속에서 행한다.

③ 조향바퀴가 지면에서 5cm 이하로 떨어졌을 때에는 카운터 웨이트의 중량을 높인다.

④ 틸트는 화물이 백 레스트에 완전히 닿도록 하고 운행한다.

답 : ③

15 지게차 작업방법 중 틀린 것은?

① 옆 좌석에 다른 사람을 태워서는 안 되며, 포크는 엘리베이터용으로 사용할 수 있다.

② 젖은 손, 기름이 묻은 손, 구두를 신고서 작업을 해서는 안 된다.

③ 화물을 2단으로 적재 시 안전에 주의하여야 한다.

④ 마스트를 전방으로 기울이고 화물을 운반해서는 안 된다.

답 : ①

16 지게차에서 팔레트에 있는 화물을 작업할 때 주의할 사항이 아닌 것은?

① 포크를 팔레트 구멍에 평행하게 놓는다.

② 포크를 적당한 높이까지 올린다.

③ 포크를 올리기 전에 위쪽에 전선 등이 있는지 점검한다.

④ 마스트를 전방으로 기울이고 주행한다.

답 : ④

17 지게차로 적재작업을 할 때 유의사항으로 틀린 것은?

① 화물이 무너지거나 파손 등의 위험성 여부를 확인한다.

② 화물을 높이 들어 올려 아랫부분을 확인하며 천천히 출발한다.

③ 운반하려고 하는 화물 가까이로 가면 속도를 줄인다.

④ 화물 앞에서 일단 정지한다.

지게차로 적재작업을 할 때 화물을 높이 들어 올리고 운행하면 전복되기 쉽다.

답 : ②

18 지게차의 적재작업 방법 설명 중 틀린 것은?

① 화물을 올릴 때에는 포크가 수평이 되도록 한다.

② 화물을 올릴 때에는 가속페달을 밟는 동시에 리프트 레버를 조작한다.

③ 포크로 화물을 찌르거나 화물을 끌어 올리지 않는다.

④ 화물이 무거우면 사람이나 중량물로 밸런스 웨이트를 삼는다.

답 : ④

19 지게차 작업에 대한 설명으로 틀린 것은?

① 화물을 싣기 위해 마스트를 약간 전경
시키고 포크를 끼워 물건을 싣는다.

② 목적지에 도착 후 화물을 내리기 위해
틸트 실린더를 후경시켜 전진한다.

③ 틸트 레버는 앞으로 밀면 마스트가 앞
으로 기울고 포크도 앞으로 기운다.

④ 포크를 상승시킬 때는 리프트 레버를 뒤
쪽으로, 하강시킬 때는 앞쪽으로 민다.

목적지에 도착 후 화물을 내리기 위해 포크를 수평으
로 한 후 전진한다.

답 : ②

20 지게차 작업 시 안전수칙으로 틀린 것은?

① 포크를 이용하여 사람을 싣거나 들어
올리지 않아야 한다.

② 경사지를 오르거나 내려올 때는 급회
전을 금해야 한다.

③ 주차 시에는 포크를 완전히 지면에 내
려야 한다.

④ 화물을 적재하고 경사지를 내려갈 때
는 운전시야 확보를 위해 전진으로 운
행해야 한다.

답 : ④

제4편

화물운반 작업 및 운전시야 확보

01 전 · 후진 주행방법

1 주행자세

엔진을 시동한 후 난기운전이 완료되면 포크가 지면에서 약 20~30cm 정도가 되도록 리프트 레버를 뒤로 당긴 후 틸트 레버를 뒤로 당겨 마스트를 6°정도 기울인다.

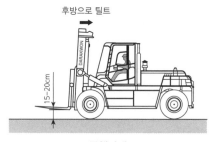

주행자세

2 전 · 후진 레버 조작 방법

① 전·후진 레버를 중립(N)위치에서 앞쪽으로 밀면 전진(F)이 선택되고, 뒤쪽으로 당기면 후진(R)이 선택되며, 전·후진레버를 앞뒤로 돌리면 주행속도를 1~3단으로 조정할 수 있다.

② 적재작업을 할 때에는 1~2단으로 한다.

③ 고속주행 중 전·후진 레버에 의한 급격한 감속은 피하고 브레이크 페달을 이용하여 감속한다.

④ 갑작스런 출발을 방지하기 위한 중립 잠금 장치가 장착되어 있다.

N위치 : 중립, D위치 : 주행

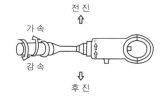

전 · 후진 레버

3 지게차 출발방법

① 안전띠와 안전모를 착용한다.

② 브레이크 페달을 밟고, 주차 브레이크를 해제한다.

③ 브레이크 페달을 밟은 상태에서 전·후진 레버를 전진 또는 후진의 위치로 한 후 브레이크 페달을 놓고 가속페달을 가볍게 밟으면서 출발한다.

지게차의 페달 위치

4 전 · 후진 전환 방법

① 지게차를 정지시킨 후 전·후진 전환을 한다.

② 전·후진레버를 전진 또는 후진의 원하는 위치로 전환한다.

③ 전·후진 전환을 할 때에는 전환방향의 안전을 확인한다.

④ 고속에서 전·후진방향의 전환을 피한다.

⑤ 전·후진레버를 앞으로 밀거나 뒤로 당김으로써 전진, 중립, 후진을 선택할 수 있다.

5 지게차의 선회 방법

① 조향핸들을 회전하고자 하는 방향으로 돌리면 지게차가 회전한다.

② 지게차는 조향실린더에 의해 좌·우로 각각 52°씩 회전한다.

③ 고속에서의 급회전 및 경사지에서의 회전을 피한다.

④ 주행 중 엔진의 가동이 정지하면 조향핸들이 움직이지 않으므로 전복 위험이 있다.

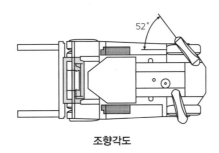

조향각도

6 주행 중 주의사항

① 주행 중 계기판의 경고등이 점등되면 지게차를 정지시킨 후 전·후진레버를 중립으로 하고 엔진을 공회전시킨 다음 정지시킨다.

② 작업 중 지게차에 부하가 급격히 떨어지면 지게차 주행속도가 빨라지므로 주의한다.

③ 울퉁불퉁한 길에서는 안전을 고려하여 저속으로 주행한다.

④ 30분 이상 연속으로 주행하지 않는다.

⑤ 30분 이상 주행을 할 때에는 10분 동안 정차상태에서 휴식을 취한다. 과도한 연속주행은 브레이크 및 타이어 발열을 유발하여 해당 부품의 내구 수명을 단축할 수 있다.

02 화물운반 작업

1 신호수를 배치하여야 하는 경우

① 건설기계로 작업할 때 근로자에게 위험이 미칠 우려가 있는 경우에 배치한다.

② 작업 중인 건설기계에 접촉되어 근로자가 부딪칠 위험이 있는 장소에 배치한다.

③ 지반의 부동침하 및 갓길 붕괴 위험이 있을 경우에 배치한다.

④ 근로자를 출입시키는 경우에 배치한다.

> **POINT**
>
> **신호수**
> • 신호수는 교육을 통해 일정한 신호방법을 정해 신호하도록 하여야 한다.
> • 조종사는 신호수의 신호에 따라야 한다.

2 신호수와 운전자 사이의 수신호 방법

① 작업장 내 신호방법은 지게차 사용자 지침서에 의하나 모든 건설기계 신호지침과 거의 동일하다.

② 건설기계의 운전신호는 작업장의 책임자가 지명한 사람 이외에는 하여서는 아니 된다.

③ 신호수는 지게차 조종사와 긴밀한 연락을 취하여야 한다.

④ 신호수는 1인으로 하여 수신호, 경적 등을 정확하게 사용하여야 한다.

⑤ 신호수의 부근에 혼동되기 쉬운 경적, 음성, 동작 등이 있어서는 안 된다.

⑥ 신호수는 운전자의 중간 시야가 차단되지 않는 위치에 항상 있어야 한다.

⑦ 신호수는 장비의 성능, 작동 등을 충분히 이해하고 비상 시에는 응급처치가 가능하도록 항시 현장의 상황을 확인하여야 한다.

3 출입구 확인

① 차폭과 입구의 폭을 확인하도록 한다.

② 부득이 포크를 올려서 출입하는 경우에는 출입구 높이에 주의한다.

③ 얼굴 및 손이나 발을 차체 밖으로 내밀지 않도록 한다.

④ 반드시 주위의 안전 상태를 확인한 후 출입하여야 한다.

제2장 운전시야 확보

01 운전시야 확보

1 제한속도 준수규칙

① 주행은 제한속도 내에서 현장여건에 맞추어야 하며 화물의 종류와 지면의 상태에 따라서 조종사가 반드시 준수하여야 할 사항이다.

② 일반도로를 주행할 때에는 통행 제한구역 및 시간이 있으므로 관련법규를 준수하여야 이동이 가능하므로 목적지까지 이동가능 여부가 사전에 확인되어야 한다.

2 안전경고 표시

① 운행통로를 확인하여 장애물을 제거하고 주행 동선을 확인한다.

② 작업장 내 안전표지판은 목적에 맞는 표지판이 정 위치에 설치되었는지 확인한다.

③ 지게차는 조종사 앞쪽에서 화물적재 작업이 주목적이기 때문에 적재 후 이동할 때 통로의 확인 및 하역할 때 하역장소에 대한 사전답사가 요구되며 반드시 신호수의 지시에 따라 작업이 진행되는 방법을 사전에 숙지한다.

3 신호수의 도움으로 동선 확보

① 신호수와는 맞대면으로 항시 통하여야 한다.

② 차량에 적재를 할 때에는 차량 운전자 입회하에 작업을 진행하여야 한다.

④ 지게차 화물은 전방작업이므로 시야가 확보되지 않은 작업 상태에서는 신호수를 요구하여 충돌과 낙하 사고를 예방하여야 한다.

02 지게차 및 주변상태 확인

1 운전 중 작업 장치 성능확인 및 이상소음

(1) 동력전달장치 소음상태 이해

자동변속기의 경우 전·후진레버를 작동할 때 덜컹거리는지 확인 후, 이상소음 없이 주행하는지 확인한다.

(2) 조향장치

조향핸들의 허용 유격이 정상인지 상하좌우 및 앞뒤로 덜컹거리는지 확인한다.

(3) 주차 브레이크

주차 브레이크 레버를 완전히 당긴 상태에서 여유를 확인하고 평탄한 노면에서 저속으로 주행할 때 레버 작동으로 브레이크 작동상태 및 소음발생 여부를 확인한다.

(4) 주행 브레이크

브레이크 페달의 여유 및 페달을 밟았을 때 페달과 바닥판의 간격 유무를 확인한다.

(5) 작업 장치의 소음상태 판단

① 마스트 고정 핀(foot pin) 및 부싱상태를 확인한다.

② 가이드 및 롤러 베어링 작동상태를 확인한다.

③ 리프트 실린더 및 연결핀, 부싱상태를 확인한다.

④ 브래킷 및 연결부분 상태를 확인한다.

⑤ 리프트 체인 마모 및 좌우 균형상태를 확인한다.

⑥ 마스트를 올림상태에서 정지시켰을 때 자체하강이 없는지 확인(실린더 내 피스톤 실 누유상태)한다.

(6) 포크 이송장치 소음상태 판단

① 유압 실린더 고정핀, 부싱의 정상적인 연결상태를 확인한다.

② 유압호스 연결 및 고정상태를 확인한다.

③ 구조물의 손상 및 외관상태를 확인한다.

④ 가이드 및 롤러 베어링 작동상태를 확인한다.

⑤ 포크 이동 및 각 부분 주유상태를 확인한다.

(7) 작동장치 이상소음 확인

① 마스트를 최대한 올리고 내리는 것을 2~3회 반복하여 이상소음을 확인한다.

② 마스트를 앞뒤로 2~3회 반복 조종하여 이상소음을 확인한다.

③ 포크 폭을 2~3회 반복 조종하여 이상소음을 확인한다.

(8) 후각(냄새)에 의한 판단

① 주행 중 냄새로 이상 유무를 확인할 수 있다.

② 엔진 과열로 엔진오일 타는 냄새가 나는지 확인한다.

③ 브레이크 라이닝 타는 냄새가 나는지 확인한다.

④ 유압유의 과열로 인한 냄새가 나는지 확인한다.

⑤ 각종 구동 부위의 베어링 타는 냄새가 나는지 확인한다.

(9) 포크의 이상 유무 확인방법

작업 전 포크를 육안으로 검사할 때 균열 의심이 발생되면 형광 탐색 검사를 하여 대형사고 예방을 하여야 하므로 관리자에게 통보한다.

(10) 위험요소에 관한 판단

냄새가 감지되었을 때는 열에 의한 이상 상태로 화재발생의 소지가 있으므로 소화기 위치 및 정상 충전 상태를 확인하여야 한다(화재초기 진압이 목적임).

2 운전 중 장치별 누유·누수 점검

① 기관오일 누유 여부를 확인한다.

② 기관 냉각수 누수 여부를 확인한다.

③ 유압유의 누유 여부를 확인한다.

④ 하체 구성부품의 누유 여부를 확인한다.

출제 예상 문제

01 지게차의 운전 및 작업 장치를 조작하는 동작의 설명으로 틀린 것은?

① 전·후진 레버를 앞으로 밀면 후진이 된다.
② 틸트 레버를 뒤로 당기면 마스트는 뒤로 기운다.
③ 리프트 레버를 앞으로 밀면 포크가 내려간다.
④ 전·후진 레버를 뒤로 당기면 후진이 된다.

답 : ①

02 자동변속기가 장착된 지게차를 운행을 위해 출발하고자 할 때의 방법으로 옳은 것은?

① 클러치 페달을 밟고 전·후진 레버를 전진이나 후진으로 선택한다.
② 브레이크 페달을 밟고 전·후진 레버를 전진이나 후진으로 선택한다.
③ 인칭조절 페달을 밟고 전·후진 레버를 전진이나 후진으로 선택한다.
④ 브레이크 페달을 조작할 필요 없이 가속페달을 서서히 밟는다.

답 : ②

03 지게차 포크에 화물을 적재하고 주행할 때의 주의사항으로 틀린 것은?

① 전방시야가 확보되지 않을 때는 후진으로 진행하면서 경적을 울리며 천천히 주행한다.
② 포크나 카운터 웨이트 등에 사람을 태우고 주행해서는 안 된다.
③ 급한 고갯길을 내려갈 때는 전·후진 레버를 중립에 두거나 엔진의 시동을 끄고 타력으로 내려간다.
④ 험한 땅, 좁은 통로, 고갯길 등에서는 급발진, 급제동, 급선회하지 않는다.

화물을 적재하고 급한 고갯길을 내려갈 때는 전·후진 레버를 저속으로 하고 후진으로 천천히 내려가야 한다.

답 : ③

04 지게차 주행 시 주의해야 할 사항 중 틀린 것은?

① 포크에 사람을 태워서는 안 된다.
② 포크의 끝은 밖으로 경사지게 한다.
③ 포크에 화물을 싣고 주행할 때는 절대로 속도를 내서는 안 된다.
④ 노면상태에 따라 충분한 주의를 하여야 한다.

포크 끝은 안으로 경사지게 한다.

답 : ②

05 지게차를 운전할 때 유의사항으로 틀린 것은?

① 후방시야 확보를 위해 뒤쪽에 사람을 탑승시켜야 한다.
② 화물이 높아 전방시야가 가릴 때에는 후진하여 운전한다.
③ 주행을 할 때에는 포크를 가능한 낮게 내려 주행한다.
④ 포크 간격은 화물에 맞게 수시로 조정한다.

답 : ①

06 지게차 운행에 대한 설명으로 옳지 않은 것은?

① 지게차에서 내려올 때에는 엔진의 시동을 끈다.
② 경사진 곳에 주차 시에는 주차 브레이크를 잠그고 타이어에 고임목을 설치한다.
③ 부서지기 쉬운 곳, 위험한 물건이 있는 근처에서 작업을 할 때에는 주의한다.
④ 좁은 도로나 플랫폼에서 작업 시에는 가장자리로 운행한다.

답 : ④

07 지게차 운전 시 유의사항으로 적합하지 않은 것은?

① 내리막길에서는 급회전을 하지 않는다.
② 면허소지자 이외는 운전하지 못하도록 한다.
③ 화물적재 후 최고속 주행을 하여 작업 능률을 높인다.
④ 운전석에는 운전자 이외는 승차하지 않는다.

포크에 화물을 싣고 운행할 때에는 저속으로 주행하여야 한다.

답 : ③

08 지게차를 운행할 때 주의사항으로 틀린 것은?

① 내리막길에서는 브레이크 페달을 밟으면서 서서히 주행한다.
② 포크에 화물적재 시에는 최고 속도로 주행한다.
③ 급유 중은 물론 운전 중에도 화기를 가까이 하지 않는다.
④ 포크에 화물적재 시 급제동을 하지 않는다.

답 : ②

09 지게차 운행사항으로 틀린 것은?

① 틸트는 화물이 백 레스트에 완전히 닿도록 한 후 운행한다.
② 주행 중 노면상태에 주의하고 노면이 고르지 않은 곳에서는 천천히 운행한다.
③ 지게차의 중량제한은 필요에 따라 무시해도 된다.
④ 내리막길에서 급회전을 삼가한다.

허용하중을 초과한 상태로 운행해서는 안 된다.

답 : ③

10 지게차에서 운행할 때 지켜야 할 안전수칙으로 틀린 것은?

① 이동 시는 포크를 반드시 지상에서 높이 들고 이동할 것
② 전진에서 후진변속 시는 지게차가 정지된 상태에서 행할 것
③ 주·정차 시는 반드시 주차 브레이크를 작동시킬 것
④ 후진 시는 반드시 뒤를 살필 것

주행을 할 때에는 포크를 지면으로부터 20~30cm 정도로 조정한 후 주행한다.

답 : ①

11 지게차 운전 시 주의사항으로 틀린 것은?

① 포크에 화물적재 시에는 저속으로 주행한다.
② 사람을 옆에 태우고 운행하면 교통상황을 잘 알 수 있다.
③ 포크에 화물적재 시 전방이 안보이면 후진한다.
④ 바닥의 견고성을 확인한 후 주행한다.

답 : ②

12 지게차 운행에 대한 안전사항 중 맞지 않는 것은?

① 전방시야가 불투명해도 작업 보조자를 승차시키지 않는다.
② 주행방향(전·후진)을 바꿀 때에는 저속위치에 한다.
③ 지게차를 주차할 때에는 포크를 내려 지면에 닿도록 한다.
④ 시야가 제한된 장소에서는 앞지르기를 하지 않는다.

답 : ②

13 지게차 주행 시 주의사항이다. 틀린 것은?

① 화물을 포크에 적재하고 주행할 때에는 절대로 가속해서는 안 된다.
② 부피가 큰 화물을 포크에 적재한 상태로 주행 시에는 전방시야가 좋지 않으므로 전후·좌우에 충분히 주의한다.
③ 화물을 포크에 적재한 상태로 도로주행 시에는 포크 끝부분이 돌출된 상태로 주행하는 편이 좋다.
④ 들어 올려진 화물 밑에 사람이 들어가게 해서는 안 된다.

답 : ③

14 지게차 운행 시 주의사항 중 틀린 것은?

① 포크에는 사람을 태우거나 들어 올리지 말아야 한다.
② 화물을 싣고 경사지를 내려갈 때에는 시야 확보를 위해 전진으로 운행해야 한다.
③ 경사지를 오르거나 내려올 때에는 급회전은 금해야 한다.
④ 주차시킬 때에는 포크를 완전히 지면에 내려놓아야 한다.

답 : ②

15 지게차 운행 시 주의할 점이 아닌 것은?

① 한눈을 팔면서 운행을 하지 말 것
② 큰 화물로 인해 전방시야가 방해를 받을 때에는 후진으로 운행한다.
③ 포크 끝 부분으로 화물을 들어 올리지 않는다.
④ 높은 장소에서 작업 시 포크에 사람을 승차시켜서 작업을 한다.

답 : ④

16 지게차 운행에 관한 설명으로 옳지 않은 것은?

① 지게차가 경사진 상태에서는 적하작업을 금한다.
② 주행 중 반드시 노면상태에 주의하고 노면이 거친 곳에서는 천천히 운행을 한다.
③ 내리막길에서 급회전은 금한다.
④ 지게차의 중량제한은 필요에 따라 무시해도 상관없다.

답 : ④

17 지게차 운행 시 주의할 점이 아닌 것은?

① 험한 지면, 좁은 통로, 고갯길 등에서의 급발진, 급제동, 급선회를 해서는 안 된다.

② 전방시야가 가릴 때에는 후진으로 경음기를 울리면서 천천히 주행한다.

③ 급한 고갯길을 내려갈 때에는 전·후진 레버를 중립에 두거나 엔진의 시동을 끄고 타력으로 내려간다.

④ 포크, 팔레트, 카운터 웨이트 등에는 사람을 태우고 운행해서는 안 된다.

답 : ③

18 지게차 운전에서 가장 주의해야 할 사항과 관계가 먼 것은?

① 급선회에 의한 힘의 쏠림

② 급제동에 의한 힘의 쏠림

③ 언덕을 오르고 내려올 때의 하중 위치

④ 구동바퀴의 마모상태

답 : ④

19 지게차로 급한 고갯길을 내려갈 때 운전방법으로 올바른 것은?

① 전·후진 레버를 중립위치에 놓는다.

② 후진으로 저속 운행을 한다.

③ 엔진시동을 끄고 타력으로 주행한다.

④ 전진으로 고속 운행을 한다.

답 : ②

20 지게차에 화물을 싣고 창고나 공장을 출입할 때의 주의사항 중 틀린 것은?

① 주위 장애물 상태를 확인 후 이상이 없을 때 출입한다.

② 화물이 출입구 높이에 닿지 않도록 주의한다.

③ 팔이나 몸을 차체 밖으로 내밀지 않는다.

④ 차폭이나 출입구의 폭은 확인할 필요가 없다.

화물을 싣고 창고나 공장을 출입할 때 차폭이나 출입구의 폭을 반드시 확인하여야 한다.

답 : ④

제5편

작업 후 점검

제1장 안전주차

① 전·후진레버를 중립위치에 둔다.
② 포크를 지면에 완전히 내린다.
③ 포크의 끝부분이 지면에 닿도록 마스트를 앞쪽으로 적절히 기울인다.
④ 시동키를 OFF로 하여 엔진의 가동을 정지시킨다.
⑤ 주차 브레이크를 작동시키고 시동키는 빼둔다.
⑥ 내리막길에 전진주행 위치로 주차한 경우에는 앞바퀴 앞쪽에, 후진 주행 위치로 주차한 경우에는 뒷바퀴 뒤쪽에 고임목을 고인다.

제2장 연료 상태 점검

1 연료를 주입할 때 주의사항

① 연료를 채우는 동안 폭발성 가스가 존재할 수도 있으므로 담배를 피우거나 불꽃을 일으켜서는 안 된다.
② 지게차의 급유는 지정된 안전한 장소에서만 한다.
③ 급유 중에는 기관의 가동을 정지하고 지게차에서 하차한다.
④ 연료보유량이 부족한 상태로 작업을 해서는 안 된다. 연료탱크 내의 침전물이나 불순물이 연료계통으로 흡수되어 들어갈 수 있기 때문이다.

2 연료주입 방법

① 지게차를 지정된 안정한 장소에 주차한다.
② 전·후진 레버를 중립에 두고 포크를 지면까지 내린다.
③ 주차 브레이크를 채우고 기관의 가동을 정지한다.
④ 연료탱크 주입구 캡(필러 캡)을 연다.
⑤ 연료탱크를 서서히 채운 다음 연료탱크 주입구 캡(필러 캡)을 닫고 연료가 넘쳤으면 닦아내고 흡수제로 깨끗이 정리한다.

출제 예상 문제

01 지게차의 유압탱크 내의 유량을 점검하는 방법 중 올바른 것은?

① 포크를 지면에 내려놓고 점검한다.
② 엔진을 저속으로 하고 주행하면서 점검한다.
③ 포크를 최대로 높인 후 점검한다.
④ 포크를 중간위치로 올린 후 점검한다.

답 : ①

02 지게차를 주차하고자 할 때 포크는 어떤 상태로 하면 안전한가?

① 평지에 주차하면 포크의 위치는 상관없다.
② 평지에 주차하고 포크는 지면에 접하도록 내려놓는다.
③ 앞으로 3°정도 경사지에 주차하고 마스트 전경각을 최대로 포크는 지면에 접하도록 내려놓는다.
④ 평지에 주차하고 포크는 녹이 발생하는 것을 방지하기 위하여 10cm 정도 들어 놓는다.

지게차를 주차시킬 때에는 포크의 선단이 지면에 닿도록 내린 후 마스트를 전방으로 약간 경사시킨다.

답 : ②

03 지게차 주차 시 취해야 할 안전조치로 틀린 것은?

① 엔진 시동을 정지시키고 주차 브레이크를 잡아당겨 주차상태를 유지시킨다.
② 포크의 선단이 지면에 닿도록 마스트를 전방으로 약간 경사시킨다.
③ 포크를 지면에서 20cm 정도 높이에 고정시킨다.
④ 시동스위치의 키를 빼내어 보관한다.

답 : ③

04 지게차의 주차 및 정차에 대한 안전사항으로 맞지 않는 것은?

① 마스트를 전방으로 틸트하고 포크를 지면에 내려놓는다.
② 주·정차 후에는 항상 지게차에 시동스위치의 키를 꽂아놓는다.
③ 시동스위치의 키를 OFF에 놓고 주차 브레이크를 잠근다.
④ 막힌 통로나 비상구에는 주차를 하지 않는다.

답 : ②

05 지게차 주차 시 주의사항으로 적당하지 않은 것은?

① 주차 브레이크를 풀어 놓는다.
② 포크의 선단이 지면에 닿도록 마스트를 전방으로 경사시킨다.
③ 포크를 지면에 내린다.
④ 시동스위치의 키를 빼놓는다.

답 : ①

06 연료취급에 대한 설명으로 옳지 않은 것은?

① 정기적으로 드레인콕을 열어 연료탱크 내의 수분을 제거한다.
② 연료주입 시 물이나 먼지 등의 불순물이 혼합되지 않도록 주의한다.
③ 연료주입은 운전 중에 하는 것이 효과적이다.
④ 연료를 취급할 때에는 화기에 주의한다.

연료주입은 작업 후에 하는 것이 효과적이다.

답 : ③

07 지게차 작업 후 연료탱크에 연료를 가득 채워주는 목적과 관계없는 것은?

① 다음(내일)의 작업을 준비하기 위함이다.
② 연료의 압력을 높이기 위함이다.
③ 연료의 기포를 방지하기 위함이다.
④ 연료탱크에 수분이 생기는 것을 방지하기 위함이다.

답 : ②

08 디젤기관의 연료계통에서 응축수가 생기면 시동이 어렵게 된다. 이 응축수는 어느 계절에 주로 발생하는가?

① 겨울   ② 봄
③ 여름   ④ 가을

연료계통의 응축수는 주로 겨울에 가장 많이 발생한다.

답 : ①

09 지게차 운전자가 연료탱크의 배출 콕을 열었다가 잠그는 작업을 하고 있다면, 무엇을 배출하기 위한 작업인가?

① 공기를 배출하기 위한 작업이다.
② 수분과 오물을 배출하기 위한 작업이다.
③ 기관오일을 배출하기 위한 작업이다.
④ 유압오일을 배출하기 위한 작업이다.

연료탱크의 배출 콕(드레인 플러그)을 열었다가 잠그는 것은 수분과 오물을 배출하기 위함이다.

답 : ②

제6편

도로주행 및
건설기계관리법

01　도로교통법의 목적

도로에서 일어나는 교통상의 모든 위험과 장해를 방지하고 제거하여 안전하고 원활한 교통을 확보함을 목적으로 한다.

02　안전표지의 종류

안전표지의 종류에는 주의표지, 규제표지, 지시표지, 보조표지, 노면표시 등이 있다.

[주의표지]

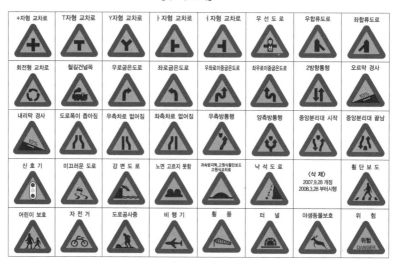

[규제표지]

[지시표지]

03 이상 기후일 경우의 운행속도

도로상태	감속운행속도
• 비가 내려 노면에 습기가 있는 때 • 눈이 20mm 미만 쌓인 때	최고 속도의 20/100
• 폭우·폭설·안개 등으로 가시거리가 100m 이내인 때 • 노면이 얼어붙을 때 • 눈이 20mm 이상 쌓인 때	최고 속도의 50/100

04 앞지르기 금지장소

교차로, 도로의 구부러진 곳, 비탈길의 고갯마루 부근, 가파른 비탈길의 내리막, 터널 안, 다리 위 등이다.

05 주차 및 정차 금지장소

① 화재경보기로부터 3m 이내의 곳
② 교차로의 가장자리 또는 도로의 모퉁이로부터 5m 이내의 곳
③ 횡단보도로부터 10m 이내의 곳
④ 버스여객 자동차의 정류소를 표시하는 기둥이나 판 또는 선이 설치된 곳으로부터 10m 이내의 곳
⑤ 건널목의 가장자리로부터 10m 이내의 곳
⑥ 안전지대가 설치된 도로에서 그 안전지대의 사방으로부터 각각 10m 이내의 곳

06 교통사고 발생 후 벌점

① 사망 1명마다 90점(사고발생으로부터 72시간 내에 사망한 때)
② 중상 1명마다 15점(3주 이상의 치료를 요하는 의사의 진단이 있는 사고)
③ 경상 1명마다 5점(3주 미만 5일 이상의 치료를 요하는 의사의 진단이 있는 사고)
④ 부상신고 1명마다 2점(5일 미만의 치료를 요하는 의사의 진단이 있는 사고)

제2장 안전운전 준수

01 차량사이의 안전거리 확보

① 모든 차의 운전자는 같은 방향으로 가고 있는 앞차의 뒤를 따르는 때에는 앞차가 갑자기 정지하게 되는 경우 그 앞차와의 충돌을 피할 수 있는 필요한 거리를 확보하여야 한다.
② 모든 차의 운전자는 차의 진로를 변경하고자 하는 경우에 그 변경하고자 하는 방향으로 오고 있는 다른 차의 정상적인 통행에 장애를 줄 우려가 있는 때에는 진로를 변경하여서는 아니 된다.
③ 모든 차의 운전자는 위험 방지를 위한 경우와 그 밖의 부득이한 경우가 아니면 운전하는 차를 갑자기 정지시키거나 속도를 줄이는 등의 급제동을 하여서는 아니 된다.

02 철길건널목 통과방법

1 철길건널목 통과방법

① 건널목 앞에서는 일시정지하여 안전을 확인한 후 통과하여야 한다.
② 신호등이 표시하는 신호에 따르는 경우에는 정지하지 않고 통과할 수 있다.
③ 차단기가 내려져 있거나 내려지려고 할 때 또는 건널목의 경보기가 울리고 있는 동안에는 그 건널목으로 들어가서는 아니 된다.

2 철길건널목에서 차량이 고장 났을 때 조치사항

① 즉시 승객을 대피시키고 비상 신호기를 이용하거나 그 밖의 방법으로 철도 공무원 또는 경찰 공무원에게 알린다.
② 차량을 건널목 이외의 장소로 이동시킨다.

03 도로를 주행할 때 보행자 보호 및 양보운전

① 보행자는 보도와 차도가 구분된 도로에서는 보도로 통행하고, 그 구분이 없는 도로에서는 도로의 좌측 또는 길 가장자리 구역으로 통행하여야 한다. 다만, 도로를 횡단하는 경우, 도로공사 등으로 보도의 통행이 금지된 경우나 그 밖의 부득이한 경우는 그러하지 아니하다.

② 보행자를 위한 보호운전을 한다.

③ 교통정리가 없는 교차로에서의 양보운전을 한다.

④ 서행하여야 하는 장소
- 교통정리가 행하여지고 있지 아니하는 교차로
- 도로가 구부러진 부근, 비탈길의 고갯마루 부근, 가파른 비탈길의 내리막
- 지방경찰청장이 안전표지에 의하여 지정한 곳

⑤ 일시정지하여야 할 장소
- 교통정리가 행하여지고 있지 아니하고 좌우를 확인할 수 없거나 교통이 빈번한 교차로
- 지방경찰청장이 안전표지에 의하여 지정한 곳

⑥ 안전거리 확보
- 앞차의 뒤를 따르는 때에는 앞차가 갑자기 정지하게 되는 경우 앞차와의 충돌을 피할 수 있는 필요한 거리를 확보하여야 한다.
- 차의 진로를 변경하고자 하는 경우에 다른 차의 정상적인 통행에 장애를 줄 우려가 있는 때에는 진로를 변경하여서는 아니 된다.
- 운전하는 차를 갑자기 정지시키거나 속도를 줄이는 등의 급제동을 하여서는 아니 된다.

04 노면의 장애물 확인 및 안전표지 준수하여 안전운전

① 물이 고인 곳을 운행하는 때에는 고인 물을 튀게 하여 다른 사람에게 피해를 주는 일이 없도록 해야 한다.

② 도로에 자동차 등을 세워둔 채로 시비·다툼 등의 행위를 함으로써 다른 차마(車馬)의 통행을 방해하지 말아야 한다.

③ 운전자가 운전석으로부터 떠나는 때에는 원동기의 발동을 끄고 제동장치를 철저하게 하는 등 차의 정지상태를 안전하게 유지하고 다른 사람이 함부로 운전하지 못하도록 필요한 조치를 해야 한다.

④ 운전자는 정당한 사유 없이 다른 사람에게 피해를 주는 소음을 발생시키지 말아야 한다.

⑤ 운전자는 자동차 등의 운전 중에는 휴대용 전화(자동차용 전화를 포함한다)를 해서는 안 된다.

⑥ 운전자는 자동차의 화물 적재함에 사람을 태우고 운행해서는 안 된다.

⑦ 운전자는 자동차를 운전하는 때에는 좌석 안전띠를 매어야 하며, 그 옆 좌석의 승차자에게도 좌석 안전띠(유아인 경우에는 유아 보호용 장구를 장착한 후의 좌석 안전띠)를 매도록 하여야 한다.

01 도로교통법의 제정목적을 바르게 나타낸 것은?

① 도로 운송사업의 발전과 운전자들의 권익보호
② 도로상의 교통사고로 인한 신속한 피해회복과 편익증진
③ 건설기계의 제작, 등록, 판매, 관리 등의 안전확보
④ 도로에서 일어나는 교통상의 모든 위험과 장해를 방지하고 제거하여 안전하고 원활한 교통을 확보

도로교통법의 제정목적
도로에서 일어나는 교통상의 모든 위험과 장해를 방지하고 제거하여 안전하고 원활한 교통을 확보함을 목적으로 한다.

답 : ④

02 도로교통법상 도로에 해당되지 않는 것은?

① 해상도로법에 의한 항로
② 차마의 통행을 위한 도로
③ 유료도로법에 의한 유료도로
④ 도로법에 의한 도로

도로교통법상의 도로
• 도로법에 따른 도로
• 유료도로법에 따른 유료도로
• 농어촌도로 정비법에 따른 농어촌도로
• 그 밖에 현실적으로 불특정 다수의 사람 또는 차마가 통행할 수 있도록 공개된 장소로서 안전하고 원활한 교통을 확보할 필요가 있는 장소

답 : ①

03 자동차전용도로의 정의로 가장 적합한 것은?

① 자동차만 다닐 수 있도록 설치된 도로
② 보도와 차도의 구분이 없는 도로
③ 보도와 차도의 구분이 있는 도로
④ 자동차 고속주행의 교통에만 이용되는 도로

답 : ①

04 도로교통법에서 안전지대의 정의에 관한 설명으로 옳은 것은?

① 버스정류장 표지가 있는 장소
② 자동차가 주차할 수 있도록 설치된 장소
③ 도로를 횡단하는 보행자나 통행하는 차마의 안전을 위하여 안전표지 등으로 표시된 도로의 부분
④ 사고가 잦은 장소에 보행자의 안전을 위하여 설치한 장소

안전지대라 함은 도로를 횡단하는 보행자나 통행하는 차마의 안전을 위하여 안전표지 등으로 표시된 도로의 부분이다.

답 : ③

05 도로교통법상 지게차를 운전하여 도로를 주행할 때 서행에 대한 정의로 옳은 것은?

① 매시 60km 미만의 속도로 주행하는 것을 말한다.
② 운전자가 차를 즉시 정지시킬 수 있는 느린 속도로 진행하는 것을 말한다.
③ 정지거리 10m 이내에서 정지할 수 있는 경우를 말한다.
④ 매시 20km 이내로 주행하는 것을 말한다.

서행이란 운전자가 위험을 느끼고 즉시 차를 정지할 수 있는 느린 속도로 진행하는 것이다.

답 : ②

06 도로교통법상 정차의 정의에 해당하는 것은?

① 차가 10분을 초과하여 정지
② 운전자가 5분을 초과하지 않고 차를 정지시키는 것으로 주차 외의 정지상태
③ 차가 화물을 싣기 위하여 계속 정지
④ 운전자가 식사하기 위하여 차고에 세워둔 것

정차란 운전자가 5분을 초과하지 아니하고 차를 정지시키는 것으로서 주차 외의 정지상태이다.

답 : ②

07 도로교통법상 앞차와의 안전거리에 대한 설명으로 가장 적합한 것은?

① 일반적으로 5m 이상이다.
② 5~10m 정도이다.
③ 평균 30m 이상이다.
④ 앞차가 갑자기 정지할 경우 충돌을 피할 수 있는 거리이다.

안전거리란 앞차가 갑자기 정지할 경우 충돌을 피할 수 있는 거리이다.

답 : ④

08 도로교통법령상 교통안전표지의 종류를 올바르게 나열한 것은?

① 교통안전표지는 주의·규제·지시·안내·교통표지로 되어있다.
② 교통안전표지는 주의·규제·지시·보조·노면표시로 되어있다.
③ 교통안전표지는 주의·규제·지시·안내·보조표지로 되어있다.
④ 교통안전표지는 주의·규제·안내·보조·통행표지로 되어있다.

교통안전표지의 종류
주의표지, 규제표지, 지시표지, 보조표지, 노면표시

답 : ②

09 그림과 같은 교통안전표지의 뜻은?

① 좌합류도로가 있음을 알리는 것
② 좌로 굽은 도로가 있음을 알리는 것
③ 우합류도로가 있음을 알리는 것
④ 철길건널목이 있음을 알리는 것

답 : ③

10 그림과 같은 교통안전표지의 뜻은?

① 좌합류 도로가 있음을 알리는 것
② 철길건널목이 있음을 알리는 것
③ 회전형 교차로가 있음을 알리는 것
④ 좌로 계속 굽은 도로가 있음을 알리는 것

답 : ③

11 그림의 교통안전표지로 맞는 것은?

① 우로 이중 굽은 도로
② 좌우로 이중 굽은 도로
③ 좌로 굽은 도로
④ 회전형 교차로

답 : ②

12 교통안전표지는 무엇을 의미하는가?

① 차 중량제한 표지
② 차 높이제한 표지
③ 차 적재량 제한 표지
④ 차 폭 제한 표지

답 : ①

13 그림의 교통안전표지는 무엇인가?

① 차간거리 최저 50m이다.
② 차간거리 최고 50m이다.
③ 최저 속도제한 표지이다.
④ 최고 속도제한 표지이다.

답 : ④

14 교통안전표지에 대한 설명으로 맞는 것은?

① 최고 중량제한 표시
② 차간거리 최저 30m 제한 표지
③ 최고 시속 30킬로미터 속도제한 표시
④ 최저 시속 30킬로미터 속도제한 표시

답 : ④

15 그림의 교통안전표지는?

① 좌·우회전 표지
② 좌·우회전 금지표지
③ 양측방 일방 통행표지
④ 양측방 통행 금지표지

답 : ①

16 도로교통법상 차로에 대한 설명으로 틀린 것은?

① 차로는 횡단보도나 교차로에는 설치할 수 없다.
② 차로의 너비는 원칙적으로 3m 이상으로 하여야 한다.
③ 일반적인 차로(일방통행도로 제외)의 순위는 도로의 중앙선 쪽에 있는 차로부터 1차로로 한다.
④ 차로의 너비보다 넓은 건설기계는 별도의 신청절차가 필요 없이 경찰청에 전화로 통보만 하면 운행할 수 있다.

차로에 대한 설명
• 지방경찰청장은 도로에 차로를 설치하고자 하는 때에는 노면표시로 표시하여야 한다.
• 차로의 너비는 3m 이상으로 하여야 한다. 다만, 좌회전 전용차로의 설치 등 부득이하다고 인정되는 때에는 275cm 이상으로 할 수 있다.
• 차로는 횡단보도·교차로 및 철길건널목에는 설치할 수 없다.
• 보도와 차도의 구분이 없는 도로에 차로를 설치하는 때에는 보행자가 안전하게 통행할 수 있도록 그 도로의 양쪽에 길가장자리 구역을 설치하여야 한다.

답 : ④

17 도로교통 관련법상 차마의 통행을 구분하기 위한 중앙선에 대한 설명으로 옳은 것은?

① 백색실선 또는 황색점선으로 되어있다.
② 백색실선 또는 백색점선으로 되어있다.
③ 황색실선 또는 황색점선으로 되어있다.
④ 황색실선 또는 백색점선으로 되어있다.

노면 표시의 중앙선은 황색실선 및 점선으로 되어있다.

답 : ③

18 편도 1차로인 도로에서 중앙선이 황색실선인 경우의 앞지르기 방법으로 맞는 것은?

① 절대로 안 된다.
② 아무데서나 할 수 있다.
③ 앞차가 있을 때만 할 수 있다.
④ 반대 차로에 차량통행이 없을 때 할 수 있다.

답 : ①

19 도로교통법령상 보도와 차도가 구분된 도로에 중앙선이 설치되어 있는 경우 차마의 통행방법으로 옳은 것은?(단, 도로의 파손 등 특별한 사유는 없다.)

① 중앙선 좌측　　② 중앙선 우측
③ 보도의 좌측　　④ 보도

도로교통법령상 보도와 차도가 구분된 도로에 중앙선이 설치되어 있는 경우 차마는 중앙선 우측으로 통행하여야 한다.

답 : ②

20 동일방향으로 주행하고 있는 전·후 차 간의 안전운전 방법으로 틀린 것은?

① 뒤차는 앞차가 급정지할 때 충돌을 피할 수 있는 필요한 안전거리를 유지한다.
② 뒤에서 따라오는 차량의 속도보다 느린 속도로 진행하려고 할 때에는 진로를 양보한다.
③ 앞차가 다른 차를 앞지르고 있을 때에는 더욱 빠른 속도로 앞지른다.
④ 앞차는 부득이한 경우를 제외하고는 급정지·급감속을 하여서는 안 된다.

답 : ③

21 통행의 우선순위가 맞는 것은?

① 긴급 자동차→일반 자동차
　→원동기장치 자전거
② 긴급 자동차→원동기장치 자전거
　→승용자동차
③ 건설기계→원동기장치 자전거
　→승합자동차
④ 승합자동차→원동기장치 자전거
　→긴급 자동차

통행의 우선순위 : 긴급 자동차→일반 자동차
→원동기장치 자전거

답 : ①

22 도로주행의 일반적인 주의사항으로 틀린 것은?

① 가시거리가 저하될 수 있으므로 터널 진입 전 헤드라이트를 켜고 주행한다.
② 고속주행 시 급 핸들조작, 급 브레이크는 옆으로 미끄러지거나 전복될 수 있다.
③ 야간운전은 주간보다 주의력이 양호하며 속도감이 민감하여 과속우려가 없다.
④ 비 오는 날 고속주행은 수막현상이 생겨 제동효과가 감소된다.

답 : ③

23 도로에서는 차로별 통행구분에 따라 통행하여야 한다. 위반이 아닌 경우는?

① 왕복 4차선 도로에서 중앙선을 넘어 추월하는 행위
② 두 개의 차로를 걸쳐서 운행하는 행위
③ 일방통행도로에서 중앙이나 좌측부분을 통행하는 행위
④ 여러 차로를 연속적으로 가로지르는 행위

답 : ③

24 도로의 중앙을 통행할 수 있는 행렬로 옳은 것은?

① 학생 대열
② 말·소를 몰고 가는 사람
③ 사회적으로 중요한 행사에 따른 시가 행진
④ 군부대 행렬

답 : ③

25 편도 4차로의 일반도로에서 지게차는 어느 차로로 통행해야 하는가?

① 1차로
② 2차로
③ 4차로
④ 1차로 또는 2차로

답 : ③

26 편도 4차로 일반도로에서 4차로가 버스전용차로일 때, 지게차는 어느 차로로 통행하여야 하는가?

① 2차로   ② 3차로
③ 4차로   ④ 한가한 차로

답 : ②

27 도로교통법상에서 차마가 도로의 중앙이나 좌측부분을 통행할 수 있도록 허용한 것은 도로 우측부분의 폭이 얼마 이하 일 때인가?

① 2m   ② 3m
③ 5m   ④ 6m

차마가 도로의 중앙이나 좌측부분을 통행할 수 있도록 허용한 것은 도로 우측부분의 폭이 6m 이하일 때이다.

답 : ④

28 도로교통법상에서 운전자가 주행방향 변경 시 신호를 하는 방법으로 틀린 것은?

① 방향전환, 횡단, 유턴, 정지 또는 후진 시 신호를 하여야 한다.
② 신호의 시기 및 방법은 운전자가 편리한 대로 한다.
③ 진로변경 시에는 손이나 등화로서 신호할 수 있다.
④ 진로변경의 행위가 끝날 때까지 신호를 하여야 한다.

답 : ②

29 운전자가 진행방향을 변경하려고 할 때 신호를 하여야 할 시기로 옳은 것은?
(단, 고속도로 제외)

① 변경하려고 하는 지점의 3m 전에서
② 변경하려고 하는 지점의 10m 전에서
③ 변경하려고 하는 지점의 30m 전에서
④ 특별히 정하여져 있지 않고, 운전자 임의대로

진행방향을 변경하려고 할 때 신호를 하여야 할 시기는 변경하려고 하는 지점의 30m 전이다.

답 : ③

30 신호등에 녹색등화 시 차마의 통행방법으로 틀린 것은?

① 차마는 다른 교통에 방해되지 않을 때에 천천히 우회전할 수 있다.
② 차마는 직진할 수 있다.
③ 차마는 비보호 좌회전 표시가 있는 곳에서는 언제든지 좌회전을 할 수 있다.
④ 차마는 좌회전을 하여서는 아니 된다.

비보호 좌회전 표시지역에서는 녹색 등화에서만 좌회전을 할 수 있다.

답 : ③

31 교차로에서 직진하고자 신호대기 중에 있는 차량이 진행신호를 받고 가장 안전하게 통행하는 방법은?

① 진행권리가 부여되었으므로 좌우의 진행차량에는 구애받지 않는다.
② 직진이 최우선이므로 진행신호에 무조건 따른다.
③ 신호와 동시에 출발하면 된다.
④ 좌우를 살피며 계속 보행 중인 보행자와 진행하는 교통의 흐름에 유의하여 진행한다.

답 : ④

32 정지선이나 횡단보도 및 교차로 직전에서 정지하여야 할 신호의 종류로 옳은 것은?

① 녹색 및 황색등화
② 황색등화의 점멸
③ 황색 및 적색등화
④ 녹색 및 적색등화

정지선이나 횡단보도 및 교차로 직전에서 정지하여야할 신호는 황색 및 적색등화이다.

답 : ③

33 좌회전을 하기 위하여 교차로에 진입되어 있을 때 황색등화로 바뀌면 어떻게 하여야 하는가?

① 정지하여 정지선으로 후진한다.
② 그 자리에 정지하여야 한다.
③ 신속히 좌회전하여 교차로 밖으로 진행한다.
④ 좌회전을 중단하고 횡단보도 앞 정지선까지 후진하여야 한다.

좌회전을 하기 위하여 교차로에 진입되어 있을 때 황색등화로 바뀌면 신속히 좌회전하여 교차로 밖으로 진행한다.

답 : ③

34 지게차를 운전하여 교차로에서 우회전을 하려고 할 때 가장 적합한 것은?

① 우회전은 신호가 필요 없으며, 보행자를 피하기 위해 빠른 속도로 진행한다.
② 신호를 행하면서 서행으로 주행하여야 하며, 교통신호에 따라 횡단하는 보행자의 통행을 방해하여서는 아니 된다.
③ 우회전은 언제 어느 곳에서나 할 수 있다.
④ 우회전 신호를 행하면서 빠르게 우회전한다.

답 : ②

35 편도 4차로의 경우 교차로 30m 전방에서 우회전을 하려면 몇 차로로 진입통행 해야 하는가?

① 2차로와 3차로로 통행한다.
② 1차로와 2차로로 통행한다.
③ 1차로로 통행한다.
④ 4차로로 통행한다.

답 : ④

36 신호등이 없는 교차로에 좌회전하려는 버스와 그 교차로에 진입하여 직진하고 있는 지게차가 있을 때 어느 차가 우선권이 있는가?

① 직진하고 있는 지게차가 우선
② 좌회전하려는 버스가 우선
③ 사람이 많이 탄 차가 우선
④ 형편에 따라서 우선순위가 정해짐

답 : ①

37 주행 중 진로를 변경하고자 할 때 운전자가 지켜야할 사항으로 틀린 것은?

① 후사경 등으로 주위의 교통상황을 확인한다.
② 신호를 주어 뒤차에게 알린다.
③ 진로를 변경할 때에는 뒤차에 주의할 필요가 없다.
④ 뒤에서 따라오는 차보다 느린 속도로 가려는 경우에는 도로의 우측 가장자리로 피하여 진로를 양보하여야 한다.

답 : ③

38 진로변경을 해서는 안 되는 경우는?

① 안전표지(진로변경 제한선)가 설치되어 있을 때
② 시속 50km 이상으로 주행할 때
③ 교통이 복잡한 도로일 때
④ 3차로의 도로일 때

노면표시의 진로변경 제한선은 백색실선이며, 진로변경을 할 수 없다.

답 : ①

39 일방통행으로 된 도로가 아닌 교차로 또는 그 부근에서 긴급자동차가 접근하였을 때 운전자가 취해야 할 방법으로 옳은 것은?

① 교차로의 우측 가장자리에 일시정지하여 진로를 양보한다.
② 교차로를 피하여 도로의 우측 가장자리에 일시정지한다.
③ 서행하면서 앞지르기 하라는 신호를 한다.
④ 그대로 진행방향으로 진행을 계속한다.

교차로 또는 그 부근에서 긴급 자동차가 접근하였을 때에는 교차로를 피하여 도로의 우측 가장자리에 일시 정지한다.

답 : ②

40 도로교통법상 교통안전시설이나 교통정리 요원의 신호가 서로 다른 경우에 우선시 되어야 하는 신호는?

① 신호등의 신호
② 안전표시의 지시
③ 경찰공무원의 수신호
④ 경비업체 관계자의 수신호

가장 우선하는 신호는 경찰공무원의 수신호이다.

답 : ③

41 교차로에서 적색등화 시 진행할 수 있는 경우는?

① 경찰공무원의 진행신호에 따를 때
② 교통이 한산한 야간운행 시
③ 보행자가 없을 때
④ 앞차를 따라 진행할 때

답 : ①

42 도로교통법상 모든 차의 운전자가 반드시 서행하여야 하는 장소에 해당하지 않는 것은?

① 도로가 구부러진 부분
② 비탈길 고갯마루 부근
③ 편도 2차로 이상의 다리 위
④ 가파른 비탈길의 내리막

서행하여야 할 장소
• 교통정리를 하고 있지 아니하는 교차로
• 도로가 구부러진 부근
• 비탈길의 고갯마루 부근
• 가파른 비탈길의 내리막
• 지방경찰청장이 안전표지로 지정한 곳

답 : ③

43 도로교통법에서 안전운행을 위해 차속을 제한하고 있다. 악천후 시 최고 속도의 100분의 50으로 감속 운행하여야 할 경우가 아닌 것은?

① 노면이 얼어붙은 때
② 폭우, 폭설, 안개 등으로 가시거리가 100m 이내인 때
③ 비가 내려 노면이 젖어 있을 때
④ 눈이 20mm 이상 쌓인 때

최고 속도의 50%를 감속하여 운행하여야 할 경우
• 노면이 얼어붙은 때
• 폭우·폭설·안개 등으로 가시거리가 100m 이내일 때
• 눈이 20mm 이상 쌓인 때

답 : ③

44 신호등이 없는 철길건널목 통과방법 중 옳은 것은?

① 차단기가 올라가 있으면 그대로 통과해도 된다.
② 반드시 일지정지를 한 후 안전을 확인하고 통과한다.
③ 신호등이 진행신호일 경우에도 반드시 일시정지를 하여야 한다.
④ 일시정지를 하지 않아도 좌우를 살피면서 서행으로 통과하면 된다.

신호등이 없는 철길건널목을 통과할 때에는 반드시 일지정지를 한 후 안전을 확인하고 통과한다.

답 : ②

45 일시정지를 하지 않고도 철길건널목을 통과할 수 있는 경우는?

① 차단기가 내려져 있을 때
② 경보기가 울리지 않을 때
③ 앞차가 진행하고 있을 때
④ 신호등이 진행신호 표시일 때

일시정지를 하지 않고도 철길건널목을 통과할 수 있는 경우는 신호등이 진행신호 표시이거나 간수가 진행신호를 하고 있을 때이다.

답 : ④

46 철길건널목 안에서 차가 고장이 나서 운행할 수 없게 된 경우 운전자의 조치사항과 가장 거리가 먼 것은?

① 철도공무 중인 직원이나 경찰공무원에게 즉시 알려 차를 이동하기 위한 필요한 조치를 한다.
② 차를 즉시 건널목 밖으로 이동시킨다.
③ 승객을 하차시켜 즉시 대피시킨다.
④ 현장을 그대로 보존하고 경찰관서로 가서 고장신고를 한다.

답 : ④

47 도로교통법상에서 정의된 긴급 자동차가 아닌 것은?

① 응급전신·전화 수리공사에 사용되는 자동차
② 긴급한 경찰업무수행에 사용되는 자동차
③ 위독한 환자의 수혈을 위한 혈액운송 차량
④ 학생운송 전용버스

답 : ④

48 고속도로를 제외한 도로에서 위험을 방지하고 교통의 안전과 원활한 소통을 확보하기 위하여 필요 시 구역 또는 구간을 지정하여 자동차의 속도를 제한할 수 있는 자는?

① 경찰서장
② 국토교통부장관
③ 지방경찰청장
④ 도로교통공단 이사장

지방경찰청장은 도로에서 위험을 방지하고 교통의 안전과 원활한 소통을 확보하기 위하여 필요하다고 인정하는 때에 구역 또는 구간을 지정하여 자동차의 속도를 제한할 수 있다.

답 : ③

49 승차 또는 적재의 방법과 제한에서 운행상의 안전기준을 넘어서 승차 및 적재가 가능한 경우는?

① 도착지를 관할하는 경찰서장의 허가를 받은 때
② 출발지를 관할하는 경찰서장의 허가를 받은 때
③ 관할 시·군수의 허가를 받은 때
④ 동·읍·면장의 허가를 받는 때

승차인원·적재중량에 관하여 안전기준을 넘어서 운행하고자 하는 경우 출발지를 관할하는 경찰서장의 허가를 받아야 한다.

답 : ②

50 경찰청장이 최고 속도를 따로 지정·고시하지 않은 편도 2차로 이상 고속도로에서 건설기계 법정 최고 속도는 매시 몇 km인가?

① 100km/h   ② 110km/h
③ 80km/h   ④ 60km/h

고속도로에서의 건설기계 속도
• 모든 고속도로에서 건설기계의 최고 속도는 80km/h, 최저속도는 50km/h이다.
• 지정·고시한 노선 또는 구간의 고속도로에서 건설기계의 최고 속도는 90km/h 이내, 최저 속도는 50km/h이다.

답 : ③

51 도로교통법상 4차로 이상 고속도로에서 건설기계의 최저 속도는?

① 30km/h   ② 40km/h
③ 50km/h   ④ 60km/h

답 : ③

52 도로교통법에서는 교차로, 터널 안, 다리 위 등을 앞지르기 금지장소로 규정하고 있다. 그 외 앞지르기 금지장소를 다음 [보기]에서 모두 고르면?

보기
A. 도로의 구부러진 곳 B. 비탈길의 고갯마루 부근 C. 가파른 비탈길의 내리막

① A   ② A, B
③ B, C   ④ A, B, C

앞지르기 금지장소
교차로, 도로의 구부러진 곳, 터널 내, 다리 위, 경사로의 정상부근, 급경사로의 내리막, 앞지르기 금지표지 설치장소

답 : ④

53 가장 안전한 앞지르기 방법은?

① 좌·우측으로 앞지르기 하면 된다.
② 앞차의 속도와 관계없이 앞지르기를 한다.
③ 반드시 경음기를 울려야 한다.
④ 반대방향의 교통, 전방의 교통 및 후방에 주의를 하고 앞차의 속도에 따라 안전하게 한다.

답 : ④

54 도로교통법에 따라 뒤차에게 앞지르기를 시키려는 때 적절한 신호방법은?

① 오른팔 또는 왼팔을 차체의 왼쪽 또는 오른쪽 밖으로 수평으로 펴서 손을 앞, 뒤로 흔들 것
② 팔을 차체 밖으로 내어 45도 밑으로 펴서 손바닥을 뒤로 향하게 하여 그 팔을 앞, 뒤로 흔들거나 후진등을 켤 것
③ 팔을 차체 밖으로 내어 45도 밑으로 펴거나 제동등을 켤 것
④ 양팔을 모두 차체의 밖으로 내어 크게 흔들 것

뒤차에게 앞지르기를 시키려는 때에는 오른팔 또는 왼팔을 차체의 왼쪽 또는 오른쪽 밖으로 수평으로 펴서 손을 앞·뒤로 흔들 것

답 : ①

55 도로에 정차를 하고자 할 때의 방법으로 옳은 것은?

① 차체의 전단부가 도로 중앙을 향하도록 비스듬히 정차한다.
② 진행방향의 반대방향으로 정차한다.
③ 차도의 우측 가장자리에 정차한다.
④ 일방통행로에서 좌측 가장자리에 정차한다.

답 : ③

56 주차·정차가 금지되어 있지 않은 장소는?

① 교차로
② 건널목
③ 횡단보도
④ 경사로의 정상부근

답 : ④

57 도로교통법상 주차금지의 장소로 틀린 것은?

① 터널 안 및 다리 위
② 화재경보기로부터 5m 이내인 곳
③ 소방용 기계·기구가 설치된 5m 이내인 곳
④ 소방용 방화물통이 있는 5m 이내의 곳

화재경보기로부터 3m 이내의 지점

답 : ②

58 횡단보도로부터 몇 m 이내에 정차 및 주차를 해서는 안 되는가?

① 3m   ② 5m
③ 8m   ④ 10m

횡단보도로부터 10m 이내에 정차 및 주차를 해서는 안 된다.

답 : ④

59 주차 및 정차금지 장소는 건널목 가장자리로부터 몇 m 이내인 곳인가?

① 5m   ② 10m
③ 20m   ④ 30m

건널목 가장자리로부터 10m 이내 정차 및 주차를 해서는 안 된다.

답 : ②

60 도로교통법에 따라 소방용 기계기구가 설치된 곳, 소방용 방화물통, 소화전 또는 소화용 방화물통의 흡수구나 흡수관으로부터 ( ) 이내의 지점에 주차하여서는 아니 된다. ( )안에 들어갈 거리는?

① 10m   ② 7m
③ 5m   ④ 3m

도로교통법에 따라 소방용 기계기구가 설치된 곳, 소방용 방화물통, 소화전 또는 소화용 방화물통의 흡수구나 흡수관으로부터 5m 이내의 지점에 주차하여서는 안 된다.

답 : ③

61 도로공사를 하고 있는 경우에 당해 공사구역의 양쪽 가장자리로부터 몇 m 이내의 지점에 주차하여서는 안 되는가?

① 5m   ② 6m
③ 10m   ④ 15m

도로공사를 하고 있는 경우에 당해 공사구역의 양쪽 가장자리로부터 5m 이내의 지점에 주차하여서는 안 된다.

답 : ①

62 도로교통법상 도로의 모퉁이로부터 몇 m 이내의 장소에 정차하여서는 안 되는가?

① 2m   ② 3m
③ 5m   ④ 10m

도로의 모퉁이로부터 5m 이내의 곳에서는 정차를 해서는 안 된다.

답 : ③

63 도로교통법령상 운전자의 준수사항이 아닌 것은?

① 출석지시서를 받은 때에는 운전하지 아니 할 것
② 자동차의 운전 중에 휴대용 전화를 사용하지 않을 것
③ 자동차의 화물 적재함에 사람을 태우고 운행하지 말 것
④ 물이 고인 곳을 운행할 때에는 고인 물을 튀게 하여 다른 사람에게 피해를 주는 일이 없도록 할 것

답 : ①

64 차로가 설치되지 아니한 좁은 도로에서 보행자 옆을 지나는 경우 가장 올바른 방법은?

① 보행자 옆을 속도감속 없이 빨리 주행한다.
② 경음기를 울리면서 주행한다.
③ 안전거리를 두고 서행한다.
④ 보행자가 멈춰 있을 때는 서행하지 않아도 된다.

답 : ③

65 밤에 도로에서 차를 운행하는 경우 등의 등화로 틀린 것은?

① 견인되는 차 : 미등, 차폭등 및 번호등
② 원동기장치 자전거 : 전조등 및 미등
③ 자동차 : 자동차안전기준에서 정하는 전조등, 차폭등, 미등
④ 자동차 등 외의 모든 차 : 지방경찰청장이 정하여 고시하는 등화

자동차등화
전조등, 차폭등, 미등, 번호등과 실내조명등(승합자동차와 여객자동차 운송 사업용 승용자동차만 해당)

답 : ③

66 도로교통법령에 따라 도로를 통행하는 자동차가 야간에 켜야 하는 등화의 구분 중 견인되는 차가 켜야 할 등화는?

① 전조등, 차폭등, 미등
② 미등, 차폭등, 번호등
③ 전조등, 미등, 번호등
④ 전조등, 미등

야간에 견인되는 자동차가 켜야 할 등화는 차폭등, 미등, 번호등이다.

답 : ②

67 야간에 차가 서로 마주보고 진행하는 경우의 등화 조작방법 중 맞는 것은?

① 전조등, 보호등, 실내 조명등을 조작한다.
② 전조등을 켜고 보조등을 끈다.
③ 전조등 불빛을 하향으로 한다.
④ 전조등 불빛을 상향으로 한다.

답 : ③

68 도로교통법에 의거, 야간에 자동차를 도로에서 정차 또는 주차하는 경우에 반드시 켜야 하는 등화는?

① 방향지시등을 켜야 한다.
② 미등 및 차폭등을 켜야 한다.
③ 전조등을 켜야 한다.
④ 실내등을 켜야 한다.

야간에 자동차를 도로에 정차 또는 주차하는 경우에는 반드시 미등 및 차폭등을 켜야 한다.

답 : ②

69 도로교통법을 위반한 경우는?

① 밤에 교통이 빈번한 도로에서 전조등을 계속 하향하였다.
② 낮에 어두운 터널 속을 통과할 때 전조등을 켰다.
③ 소방용 방화물통으로부터 10m 지점에 주차하였다.
④ 노면이 얼어붙은 곳에서 최고 속도의 20/100을 줄인 속도로 운행하였다.

노면이 얼어붙은 곳에서는 최고 속도의 50/100을 줄인 속도로 운행하여야 한다.

답 : ④

70 횡단보도에서의 보행자 보호의무 위반 시 받는 처분으로 옳은 것은?

① 면허취소　② 즉심회부
③ 통고처분　④ 형사입건

답 : ③

71 범칙금 납부통고서를 받은 사람은 며칠 이내에 경찰청장이 지정하는 곳에 납부하여야 하는가?(단, 천재지변이나 그 밖의 부득이한 사유가 있는 경우는 제외한다.)

① 5일　② 10일
③ 15일　④ 30일

범칙금 납부통고서를 받은 사람은 10일 이내에 경찰청장이 지정하는 곳에 납부하여야 한다.

답 : ②

72 도로교통법에 의한 통고처분의 수령을 거부하거나 범칙금을 기간 안에 납부하지 못한 자는 어떻게 처리되는가?

① 면허증이 취소된다.
② 즉결심판에 회부된다.
③ 연기신청을 한다.
④ 면허의 효력이 정지된다.

통고처분의 수령을 거부하거나 범칙금을 기간 안에 납부하지 못한 자는 즉결심판에 회부된다.

답 : ②

73 도로교통법령상 총중량 2,000kg 미만인 자동차를 총중량이 그의 3배 이상인 자동차로 견인할 때의 속도는?(단, 견인하는 차량이 견인자동차가 아닌 경우이다.)

① 매시 30km이내 ② 매시 50km이내
③ 매시 80km이내 ④ 매시 100km이내

총중량 2,000kg 미만인 자동차를 총중량이 그의 3배 이상인 자동차로 견인할 때의 속도는 매시 30km이내이다.

답 : ①

74 도로교통법상 운전이 금지되는 술에 취한 상태의 기준으로 옳은 것은?

① 혈중 알코올 농도 0.03% 이상일 때
② 혈중 알코올 농도 0.02% 이상일 때
③ 혈중 알코올 농도 0.1% 이상일 때
④ 혈중 알코올 농도 0.2% 이상일 때

도로교통법령상 술에 취한 상태의 기준은 혈중 알코올농도가 0.03% 이상인 경우이다.

답 : ①

75 도로교통법에 따르면 운전자는 자동차 등의 운전 중에는 휴대용 전화를 원칙적으로 사용할 수 없다. 예외적으로 휴대용 전화사용이 가능한 경우로 틀린 것은?

① 자동차 등이 정지하고 있는 경우
② 저속 건설기계를 운전하는 경우
③ 긴급 자동차를 운전하는 경우
④ 각종 범죄 및 재해 신고 등 긴급한 필요가 있는 경우

운전 중 휴대전화 사용이 가능한 경우
• 자동차 등이 정지해 있는 경우
• 긴급 자동차를 운전하는 경우
• 각종 범죄 및 재해신고 등 긴급을 요하는 경우
• 안전운전에 지장을 주지 않는 장치로 대통령령이 정하는 장치를 이용하는 경우

답 : ②

제3장 건설기계관리법

01 건설기계관리법의 목적

건설기계의 등록·검사·형식승인 및 건설기계사업과 건설기계 조종사 면허 등에 관한 사항을 정하여 건설기계를 효율적으로 관리하고 건설기계의 안전도를 확보하여 건설공사의 기계화를 촉진함을 목적으로 한다.

02 건설기계 사업

건설기계 사업의 분류에는 대여업, 정비업, 매매업, 해체재활용업 등이 있으며, 건설기계 사업을 영위하고자 하는 자는 시장·군수·구청장에게 등록하여야 한다.

03 건설기계의 신규등록

1 건설기계를 등록할 때 필요한 서류

① 건설기계의 출처를 증명하는 서류

> • 국내에서 제작한 건설기계 : 건설기계제작증
> • 수입한 건설기계 : 수입면장 등 수입사실을 증명하는 서류. 다만, 타워크레인의 경우에는 건설기계제작증을 추가로 제출하여야 한다.
> • 행정기관으로부터 매수한 건설기계 : 매수증서

② 건설기계의 소유자임을 증명하는 서류
③ 건설기계 제원표
④ 자동차손해배상 보장법에 따른 보험 또는 공제의 가입을 증명하는 서류

2 건설기계 등록신청

① 건설기계를 등록하려는 건설기계의 소유자는 건설기계소유자의 주소지 또는 건설기계의 사용 본거지를 관할하는 특별시장·광역시장·도지사 또는 특별자치도지사(시·도지사)에게 제출하여야 한다.
② 건설기계 등록신청은 건설기계를 취득한 날(판매를 목적으로 수입된 건설기계의 경우에는 판매한 날)부터 2월 이내에 하여야 한다. 다만, 전시·사변 기타 이에 준하는 국가비상사태 하에 있어서는 5일 이내에 신청하여야 한다.

3 등록사항의 변경신고

건설기계의 소유자는 건설기계 등록사항에 변경(주소지 또는 사용 본거지가 변경된 경우를 제외)이 있는 때에는 그 변경이 있는 날부터 30일(상속의 경우에는 상속 개시일부터 6개월) 이내

에 건설기계 등록사항 변경신고서(전자문서로 된 신고서를 포함)를 등록한 시·도지사에게 제출하여야 한다. 다만, 전시·사변 기타 이에 준하는 국가비상사태 하에 있어서는 5일 이내에 하여야 한다.

① 변경내용을 증명하는 서류
② 건설기계등록증(자가용 건설기계 소유자의 주소지 또는 사용 본거지가 변경된 경우는 제외)
③ 건설기계검사증(자가용 건설기계 소유자의 주소지 또는 사용 본거지가 변경된 경우는 제외)

4 등록의 이전

건설기계의 소유자는 등록한 주소지 또는 사용 본거지가 변경된 경우(시·도 간의 변경이 있는 경우)에는 그 변경이 있은 날부터 30일(상속의 경우에는 상속개시일부터 6개월) 이내에 건설기계등록이전신고서에 소유자의 주소 또는 건설기계의 사용 본거지의 변경사실을 증명하는 서류와 건설기계등록증 및 건설기계검사증을 첨부하여 새로운 등록지를 관할하는 시·도지사에게 제출(전자문서에 의한 제출을 포함)하여야 한다.

04 임시운행 사유

① 등록신청을 하기 위하여 건설기계를 등록지로 운행하는 경우
② 신규등록검사 및 확인검사를 받기 위하여 건설기계를 검사장소로 운행하는 경우
③ 수출을 하기 위하여 건설기계를 선적지로 운행하는 경우
④ 수출을 하기 위하여 등록말소 한 건설기계를 점검·정비의 목적으로 운행하는 경우
⑤ 신개발 건설기계를 시험·연구의 목적으로 운행하는 경우
⑥ 판매 또는 전시를 위하여 건설기계를 일시적으로 운행하는 경우
⑦ 임시운행기간은 15일 이내로 한다. 다만, 신개발 건설기계를 시험·연구의 목적으로 운행하는 경우에는 3년 이내로 한다.

05 건설기계의 등록말소

1 등록말소 사유 및 신청기간

① 거짓이나 그 밖의 부정한 방법으로 등록을 한 경우
② 건설기계가 천재지변 또는 이에 준하는 사고 등으로 사용할 수 없게 되거나 멸실된 경우 (사유가 발생한 날부터 30일 이내)
③ 건설기계의 차대(車臺)가 등록 시의 차대와 다른 경우
④ 건설기계가 건설기계안전기준에 적합하지 아니하게 된 경우
⑤ 최고(催告)를 받고 지정된 기한까지 정기검사를 받지 아니한 경우
⑥ 건설기계를 수출하는 경우
⑦ 건설기계를 도난당한 경우(사유가 발생한 날부터 2개월 이내)

⑧ 건설기계를 폐기한 경우(사유가 발생한 날부터 30일 이내)

⑨ 건설기계해체재활용업을 등록한 자에게 폐기를 요청한 경우(사유가 발생한 날부터 30일 이내)

⑩ 구조적 제작 결함 등으로 건설기계를 제작자 또는 판매자에게 반품한 경우(사유가 발생한 날부터 30일 이내)

⑪ 건설기계를 교육·연구 목적으로 사용하는 경우(사유가 발생한 날부터 30일 이내)

⑫ 대통령령으로 정하는 내구연한을 초과한 건설기계

06 건설기계 조종사 면허

1 건설기계 조종사 면허의 결격사유

① 18세 미만인 사람

② 건설기계조종상의 위험과 장해를 일으킬 수 있는 정신질환자 또는 뇌전증환자

③ 앞을 보지 못하는 사람, 듣지 못하는 사람

④ 국토교통부령이 정하는 장애인

⑤ 마약, 대마, 향정신성 의약품 또는 알코올 중독자

⑥ 건설기계 조종사 면허가 취소된 날부터 1년이 경과되지 아니한 자

⑦ 거짓 그 밖의 부정한 방법으로 면허를 받아 취소된 날로부터 2년이 경과되지 아니한 자

⑧ 건설기계 조종사 면허의 효력정지기간 중에 건설기계를 조종하여 취소되어 2년이 경과되지 아니한 자

2 건설기계 면허 적성검사 기준

① 두 눈을 동시에 뜨고 잰 시력이 0.7 이상일 것(교정시력을 포함)

② 두 눈의 시력이 각각 0.3 이상일 것(교정시력을 포함)

③ 55데시벨(보청기를 사용하는 사람은 40데시벨)의 소리를 들을 수 있고, 언어분별력이 80% 이상일 것

④ 시각은 150도 이상일 것

⑤ 마약·알코올 중독의 사유에 해당되지 아니할 것

⑥ 건설기계 조종사는 10년마다(65세 이상인 경우는 5년마다) 시장·군수 또는 구청장이 실시하는 정기적성검사를 받아야 한다.

07 등록번호표

1 등록번호표에 표시되는 사항

등록번호표에는 기종, 등록관청, 등록번호, 용도 등이 표시된다.

2 등록번호표의 색칠

① 자가용 : 녹색 판에 흰색문자

② 영업용 : 주황색 판에 흰색문자

③ 관용 : 백색 판에 검은색문자

④ 임시운행 번호표 : 흰색 페인트 판에 검은색 문자

3 건설기계 등록번호

① 자가용 : 1001~4999

② 영업용 : 5001~8999

③ 관용 : 9001~9999

08 건설기계 검사

우리나라에서 건설기계에 대한 정기검사를 실시하는 검사업무 대행기관은 대한건설기계 안전관리원이다.

1 건설기계 검사의 종류

(1) 신규등록 검사

건설기계를 신규로 등록할 때 실시하는 검사이다.

(2) 정기검사

건설공사용 건설기계로서 3년의 범위에서 국토교통부령으로 정하는 검사유효기간이 끝난 후에 계속하여 운행하려는 경우에 실시하는 검사와 대기환경보전법 및 소음·진동관리법에 따른 운행차의 정기검사이다.

(3) 구조변경 검사

건설기계의 주요구조를 변경 또는 개조한 때 실시하는 검사이다.

(4) 수시검사

성능이 불량하거나 사고가 자주 발생하는 건설기계의 안전성 등을 점검하기 위하여 수시로 실시하는 검사와 건설기계 소유자의 신청을 받아 실시하는 검사이다.

2 정기검사 신청기간 및 검사기간 산정

① 정기검사를 받으려는 자는 검사 유효기간의 만료일 전후 각각 31일 이내에 신청한다.

② 유효기간의 산정은 정기검사 신청기간까지 신청한 경우에는 종전 검사 유효기간 만료일의 다음 날부터, 그 외의 경우에는 검사를 받은 날의 다음 날부터 기산한다.

3 당해 건설기계가 위치한 장소에서 검사(출장검사)하는 경우

① 도서지역에 있는 경우

② 자체중량이 40톤을 초과하거나 축중이 10톤을 초과하는 경우

③ 너비가 2.5미터를 초과하는 경우

④ 최고속도가 시간당 35킬로미터 미만인 경우

4 정기검사 유효기간

지게차 정기검사 유효기간은 연식이 20년 이하인 경우에는 2년, 연식이 20년 이상일 경우에는 1년이다.

5 정비명령

검사에 불합격된 건설기계에 대해서는 31일 이내의 기간을 정하여 해당 건설기계의 소유자에게 검사를 완료한 날(검사를 대행하게 한 경우에는 검사결과를 보고받은 날)부터 10일 이내에 정비명령을 해야 한다.

09 건설기계의 구조변경을 할 수 없는 경우

① 건설기계의 기종변경

② 육상작업용 건설기계 규격의 증가 또는 적재함의 용량증가를 위한 구조변경

10 건설기계 조종사 면허취소 및 정지사유

1 면허취소 사유

① 거짓이나 그 밖의 부정한 방법으로 건설기계 조종사 면허를 받은 경우

② 건설기계 조종사 면허의 효력정지 기간 중 건설기계를 조종한 경우

③ 건설기계 조종상의 위험과 장해를 일으킬 수 있는 정신질환자 또는 뇌전증환자로서 국토교통부령으로 정하는 사람

④ 앞을 보지 못하는 사람, 듣지 못하는 사람, 그 밖에 국토교통부령으로 정하는 장애인

⑤ 건설기계 조종상의 위험과 장해를 일으킬 수 있는 마약·대마·향정신성의약품 또는 알코올 중독자로서 국토교통부령으로 정하는 사람

⑥ 고의로 인명피해(사망·중상·경상 등)를 입힌 경우

⑦ 건설기계 조종사 면허증을 다른 사람에게 빌려 준 경우

⑧ 술에 만취한 상태(혈중 알코올농도 0.08% 이상)에서 건설기계를 조종한 경우

⑨ 술에 취한 상태에서 건설기계를 조종하다가 사고로 사람을 죽게 하거나 다치게 한 경우

⑩ 2회 이상 술에 취한 상태에서 건설기계를 조종하여 면허효력정지를 받은 사실이 있는 사람이 다시 술에 취한 상태에서 건설기계를 조종한 경우

⑪ 약물(마약, 대마, 향정신성의약품 및 환각물질)을 투여한 상태에서 건설기계를 조종한 경우

⑫ 정기적성검사를 받지 않거나 적성검사에 불합격한 경우

2 면허정지 사유

① 인명피해를 입힌 경우
- 사망 1명마다 : 면허효력 정지 45일
- 중상 1명마다 : 면허효력 정지 15일
- 경상 1명마다 : 면허효력 정지 5일

② 재산피해 : 피해금액 50만 원마다 면허효력 정지 1일(90일을 넘지 못함)

③ 건설기계 조종 중에 고의 또는 과실로 가스공급시설을 손괴하거나 가스공급시설의 기능에 장애를 입혀 가스의 공급을 방해한 경우 → 면허효력 정지 180일

④ 술에 취한 상태(혈중 알코올 농도 0.03% 이상 0.08% 미만)에서 건설기계를 조종한 경우 → 면허효력 정지 60일

11 벌칙

1 2년 이하의 징역 또는 2,000만 원 이하의 벌금

① 등록되지 아니한 건설기계를 사용하거나 운행한 자

② 등록이 말소된 건설기계를 사용하거나 운행한 자

③ 시·도지사의 지정을 받지 아니하고 등록번호표를 제작하거나 등록번호를 새긴 자

④ 건설기계의 주요 구조나 원동기, 동력전달장치, 제동장치 등 주요 장치를 변경 또는 개조한 자

⑤ 무단 해체한 건설기계를 사용·운행하거나 타인에게 유상·무상으로 양도한 자

⑥ 등록을 하지 아니하고 건설기계사업을 하거나 거짓으로 등록을 한 자

⑦ 등록이 취소되거나 사업의 전부 또는 일부가 정지된 건설기계사업자로서 계속하여 건설기계사업을 한 자

2 1년 이하의 징역 또는 1,000만 원 이하의 벌금

① 거짓이나 그 밖의 부정한 방법으로 등록을 한 자

② 등록번호를 지워 없애거나 그 식별을 곤란하게 한 자

③ 구조변경검사 또는 수시검사를 받지 아니한 자

④ 정비명령을 이행하지 아니한 자

⑤ 건설기계 조종사 면허를 받지 아니하고 건설기계를 조종한 자

⑥ 건설기계 조종사 면허를 거짓이나 그 밖의 부정한 방법으로 받은 자

⑦ 소형 건설기계의 조종에 관한 교육과정의 이수에 관한 증빙서류를 거짓으로 발급한 자

⑧ 술에 취하거나 마약 등 약물을 투여한 상태에서 건설기계를 조종한 자와 그러한 자가 건설기계를 조종하는 것을 알고도 말리지 아니하거나 건설기계를 조종하도록 지시한 고용주

⑨ 건설기계 조종사 면허가 취소되거나 건설기계 조종사 면허의 효력정지처분을 받은 후에도 건설기계를 계속하여 조종한 자
⑩ 건설기계를 도로나 타인의 토지에 버려둔 자

3 100만 원 이하의 과태료

① 등록번호표를 부착·봉인하지 아니하거나 등록번호를 새기지 아니한 자
② 등록번호표를 부착 및 봉인하지 아니한 건설기계를 운행한 자
③ 등록번호표를 가리거나 훼손하여 알아보기 곤란하게 한 자 또는 그러한 건설기계를 운행한 자
④ 등록번호의 새김명령을 위반한 자

12 특별표지 또는 경고표지판 부착대상 대형 건설기계

① 길이가 16.7m를 초과하는 건설기계
② 너비가 2.5m를 초과하는 건설기계
③ 높이가 4.0m를 초과하는 건설기계
④ 최소 회전반경이 12m를 초과하는 건설기계
⑤ 총중량이 40ton을 초과하는 건설기계(다만, 굴착기, 로더 및 지게차는 운전중량이 40톤을 초과하는 경우)
⑥ 총중량 상태에서 축하중이 10ton을 초과하는 건설기계(다만, 굴착기, 로더 및 지게차는 운전중량 상태에서 축하중이 10ton을 초과하는 경우)

13 건설기계의 좌석안전띠

① 30km/h 이상의 속도를 낼 수 있는 타이어식 건설기계에는 좌석안전띠를 설치해야 한다.
② 안전띠는 사용자가 쉽게 잠그고 풀 수 있는 구조이어야 한다.

출제 예상 문제

01 건설기계관리법의 입법목적에 해당되지 않는 것은?

① 건설기계의 효율적인 관리를 하기 위함
② 건설기계 안전도 확보를 위함
③ 건설기계의 규제 및 통제를 하기 위함
④ 건설공사의 기계화를 촉진함

건설기계관리법의 목적은 건설기계의 등록·검사·형식승인 및 건설기계사업과 건설기계 조종사 면허 등에 관한 사항을 정하여 건설기계를 효율적으로 관리하고 건설기계의 안전도를 확보하여 건설공사의 기계화를 촉진함을 목적으로 한다.

답 : ③

02 건설기계관련법상 건설기계의 정의를 가장 올바르게 한 것은?

① 건설공사에 사용할 수 있는 기계로서 대통령령이 정하는 것
② 건설현장에서 운행하는 장비로서 대통령령이 정하는 것
③ 건설공사에 사용할 수 있는 기계로서 국토교통부령이 정하는 것
④ 건설현장에서 운행하는 장비로서 국토교통부령이 정하는 것

건설기계라 함은 건설공사에 사용할 수 있는 기계로서 대통령령으로 정한 것이다.

답 : ①

03 건설기계관리법에서 정의한 '건설기계형식'으로 가장 옳은 것은?

① 형식 및 규격을 말한다.
② 성능 및 용량을 말한다.
③ 구조·규격 및 성능 등에 관하여 일정하게 정한 것을 말한다.
④ 엔진구조 및 성능을 말한다.

건설기계형식이란 구조·규격 및 성능 등에 관하여 일정하게 정한 것이다.

답 : ③

04 건설기계를 조종할 때 적용받는 법령에 대한 설명으로 가장 적합한 것은?

① 건설기계관리법 및 자동차관리법의 전체적용을 받는다.
② 건설기계관리법에 대한 적용만 받는다.
③ 도로교통법에 대한 적용만 받는다.
④ 건설기계관리법 외에 도로상을 운행할 때는 도로교통법 중 일부를 적용받는다.

건설기계를 조종할 때에는 건설기계관리법 외에 도로상을 운행할 때에는 도로교통법 중 일부를 적용 받는다.

답 : ④

05 건설기계관리법령상 건설기계의 범위로 옳은 것은?

① 덤프트럭 : 적재용량 10ton 이상인 것
② 공기압축기 : 공기토출량이 매분 당 10m³ 이상의 이동식인 것
③ 불도저 : 무한궤도식 또는 타이어식인 것
④ 기중기 : 무한궤도식으로 레일식일 것

건설기계 범위
• 덤프트럭 : 적재용량 12톤 이상인 것. 다만, 적재용량 12톤 이상 20톤 미만의 것으로 화물운송에 사용하기 위하여 자동차관리법에 의한 자동차로 등록된 것을 제외
• 기중기 : 무한궤도 또는 타이어식으로 강재의 지주 및 선회장치를 가진 것. 다만, 궤도(레일)식은 제외
• 공기압축기 : 공기토출량이 매분 당 2.83m³(매 m³당 7kg 기준)이상의 이동식인 것

답 : ③

06 건설기계관리법령상의 건설기계가 아닌 것은?

① 아스팔트 피니셔
② 천장크레인
③ 쇄석기
④ 롤러

천장크레인은 산업기계에 속한다.

답 : ②

07 건설기계 등록신청에 대한 설명으로 맞는 것은?(단, 전시·사변 등 국가비상사태 하의 경우 제외)

① 시·군·구청장에게 취득한 날로부터 10일 이내 등록신청을 한다.
② 시·도지사에게 취득한 날로부터 15일 이내 등록신청을 한다.
③ 시·군·구청장에게 취득한 날로부터 1월 이내 등록신청을 한다.
④ 시·도지사에게 취득한 날로부터 2월 이내 등록신청을 한다.

건설기계 등록신청은 특별시장·광역시장·도지사 또는 특별자치도지사(시·도지사)에게 건설기계를 취득한 날(판매를 목적으로 수입된 건설기계의 경우에는 판매한 날)부터 2월 이내에 하여야 한다. 다만, 전시·사변 기타 이에 준하는 국가비상사태 하에 있어서는 5일 이내에 신청하여야 한다.

답 : ④

08 건설기계를 등록할 때 필요한 서류에 해당하지 않는 것은?

① 건설기계제작증
② 수입면장
③ 매수증서
④ 건설기계검사증 등본원부

건설기계를 등록할 때 필요한 서류
• 건설기계제작증(국내에서 제작한 건설기계의 경우)
• 수입면장 기타 수입 사실을 증명하는 서류(수입한 건설기계의 경우)
• 매수증서(관청으로부터 매수한 건설기계의 경우)
• 건설기계의 소유자임을 증명하는 서류
• 건설기계제원표
• 자동차손해배상보장법에 따른 보험 또는 공제의 가입을 증명하는 서류

답 : ④

09 시·도지사로부터 통지서 또는 명령서를 받은 건설기계소유자는 그 받은 날부터 며칠 이내에 등록번호표 제작자에게 그 통지서 또는 명령서를 제출하고 등록번호표제작 등을 신청하여야 하는가?

① 3일
② 10일
③ 20일
④ 30일

시·도지사로부터 통지서 또는 명령서를 받은 건설기계소유자는 그 받은 날부터 3일 이내에 등록번호표 제작자에게 그 통지서 또는 명령서를 제출하고 등록번호표제작 등을 신청하여야 한다.

답 : ①

10 건설기계 등록·검사증이 헐어서 못쓰게 된 경우 어떻게 하여야 되는가?

① 신규등록 신청
② 등록말소 신청
③ 정기검사 신청
④ 재교부 신청

등록·검사증이 헐어서 못쓰게 된 경우에는 재교부 신청을 하여야 한다.

답 : ④

11 건설기계 등록사항의 변경신고는 변경이 있는 날로부터 며칠 이내에 하여야 하는가? (단, 국가비상사태일 경우를 제외한다.)

① 20일 이내
② 30일 이내
③ 15일 이내
④ 10일 이내

건설기계의 소유자는 건설기계 등록사항에 변경(주소지 또는 사용 본거지가 변경된 경우 제외)이 있는 때에는 그 변경이 있는 날부터 30일(상속의 경우에는 상속개시일로부터 6개월) 이내에 등록을 한 시·도지사에게 제출하여야 한다. 다만, 전시·사변 기타 이에 준하는 국가비상사태 하에 있어서는 5일 이내에 하여야 한다.

답 : ②

12 건설기계에서 등록의 경정은 어느 때 하는가?

① 등록을 행한 후에 그 등록에 관하여 착오 또는 누락이 있음을 발견한 때
② 등록을 행한 후에 소유권이 이전되었을 때
③ 등록을 행한 후에 등록지가 이전되었을 때
④ 등록을 행한 후에 소재지가 변동되었을 때

등록의 경정은 등록을 행한 후에 그 등록에 관하여 착오 또는 누락이 있음을 발견한 때 한다.

답 : ①

13 건설기계 등록말소 사유에 해당되지 않는 것은?

① 건설기계를 폐기한 경우
② 건설기계의 차대가 등록 시의 차대와 다른 경우
③ 정비 또는 개조를 목적으로 해체된 경우
④ 건설기계가 멸실된 경우

정비 또는 개조를 목적으로 해체된 경우에는 건설기계 등록말소 사유에 속하지 않는다.

답 : ③

14 건설기계 등록말소 신청서의 첨부서류가 아닌 것은?

① 건설기계등록증
② 건설기계검사증
③ 건설기계운행증
④ 등록말소 사유를 확인할 수 있는 서류

등록말소 신청 시 구비서류
• 건설기계등록증
• 건설기계검사증
• 멸실·도난·수출·폐기·폐기요청·반품 및 교육·연구목적 사용 등 등록말소사유를 확인할 수 있는 서류

답 : ③

15 건설기계 소유자는 건설기계를 도난당한 날로부터 얼마 이내에 등록말소를 신청해야 하는가?

① 30일 이내
② 2개월 이내
③ 3개월 이내
④ 6개월 이내

건설기계를 도난당한 경우에는 도난당한 날부터 2개월 이내에 등록말소를 신청하여야 한다.

답 : ②

16 시·도지사가 저당권이 등록된 건설기계를 말소할 때 미리 그 뜻을 건설기계의 소유자 및 이해관계인에게 통보한 후 몇 개월이 지나지 않으면 등록을 말소할 수 없는가?

① 1개월　　　　② 3개월
③ 6개월　　　　④ 12개월

시·도지사는 등록을 말소하려는 경우에는 미리 그 뜻을 건설기계의 소유자 및 이해관계인에게 알려야 하며, 통지 후 1개월(저당권이 등록된 경우에는 3개월)이 지난 후가 아니면 이를 말소할 수 없다.

답 : ②

17 시·도지사는 건설기계 등록원부를 건설기계의 등록을 말소한 날부터 몇 년간 보존하여야 하는가?

① 1년　　　　② 3년
③ 5년　　　　④ 10년

건설기계 등록원부는 건설기계의 등록을 말소한 날부터 10년간 보존하여야 한다.

답 : ④

18 건설기계 등록번호표에 표시되지 않는 것은?

① 기종   ② 등록번호
③ 등록관청   ④ 연식

건설기계 등록번호표에는 기종, 등록관청, 등록번호, 용도 등이 표시된다.

답 : ④

19 건설기계 등록번호표의 색칠 기준으로 틀린 것은?

① 자가용 : 녹색 판에 흰색문자
② 영업용 : 주황색 판에 흰색문자
③ 관용 : 흰색 판에 검은색 문자
④ 수입용 : 적색 판에 흰색문자

등록번호표의 색칠기준
• 자가용 건설기계 : 녹색 판에 흰색문자
• 영업용 건설기계 : 주황색 판에 흰색 문자
• 관용 건설기계 : 흰색 판에 흑색문자
• 임시운행 번호표 : 흰색 페인트 판에 검은색 문자

답 : ④

20 건설기계등록번호표 중 영업용에 해당하는 것은?

① 5001~8999
② 6001~8999
③ 9001~9999
④ 1001~4999

• 자가용 : 1001~4999
• 영업용 : 5001~8999
• 관용 : 9001~9999

답 : ①

21 지게차의 기종별 기호 표시로 옳은 것은?

① 01   ② 02
③ 03   ④ 04

기종별 기호 표시
01 : 불도저, 02 : 굴착기, 03 : 로더, 04 : 지게차

답 : ④

22 건설기계 등록번호표의 봉인이 떨어졌을 경우에 조치방법으로 올바른 것은?

① 운전자가 즉시 수리한다.
② 관할 시·도지사에게 봉인을 신청한다.
③ 관할 검사소에 봉인을 신청한다.
④ 가까운 카센터에서 신속하게 봉인한다.

봉인이 떨어졌을 경우에는 관할 시·도지사에게 봉인을 신청한다.

답 : ②

23 건설기계등록을 말소한 때에는 등록번호표를 며칠 이내에 시·도지사에게 반납하여야 하는가?

① 10일   ② 15일
③ 20일   ④ 30일

건설기계 등록번호표는 10일 이내에 시·도지사에게 반납하여야 한다.

답 : ①

24 우리나라에서 건설기계에 대한 정기검사를 실시하는 검사업무 대행기관은?

① 대한건설기계 안전관리원
② 자동차 정비업 협회
③ 건설기계 정비업협회
④ 건설기계 협회

우리나라에서 건설기계에 대한 정기검사를 실시하는 검사업무 대행기관은 대한건설기계 안전관리원이다.

답 : ①

25 건설기계관리법령상 건설기계 검사의 종류가 아닌 것은?

① 구조변경 검사   ② 임시검사
③ 수시검사   ④ 신규등록 검사

건설기계 검사의 종류
신규등록 검사, 정기검사, 구조변경 검사, 수시검사

답 : ②

26 건설기계관리법령상 건설기계를 검사유효기간이 끝 난 후에 계속 운행하고자 할 때는 어느 검사를 받아야 하는가?

① 신규등록 검사
② 계속검사
③ 수시검사
④ 정기검사

정기검사
건설공사용 건설기계로서 3년의 범위에서 국토교통부령으로 정하는 검사 유효기간이 끝난 후에 계속하여 운행하려는 경우에 실시하는 검사와 대기환경보전법 및 소음·진동관리법에 따른 운행차의 정기검사

답 : ④

27 성능이 불량하거나 사고가 자주 발생하는 건설기계의 안전성 등을 점검하기 위하여 실시하는 검사와 건설기계 소유자의 신청을 받아 실시하는 검사는?

① 예비검사　　② 구조변경 검사
③ 수시검사　　④ 정기검사

수시검사
성능이 불량하거나 사고가 자주 발생하는 건설기계의 안전성 등을 점검하기 위하여 수시로 실시하는 검사와 건설기계 소유자의 신청을 받아 실시하는 검사

답 : ③

28 정기 검사대상 건설기계의 정기검사 신청기간으로 옳은 것은?

① 건설기계의 정기검사 유효기간 만료일 전후 45일 이내에 신청한다.
② 건설기계의 정기검사 유효기간 만료일 전 91일 이내에 신청한다.
③ 건설기계의 정기검사 유효기간 만료일 전후 각각 31일 이내에 신청한다.
④ 건설기계의 정기검사 유효기간 만료일 후 61일 이내에 신청한다.

정기검사를 받으려는 자는 검사유효기간의 만료일 전후 각각 31일 이내에 신청한다.

답 : ③

29 건설기계 정기검사 신청기간까지 신청한 경우, 다음 정기검사의 유효기간 시작 일을 바르게 설명한 것은?

① 검사를 받은 다음 날부터
② 종전 검사유효기간 만료일부터
③ 검사를 받은 날부터
④ 종전 검사유효기간 만료일 다음 날부터

정기검사 신청기간까지 신청한 경우 다음 정기검사 유효기간의 산정은 종전 검사유효기간 만료일의 다음날부터 기산한다.

답 : ④

30 정기검사 유효기간을 1개월 경과한 후에 정기검사를 받은 경우 다음 정기검사 유효기간 산정 기산일은?

① 검사를 받은 날의 다음 날부터
② 검사를 신청한 날부터
③ 종전검사유효기간 만료일의 다음 날부터
④ 종전검사신청기간 만료일의 다음 날부터

정기검사 유효기간을 경과한 후에 정기검사를 받은 경우 다음 정기검사 유효기간 산정 기산일은 검사를 받은 날의 다음 날부터이다.

답 : ①

31 신규등록일로부터 20년 경과된 지게차의 정기검사 유효기간은?

① 3년　　　　② 2년
③ 1년　　　　④ 6개월

연식이 20년 이상인 지게차의 정기검사 유효기간은 1년이다.

답 : ③

32 건설기계관리법령상 정기검사 유효기간이 다른 건설기계는?(다만, 연식이 20년 이하인 경우)

① 덤프트럭
② 콘크리트믹서 트럭
③ 지게차
④ 굴착기(타이어식)

연식이 20년 이하인 지게차의 정기검사 유효기간은 2년이다.

답 : ③

33 건설기계관리법령상 정기검사 유효기간이 3년인 건설기계는?(단, 연식이 20년 이하인 경우)

① 덤프트럭
② 콘크리트믹서트럭
③ 트럭적재식 콘크리트펌프
④ 무한궤도식 굴착기

무한궤도식 굴착기의 정기검사 유효기간은 연식이 20년 이하인 경우에는 3년이고, 20년을 초과한 경우에는 1년이다.

답 : ④

34 건설기계의 정기검사 연기사유에 해당되지 않는 것은?

① 7일 이내의 기계정비
② 건설기계의 도난
③ 건설기계의 사고발생
④ 천재지변

건설기계 소유자는 천재지변, 건설기계의 도난, 사고발생, 압류, 1월 이상에 걸친 정비 그 밖의 부득이 한 사유로 검사신청기간 내에 검사를 신청할 수 없는 경우에는 검사신청기간 만료일까지 검사연기신청서에 연기사유를 증명할 수 있는 서류를 첨부하여 시·도지사에게 제출해야 한다.

답 : ①

35 건설기계의 검사 연기신청을 하였으나 불허통지를 받은 자는 언제까지 검사를 신청하여야 하는가?

① 불허통지를 받은 날부터 5일 이내
② 불허통지를 받은 날부터 10일 이내
③ 검사신청기간 만료일부터 5일 이내
④ 검사신청기간 만료일부터 10일 이내

검사 연기신청을 받은 시·도지사 또는 검사대행자는 그 신청일부터 5일 이내에 검사연기 여부를 결정하여 신청인에게 통지하여야 한다. 이 경우 검사연기 불허통지를 받은 자는 검사신청기간 만료일부터 10일 이내에 검사신청을 하여야 한다.

답 : ④

36 건설기계의 출장검사가 허용되는 경우가 아닌 것은?

① 도서지역에 있는 건설기계
② 너비가 2.0m를 초과하는 건설기계
③ 자체중량이 40ton을 초과하거나 축중이 10ton을 초과하는 건설기계
④ 최고 속도가 시간당 35km 미만인 건설기계

출장검사를 받을 수 있는 경우
• 도서지역에 있는 경우
• 자체중량이 40ton 이상 또는 축중이 10ton 이상인 경우
• 너비가 2.5m 이상인 경우
• 최고 속도가 시간당 35km 미만인 경우

답 : ②

37 건설기계 정기검사를 연기하는 경우 그 연기기간은 몇 월 이내로 하여야 하는가?

① 1월 ② 2월
③ 3월 ④ 6월

검사를 연기하는 경우에는 그 연기기간을 6월 이내이다.

답 : ④

38 건설기계의 검사를 연장 받을 수 있는 기간을 잘못 설명한 것은?

① 해외임대를 위하여 일시 반출된 경우 : 반출기간 이내
② 압류된 건설기계의 경우 : 압류기간 이내
③ 건설기계 대여업을 휴지한 경우 : 사업의 개시신고를 하는 때까지
④ 장기간 수리가 필요한 경우 : 소유자가 원하는 기간

검사를 연장받을 수 있는 기간
• 해외임대를 위하여 일시 반출되는 건설기계의 경우에는 반출기간 이내
• 압류된 건설기계의 경우에는 그 압류기간 이내
• 타워크레인 또는 천공기(터널보링식 및 실드굴진식으로 한정)가 해체된 경우에는 해체되어 있는 기간 이내
• 사업의 휴지를 신고한 경우에는 당해 사업의 개시신고를 하는 때까지

답 : ④

39 건설기계의 제동장치에 대한 정기검사를 면제받기 위한 건설기계제동장치 정비확인서를 발행 받을 수 있는 곳은?

① 건설기계대여회사
② 건설기계정비업자
③ 건설기계부품업자
④ 건설기계매매업자

건설기계의 제동장치에 대한 정기검사를 면제받고자 하는 자는 정기검사 신청 시에 당해 건설기계정비업자가 발행한 건설기계제동장치 정비확인서를 시·도지사 또는 검사대행자에게 제출해야 한다.

답 : ②

40 건설기계관리법령상 건설기계의 구조변경 검사 신청은 주요구조를 변경 또는 개조한 날부터 며칠 이내에 하여야 하는가?

① 5일 이내 ② 15일 이내
③ 20일 이내 ④ 30일 이내

구조변경 검사를 받으려는 자는 주요구조를 변경 또는 개조한 날부터 20일 이내 시·도지사에게 제출해야 한다.

답 : ③

41 건설기계의 정비명령은 누구에게 하여야 하는가?

① 해당 건설기계 운전자
② 해당 건설기계 검사업자
③ 해당 건설기계 정비업자
④ 해당 건설기계 소유자

시·도지사는 검사에 불합격된 건설기계에 대해서는 1개월 이내의 기간을 정하여 해당 건설기계의 소유자에게 검사를 완료한 날(검사를 대행하게 한 경우에는 검사결과를 보고받은 날)부터 10일 이내에 정비명령을 해야 한다.

답 : ④

42 건설기계 조종사에 관한 설명 중 틀린 것은?

① 면허의 효력이 정지된 때에는 건설기계 조종사 면허증을 반납하여야 한다.
② 해당 건설기계 운전 국가기술자격소지자가 건설기계 조종사 면허를 받지 않고 건설기계를 조종한 때에는 무면허이다.
③ 건설기계 조종사의 면허가 취소된 경우에는 그 사유가 발생한 날부터 30일 이내에 주소지를 관할하는 시·도지사에게 그 면허증을 반납하여야 한다.
④ 건설기계 조종사가 건설기계 조종사 면허의 효력정지 기간 중 건설기계를 조종한 경우, 시장·군수 또는 구청장은 건설기계 조종사 면허를 취소하여야 한다.

건설기계 조종사의 면허가 취소된 경우에는 그 사유가 발생한 날부터 10일 이내에 주소지를 관할하는 시·도지사에게 그 면허증을 반납하여야 한다.

답 : ③

43 건설기계 조종사 면허에 대한 설명 중 틀린 것은?

① 건설기계를 조종하려는 사람은 시·도지사에게 건설기계 조종사 면허를 받아야 한다.
② 건설기계 조종사 면허는 국토교통부령으로 정하는 바에 따라 건설기계의 종류별로 받아야 한다.
③ 건설기계 조종사 면허를 받으려는 사람은 국가기술자격법에 따른 해당 분야의 기술자격을 취득하고 적성검사에 합격하여야 한다.
④ 건설기계 조종사 면허증의 발급, 적성검사의 기준, 그 밖에 건설기계조종사 면허에 필요한 사항은 대통령령으로 정한다.

건설기계 조종사 면허증의 발급, 적성검사의 기준, 그 밖에 건설기계조종사면허에 필요한 사항은 국토교통부령으로 정한다.

답 : ④

44 건설기계 조종사의 면허 적성검사 기준으로 틀린 것은?

① 두 눈의 시력이 각각 0.3 이상
② 두 눈을 동시에 뜨고 측정한 시력이 0.7 이상
③ 시각은 150도 이상
④ 청력은 10데시벨의 소리를 들을 수 있을 것

건설기계 조종사의 면허 적성검사 기준
• 두 눈을 동시에 뜨고 잰 시력이 0.7 이상이고 두 눈의 시력이 각각 0.3 이상일 것(교정시력을 포함)
• 55데시벨(보청기를 사용하는 사람은 40데시벨)의 소리를 들을 수 있을 것
• 언어분별력이 80퍼센트 이상일 것
• 시각은 150도 이상일 것

답 : ④

45 건설기계 조종사 면허의 결격사유에 해당되지 않는 것은?

① 18세 미만인 사람
② 정신질환자 또는 뇌전증환자
③ 마약·대마·향정신성의약품 또는 알코올 중독자
④ 파산자로서 복권되지 않은 사람

건설기계 조종사 면허의 결격사유
• 18세 미만인 사람
• 정신질환자 또는 뇌전증환자
• 앞을 보지 못하는 사람, 듣지 못하는 사람
• 마약·대마·향정신성의약품 또는 알코올중독자
• 건설기계 조종사 면허가 취소된 날부터 1년이 지나지 아니하였거나 건설기계 조종사 면허의 효력정지처분 기간 중에 있는 사람

답 : ④

46 건설기계 조종사의 적성검사에 대한 설명으로 옳은 것은?

① 적성검사는 60세까지만 실시한다.
② 적성검사는 수시 실시한다.
③ 적성검사는 2년마다 실시한다.
④ 적성검사에 합격하여야 면허 취득이 가능하다.

건설기계 조종사 면허를 받으려는 사람은 국가기술자격법에 따른 해당 분야의 기술 자격을 취득하고 적성검사에 합격하여야 한다.

답 : ④

47 건설기계 조종사 면허증 발급신청 시 첨부하는 서류와 가장 거리가 먼 것은?

① 신체검사서
② 국가기술자격증 정보
③ 주민등록표 등본
④ 소형 건설기계 조종교육 이수증

면허증 발급신청 할 시 첨부하는 서류
• 신체검사서
• 소형 건설기계 조종교육 이수증(소형 건설기계 조종사 면허증을 발급 신청하는 경우에 한정한다)
• 건설기계 조종사 면허증(건설기계 조종사 면허를 받은 자가 면허의 종류를 추가하고자 하는 때에 한한다)
• 6개월 이내에 촬영한 탈모상반신 사진 2매
• 국가기술자격증 정보
• 자동차운전면허 정보(3톤 미만의 지게차를 조종하려는 경우에 한정한다)

답 : ③

48 건설기계관리법령상 건설기계 조종사 면허 취소 또는 효력정지를 시킬 수 있는 자는?

① 대통령
② 경찰서장
③ 시·도지사
④ 국토교통부장관

답 : ③

49 도로교통법에 의한 제1종 대형 자동차 면허로 조종할 수 없는 건설기계는?

① 콘크리트 펌프
② 노상안정기
③ 아스팔트 살포기
④ 타이어식 기중기

제1종 대형 운전면허로 조종할 수 있는 건설기계
덤프트럭, 아스팔트 살포기, 노상 안정기, 콘크리트 믹서트럭, 콘크리트 펌프, 트럭적재식 천공기

답 : ④

50 건설기계관리법상 소형 건설기계에 포함되지 않는 것은?

① 3톤 미만의 굴착기
② 5톤 미만의 불도저
③ 5톤 이상의 기중기
④ 공기압축기

소형 건설기계의 종류
5톤 미만의 불도저, 5톤 미만의 로더, 5톤 미만의 천공기(트럭적재식은 제외), 3톤 미만의 지게차, 3톤 미만의 굴착기, 3톤 미만의 타워크레인, 공기압축기, 콘크리트펌프(이동식에 한정), 쇄석기, 준설선

답 : ③

51 3ton 미만 지게차의 소형 건설기계 조종 교육시간은?

① 이론 6시간, 실습 6시간
② 이론 4시간, 실습 8시간
③ 이론 12시간, 실습 12시간
④ 이론 10시간, 실습 14시간

3ton 미만 굴착기, 지게차, 로더의 교육시간은 이론 6시간, 조종실습 6시간이다.

답 : ①

52 건설기계 조종사 면허증의 반납사유에 해당하지 않는 것은?

① 면허가 취소된 때
② 면허의 효력이 정지된 때
③ 건설기계를 조종하지 않을 때
④ 면허증의 재교부를 받은 후 잃어버린 면허증을 발견한 때

면허증의 반납사유
• 면허가 취소된 때
• 면허의 효력이 정지된 때
• 면허증의 재교부를 받은 후 잃어버린 면허증을 발견한 때

답 : ③

53 건설기계 조종사 면허가 취소되었을 경우 그 사유가 발생한 날부터 며칠 이내에 면허증을 반납하여야 하는가?

① 7일 이내
② 10일 이내
③ 14일 이내
④ 30일 이내

건설기계 조종사 면허를 받은 사람은 그 사유가 발생한 날부터 10일 이내에 시장·군수 또는 구청장에게 그 면허증을 반납해야 한다.

답 : ②

54 건설기계관리법상의 건설기계사업에 해당하지 않는 것은?

① 건설기계매매업
② 건설기계해체재활용업
③ 건설기계정비업
④ 건설기계제작업

건설기계 사업의 종류에는 매매업, 대여업, 해체재활용업, 정비업이 있다.

답 : ④

55 건설기계소유자가 건설기계의 정비를 요청하여 그 정비가 완료된 후 장기간 해당 건설기계를 찾아가지 아니하는 경우, 정비사업자가 할 수 있는 조치사항은?

① 건설기계를 말소시킬 수 있다.
② 건설기계의 보관·관리에 드는 비용을 받을 수 있다.
③ 건설기계의 폐기인수증을 발부할 수 있다.
④ 과태료를 부과할 수 있다.

건설기계 사업자가 건설기계소유자로부터 받을 수 있는 보관·관리비용은 정비완료 사실을 건설기계소유자에게 통보한 날부터 5일이 경과하여도 당해 건설기계를 찾아가지 아니하는 경우 당해 건설기계의 보관·관리에 소요되는 실제비용으로 한다.

답 : ②

56 건설기계대여업 등록신청서에 첨부하여야 할 서류가 아닌 것은?

① 건설기계 소유사실을 증명하는 서류
② 사무실의 소유권 또는 사용권이 있음을 증명하는 서류
③ 주민등록표등본
④ 주기장 소재지를 관할하는 시장·군수·구청장이 발급한 주기장 시설보유확인서

건설기계대여업 등록신청서에 첨부하여야 할 서류
• 건설기계 소유사실을 증명하는 서류
• 사무실의 소유권 또는 사용권이 있음을 증명하는 서류
• 주기장 소재지를 관할하는 시장·군수·구청장이 발급한 주기장 시설보유확인서
• 계약서 사본

답 : ③

57 폐기대상 건설기계 인수증명서를 발급할 수 있는 자는?

① 시·도지사
② 국토교통부장관
③ 시장·군수
④ 건설기계해체재활용업자

건설기계해체재활용업자는 건설기계의 폐기요청을 받은 때에는 폐기대상 건설기계를 인수한 후 폐기요청을 한 건설기계소유자에게 폐기대상 건설기계 인수증명서를 발급하여야 한다.

답 : ④

58 신개발 건설기계의 시험·연구목적 운행을 제외한 건설기계의 임시운행 기간은 며칠 이내인가?

① 5일   ② 10일
③ 15일   ④ 20일

임시운행 기간은 15일 이내로 한다. 다만, 신개발 건설기계를 시험·연구의 목적으로 운행하는 경우에는 3년 이내로 한다.

답 : ③

59 건설기계의 등록 전에 임시운행 사유에 해당되지 않는 것은?

① 건설기계 구입 전 이상 유무를 확인하기 위해 1일간 예비운행을 하는 경우
② 등록신청을 하기 위하여 건설기계를 등록지로 운행하는 경우
③ 수출을 하기 위하여 건설기계를 선적지로 운행하는 경우
④ 신개발 건설기계를 시험·연구의 목적으로 운행하는 경우

임시운행 사유
• 등록신청을 하기 위하여 건설기계를 등록지로 운행하는 경우
• 신규등록검사 및 확인검사를 받기 위하여 건설기계를 검사장소로 운행하는 경우
• 수출을 하기 위하여 건설기계를 선적지로 운행하는 경우
• 수출을 하기 위하여 등록말소한 건설기계를 점검·정비의 목적으로 운행하는 경우
• 신개발 건설기계를 시험·연구의 목적으로 운행하는 경우
• 판매 또는 전시를 위하여 건설기계를 일시적으로 운행하는 경우

답 : ①

60 건설기계관리법상 건설기계의 구조를 변경할 수 있는 범위에 해당되는 것은?

① 육상작업용 건설기계의 규격을 증가시키기 위한 구조변경
② 육상작업용 건설기계의 적재함 용량을 증가시키기 위한 구조변경
③ 원동기의 형식변경
④ 건설기계의 기종변경

건설기계의 구조변경을 할 수 없는 경우
• 건설기계의 기종변경
• 육상작업용 건설기계의 규격을 증가시키기 위한 구조변경
• 육상작업용 건설기계의 적재함 용량을 증가시키기 위한 구조변경

답 : ③

61 건설기계의 형식승인은 누가 하는가?

① 국토교통부장관
② 시·도지사
③ 시장·군수 또는 구청장
④ 고용노동부장관

건설기계의 형식승인은 국토교통부장관이 한다.

답 : ①

62 건설기계 형식신고의 대상기계가 아닌 것은?

① 불도저
② 무한궤도식 굴착기
③ 리프트
④ 아스팔트 피니셔

형식신고의 대상 건설기계
불도저, 굴착기(무한궤도식), 로더(무한궤도식), 지게차, 스크레이퍼, 기중기(무한궤도), 롤러, 노상안정기, 콘크리트뱃칭플랜트, 콘크리트피니셔, 콘크리트살포기, 아스팔트믹싱플랜트, 아스팔트피니셔, 골재살포기, 쇄석기, 공기압축기, 천공기(무한궤도), 항타 및 항발기, 자갈채취기, 준설선, 특수건설기계

답 : ③

63 술에 취한 상태(혈중 알코올 농도 0.03% 이상 0.08% 미만)에서 건설기계를 조종한 자에 대한 면허효력정지 처분기준은?

① 20일　　　　② 30일
③ 40일　　　　④ 60일

술에 취한 상태(혈중 알코올 농도 0.03% 이상 0.08% 미만)에서 건설기계를 조종한 경우 면허효력정지 60일이다.

답 : ④

64 고의 또는 과실로 가스공급시설을 손괴하거나 기능에 장애를 입혀 가스의 공급을 방해한 때의 건설기계 조종사 면허 효력정지 기간은?

① 240일　　　　② 180일
③ 90일　　　　④ 45일

건설기계를 조종 중에 고의 또는 과실로 가스공급시설을 손괴한 경우 면허효력 정지 180일이다.

답 : ②

65 건설기계관리법령상 건설기계 조종사 면허의 취소처분 기준에 해당하지 않는 것은?

① 건설기계 조종사 면허증을 다른 사람에게 빌려 준 경우
② 술에 취한 상태(혈중 알코올 농도 0.03% 이상 0.08%미만)에서 건설기계를 조종하다가 사고로 사람을 죽게 하거나 다치게 한 경우
③ 건설기계 조종 중에 고의 또는 과실로 가스공급시설의 기능에 장애를 입혀 가스공급을 방해한 자
④ 술에 만취한 상태(혈중 알코올 농도 0.08%)에서 건설기계를 조종한 경우

답 : ③

66 술에 만취한 상태(혈중 알코올 농도 0.08% 이상)에서 건설기계를 조종한 자에 대한 면허의 취소·정지처분 내용은?

① 면허취소
② 면허효력 정지 60일
③ 면허효력 정지 50일
④ 면허효력 정지 70일

답 : ①

67 건설기계 조종사 면허의 취소·정지 처분 기준 중 "경상"의 인명피해를 구분하는 판단 기준으로 가장 옳은 것은?

① 경상 : 1주 미만의 치료를 요하는 진단이 있는 경우
② 경상 : 2주 이하의 치료를 요하는 진단이 있는 경우
③ 경상 : 3주 미만의 치료를 요하는 진단이 있는 경우
④ 경상 : 4주 이하의 치료를 요하는 진단이 있는 경우

중상은 3주 이상의 치료를 요하는 진단이 있는 경우이며, 경상은 3주 미만의 치료를 요하는 진단이 있는 경우이다.

답 : ③

69 건설기계 조종사 면허를 받지 아니하고 건설기계를 조종한 자에 대한 벌칙기준은?

① 2년 이하의 징역 또는 1,000만 원 이하의 벌금
② 1년 이하의 징역 또는 1,000만 원 이하의 벌금
③ 2년 이하의 징역 또는 300만 원 이하의 벌금
④ 1년 이하의 징역 또는 300만 원 이하의 벌금

건설기계 조종사 면허를 받지 아니하고 건설기계를 조종한 자는 1년 이하의 징역 또는 1,000만 원 이하의 벌금

답 : ②

68 등록되지 아니한 건설기계를 사용하거나 등록이 말소된 건설기계를 사용하거나 운행한 자에 대한 벌칙은?

① 100만 원 이하 벌금
② 300만 원 이하 벌금
③ 1년 이하의 징역 또는 1,000만 원 이하 벌금
④ 2년 이하의 징역 또는 2,000만 원 이하 벌금

등록되지 아니하거나 등록말소 된 건설기계를 사용하거나 운행한 자는 2년 이하의 징역 또는 2,000만 원 이하의 벌금

답 : ④

70 건설기계 조종사 면허가 취소되거나 정지 처분을 받은 후 건설기계를 계속 조종한 자에 대한 벌칙으로 옳은 것은?

① 30만 원 이하의 과태료
② 100만 원 이하의 과태료
③ 1년 이하의 징역 또는 1,000만 원 이하의 벌금
④ 1년 이하의 징역 또는 100만 원 이하의 벌금

건설기계 조종사 면허가 취소되거나 정지처분을 받은 후 건설기계를 계속 조종한 자에 대한 벌칙은 1년 이하의 징역 또는 1,000만 원 이하의 벌금

답 : ③

71 폐기요청을 받은 건설기계를 폐기하지 아니하거나 등록번호표를 폐기하지 아니한 자에 대한 벌칙은?

① 2년 이하의 징역 또는 2,000만 원 이하의 벌금
② 1년 이하의 징역 또는 1,000만 원 이하의 벌금
③ 200만 원 이하의 벌금
④ 100만 원 이하의 벌금

폐기요청을 받은 건설기계를 폐기하지 아니하거나 등록번호표를 폐기하지 아니한 자의 벌칙은 1년 이하의 징역 또는 1,000만 원 이하의 벌금

답 : ②

72 건설기계관리법령상 건설기계의 소유자가 건설기계를 도로나 타인의 토지에 계속 버려두어 방치한 자에 대해 적용하는 벌칙은?

① 1,000만 원 이하의 벌금
② 2,000만 원 이하의 벌금
③ 1년 이하의 징역 또는 1,000만 원 이하의 벌금
④ 2년 이하의 징역 또는 2,000만 원 이하의 벌금

건설기계의 소유자가 건설기계를 도로나 타인의 토지에 계속 버려두어 방치한 경우 1년 이하의 징역 또는 1,000만 원 이하의 벌금

답 : ③

73 건설기계의 정비명령을 이행하지 아니한 자에 대한 벌칙은?

① 1년 이하의 징역 또는 5,000만 원 이하의 벌금
② 1년 이하의 징역 또는 3,000만 원 이하의 벌금
③ 1년 이하의 징역 또는 2,000만 원 이하의 벌금
④ 1년 이하의 징역 또는 1,000만 원 이하의 벌금

정비명령을 이행하지 아니한 자의 벌칙은 1년 이하의 징역 또는 1,000만 원 이하의 벌금

답 : ④

74 건설기계관리법령상 구조변경 검사를 받지 아니한 자에 대한 처벌은?

① 1년 이하의 징역 또는 1,000만 원 이하의 벌금
② 1년 이하의 징역 또는 1,500만 원 이하의 벌금
③ 2년 이하의 징역 또는 2,000만 원 이하의 벌금
④ 2년 이하의 징역 또는 2,500만 원 이하의 벌금

구조변경 검사 또는 수시검사를 받지 아니한 자는 1년 이하의 징역 또는 1,000만 원 이하의 벌금

답 : ①

75 등록번호표를 가리거나 훼손하여 알아보기 곤란하게 한 자 또는 그러한 건설기계를 운행한 자 대한 벌칙은?

① 100만 원 이하의 과태료
② 50만 원 이하의 과태료
③ 30만 원 이하의 과태료
④ 1년 이하의 징역

등록번호표를 가리거나 훼손하여 알아보기 곤란하게 한 자 또는 그러한 건설기계를 운행한 자에 대한 벌칙은 100만 원 이하의 과태료

답 : ①

76 건설기계의 등록번호표를 부착·봉인하지 아니하거나 등록번호를 새기지 아니한 자에게 부가하는 법규상의 과태료로 맞는 것은?

① 30만 원 이하의 과태료
② 50만 원 이하의 과태료
③ 100만 원 이하의 과태료
④ 20만 원 이하의 과태료

건설기계의 등록번호를 부착·봉인하지 아니하거나 등록번호를 새기지 아니한 자에게 부가하는 법규상의 과태료는 100만 원 이하

답 : ③

77 건설기계를 주택가 주변에 세워 두어 교통소통을 방해하거나 소음 등으로 주민의 생활환경을 침해한 자에 대한 벌칙은?

① 200만 원 이하의 벌금
② 100만 원 이하의 벌금
③ 100만 원 이하의 과태료
④ 50만 원 이하의 과태료

건설기계를 주택가 주변에 세워 두어 교통소통을 방해하거나 소음 등으로 주민의 생활환경을 침해한 자에 대한 벌칙은 50만 원 이하의 과태료

답 : ④

78 건설기계관리법상 건설기계 형식에 관한 승인을 얻거나 그 형식을 신고한 자(제작자 등)는 당사자 간에 별도의 계약이 없는 경우에 건설기계를 판매한 날로부터 몇 개월 동안 무상으로 건설기계를 정비해 주어야 하는가?

① 6개월   ② 12개월
③ 24개월   ④ 36개월

제작자로부터 건설기계를 구입한 자가 무상으로 사후 관리를 받을 수 있는 법정 기간은 12개월이다. 다만, 12개월 이내에 건설기계의 주행거리가 20,000km(원동기 및 차동장치의 경우에는 40,000km)를 초과하거나 가동시간이 2,000시간을 초과한 때에는 12개월이 경과한 것으로 본다.

답 : ②

79 특별표지판 부착 대상 대형 건설기계의 범위에 속하지 않는 것은?

① 길이가 15m인 건설기계
② 너비가 2.8m인 건설기계
③ 높이가 6m인 건설기계
④ 총중량 45ton인 건설기계

대형 건설기계
• 길이가 16.7m 이상인 경우
• 너비가 2.5m 이상인 경우
• 최소 회전 반경이 12m 이상인 경우
• 높이가 4m 이상인 경우
• 총중량이 40ton 이상인 경우
• 총중량 상태에서 축하중이 10ton을 초과하는 건설기계

답 : ①

80 대형 건설기계에서 경고표지판 부착위치
는?

① 작업인부가 쉽게 볼 수 있는 곳
② 조종실 내부의 조종사가 보기 쉬운 곳
③ 교통경찰이 쉽게 볼 수 있는 곳
④ 특별 번호판 옆

대형 건설기계에는 조종실 내부의 조종사가 보기 쉬
운 곳에 경고표지판을 부착하여야 한다.

답 : ②

81 타이어식 건설기계의 최고 속도가 최소 몇
km/h 이상일 경우에 조종석 안전띠를 갖
추어야 하는가?

① 30km/h　　② 40km/h
③ 50km/h　　④ 60km/h

지게차, 전복보호구조 또는 전도보호구조를 장착한 건
설기계와 시간당 30km 이상의 속도를 낼 수 있는 타
이어식 건설기계에는 좌석안전띠를 설치하여야 한다.

답 : ①

82 건설기계관리법에 따라 최고 주행속도
15km/h 미만의 타이어식 건설기계가 필
히 갖추어야 할 조명장치가 아닌 것은?

① 전조등
② 후부반사기
③ 비상점멸 표시등
④ 제동등

최고 주행속도가 시간당 15km 미만인 타이어식 건
설기계에 설치하여야 하는 조명장치
　• 전조등
　• 제동등. 다만, 유량 제어로 속도를 감속하거나 가속
　　하는 건설기계는 제외한다.
　• 후부반사기
　• 후부반사판 또는 후부반사지

답 : ③

83 도로운행 시의 건설기계의 축하중 및 총중
량 제한은?

① 윤하중 5톤 초과, 총중량 20톤 초과
② 축하중 10톤 초과, 총중량 20톤 초과
③ 축하중 10톤 초과, 총중량 40톤 초과
④ 윤하중 10톤 초과, 총중량 10톤 초과

도로를 운행할 때의 건설기계 축하중 및 총중량 제한
은 축하중 10톤 초과, 총중량 40톤 초과이다.

답 : ③

84 건설기계관리법령상 자동차손해배상보장
법에 따른 자동차보험에 반드시 가입하여
야 하는 건설기계가 아닌 것은?

① 타이어식 지게차
② 타이어식 굴착기
③ 타이어식 기중기
④ 덤프트럭

자동차손해배상보장법에 따른 자동차보험에 반드시
가입하여야 하는 건설기계
덤프트럭, 타이어식 기중기, 콘크리트믹서트럭, 트럭
적재식 콘크리트펌프, 트럭적재식 아스팔트살포기,
타이어식 굴착기, 특수건설기계[트럭지게차, 도로보
수트럭, 노면측정장비(노면측정장치를 가진 자주식인
것)]

답 : ①

제7편

응급대처

01 제동장치가 고장 났을 때

브레이크 페달 유격이 크게 되어 제동력 불량일 경우에는 안전주차하고 후면 안전거리에 고장표시판을 설치 후 고장 내용을 점검하고 아래와 같이 조치한다.

① 브레이크 오일에 공기가 들어 있을 경우의 원인은 브레이크 오일부족, 오일 파이프 파열, 마스트 실린더 내의 체결 밸브 불량으로 조치방법은 공기빼기를 실시한다.
② 브레이크 라인이 마멸된 경우 정비공장에 의뢰하여 수리·교환한다.
③ 브레이크 파이프에서 오일이 누유될 경우 정비공장에 의뢰하여 교환한다.
④ 마스트 실린더 및 휠 실린더 불량일 경우 정비공장에 의뢰하여 수리·교환한다.
⑤ 베이퍼 록 현상이 일어났을 때에는 기관 브레이크를 사용한다.
⑥ 페이드 현상이 발생하였을 때에는 기관 브레이크를 병용한다.

02 타이어 펑크 및 주행 장치가 고장 났을 때

① 타이어 펑크가 났을 때에는 안전 주차하고 후면 안전거리에 고장표시판을 설치 후 정비사에게 지원을 요청한다.
② 주행장치(동력전달장치, 조향장치 등)가 고장 났을 때에는 안전 주차하고 후면 안전거리에 고장표시판을 설치 후 견인 조치한다.

03 마스트 유압라인이 고장 났을 때

① '마스트의 전경각'이란 지게차의 기준 무부하 상태에서 지게차의 마스트를 쇠스랑(포크) 쪽으로 가장 기울인 경우 마스트가 수직면에 대하여 이루는 기울기를 말한다.
② '마스트의 후경각'이란 지게차의 기준 무부하 상태에서 지게차의 마스트를 조종실 쪽으로 가장 기울인 경우 마스트가 수직면에 대하여 이루는 기울기를 말한다.
③ 마스트의 전경각 및 후경각은 다음 각 호의 기준에 맞아야 한다. 다만, 철판 코일을 들어 올릴 수 있는 특수한 구조인 경우 또는 안전에 지장이 없도록 안전경보장치 등을 설치한 경우에는 그러하지 아니하다.

> • 카운터밸런스 지게차의 전경각은 6도 이하, 후경각은 12도 이하일 것
> • 사이드 시프트 포크형 지게차의 전경각 및 후경각은 각각 5도 이하일 것

④ 안전주차 후 뒷면에 고장표시판 설치 후 포크를 마스트에 고정한다.
⑤ 주차 브레이크를 푼다.
⑥ 브레이크 페달을 놓는다.

⑦ 시동스위치는 OFF로 한다.

⑧ 전·후진 레버를 중립에 위치한다.

⑨ 지게차에 견인 봉을 연결한다.

⑩ 지게차를 서서히 견인한다.

⑪ 주행속도는 2km/h 이하로 유지한다.

04 지게차 응급 견인방법

① 견인은 짧은 거리 이동을 위한 비상응급 견인이며 장거리를 이동할 때에는 항상 수송트럭으로 운반하여야 한다.

② 견인되는 지게차에는 운전자가 조향핸들과 제동장치를 조작할 수 없으며 탑승자를 허용해서는 아니 된다.

③ 견인하는 지게차는 고장 난 지게차보다 커야 한다.

④ 고장 난 지게차를 경사로 아래로 이동할 때는 충분한 조정과 제동을 얻기 위해 더 큰 견인 지게차로 견인하거나 또는 몇 대의 지게차를 뒤에 연결할 필요가 있을 때도 있다. 그렇게 하여 예기치 못한 구름을 방지한다.

제2장 교통사고가 발생하였을 때의 대처

01 인명사고가 발생하였을 때 응급조치 후 긴급구호 요청

① 차 운전 등 교통으로 인하여 사람을 사상(死傷)하거나 물건을 손괴(이하 '교통사고'라 한다)한 경우에는 그 차의 운전자나 그 밖의 승무원(이하 '운전자 등'이라 한다)은 즉시 정차하여 사상자를 구호하는 등 필요한 조치를 하여야 한다.

② 그 차의 운전자 등은 경찰공무원이 현장에 있을 때에는 그 경찰공무원에게, 경찰공무원이 현장에 없을 때에는 가장 가까운 국가경찰관서(지구대, 파출소 및 출장소를 포함한다. 이하 같다)에 다음 각 호의 사항을 지체 없이 신고하여야 한다. 다만, 운행 중인 차만 손괴된 것이 분명하고 도로에서의 위험방지와 원활한 소통을 위하여 필요한 조치를 한 경우에는 그러하지 아니하다.

• 사고가 일어난 곳	• 사상자 수 및 부상정도
• 손괴한 물건 및 손괴정도	• 그 밖의 조치사항 등

③ 신고를 받은 경찰공무원은 부상자의 구호와 그 밖의 교통위험 방지를 위하여 필요하다고 인정하면 경찰공무원(자치경찰공무원은 제외한다)이 현장에 도착할 때까지 신고한 운전자 등에게 현장에서 대기할 것을 명할 수 있다.

④ 경찰공무원은 교통사고를 낸 차의 운전자 등에 대하여 그 현장에서 부상자의 구호와 교통안전을 위하여 필요한 지시를 명할 수 있다.

⑤ 긴급자동차, 부상자를 운반 중인 차 및 우편물자동차 등의 운전자는 긴급한 경우에는 동승자로 하여금 제1항에 따른 조치나 제2항에 따른 신고를 하게 하고 운전을 계속할 수 있다.

⑥ 경찰공무원(자치경찰공무원은 제외한다)은 교통사고가 발생한 경우에는 대통령령으로 정하는 바에 따라 필요한 조사를 하여야 한다.

02 소화기

화재는 어떤 물질이 산소와 결합하여 연소하면서 열을 방출시키는 산화반응이며, 화재가 발생하기 위해서는 가연성 물질, 산소, 점화원이 반드시 필요하다.

1 화재의 분류

① A급 화재 : 일반화재(고체연료의 화재) – 연소 후 재를 남긴다.
② B급 화재 : 휘발유, 벤젠 등의 유류(기름)화재
③ C급 화재 : 전기화재
④ D급 화재 : 금속화재

2 소화기의 종류

이산화탄소 소화기	유류화재, 전기화재 모두 적용 가능하나, 질식작용에 의해 화염을 진화하기 때문에 실내 사용에는 특히 주의를 기울여야 한다.
포말 소화기	목재, 섬유, 등 일반화재에도 사용되며, 가솔린과 같은 유류나 화학약품의 화재에도 적당하나, 전기화재에는 부적당하다.
분말 소화기	미세한 분말 소화재를 화염에 방사시켜 진화시킨다.
물분무 소화설비	연소물의 온도를 인화점 이하로 냉각시키는 효과가 있다.

3 소화기 사용법을 숙지한다.

① 안전핀을 뽑는다. 이때 손잡이를 누른 상태로는 잘 빠지지 않으니 침착하도록 한다.
② 호스 걸이에서 호스를 벗겨내어 잡고 끝을 불쪽으로 향한다.
③ 손잡이를 힘껏 잡아 누른다.
④ 불의 아래쪽에서 비를 쓸 듯이 차례로 덮어 나간다.
⑤ 불이 꺼지면 손잡이를 놓는다.

03 교통사고가 발생하였을 때 2차사고 예방

1 차량의 응급상황을 알리는 삼각대

① 도로 위의 다양한 상황에서 최우선으로 고려해야 할 사항은 운전자와 승객의 안전이다.
한국도로공사 통계에 의하면 2차사고 치사율은 60%로 일반 교통사고의 치사율보다 6배나

높고, 고장으로 정차한 차량의 추돌사고가 전체 2차사고 발생률의 25%를 차지한다. 야간 사고 발생률은 무려 73%나 된다.

② 안전 삼각대는 이러한 2차사고 예방을 위한 필수 물품이므로 반드시 구비해야 한다. 2005년 이후 생산된 모든 국산 차량에는 안전 삼각대가 기본 장비로 포함되어 있으므로 적재된 위치를 미리 파악해 두도록 하고, 구비되어 있지 않거나 파손된 경우, 별도로 구입해야 한다.

③ 안전 삼각대 설치 위반 시에는 과태료가 부과되며, 고속도로에서는 주간 최소 100m, 야간 최소 200m 전에 설치해야 한다.

2 소화기 및 비상용 망치, 손전등

① 차량 화재 또는 내부에 갇히게 될 경우에 대비해 소화기와 비상용 망치도 반드시 준비해야 한다. 특히 소화기의 경우, 휴대가 간편한 스프레이형 제품도 있으므로 운전자의 안전을 위해 항상 실내에 구비하는 것이 좋다.

② 차량에 고장이 발생하였을 때 하부나 기관 룸 깊숙한 곳을 살피기 위해서는 주간에도 손전등이 필요하다. 특히 야간에는 응급 상황에 대처하는데도 도움이 되므로 반드시 준비해 두는 것이 좋다.

3 사고 표시용 스프레이

① 교통사고가 발생하였을 때 현장상황을 보존하는 것은 매우 중요하다. 차량에 사고표시용 스프레이를 미리 준비해 두면 억울하게 불이익을 당하지 않도록 증거를 남길 수 있다.

② 휴대폰이나 카메라 등을 이용해 사고 상황을 촬영해 두어도 도움이 된다.

04 교통사고에 대처하기

1 인명사고가 났을 때 긴급구호 요청방법

'즉시 정차 → 사상자 구호 → 신고' 순서로 조치 후 긴급구조 요청을 한다.

2 전복되었을 때 생존 방법

지게차가 전복될 경우에는 운전자가 운전자 안전장치를 사용하고 주어진 각호를 따를 경우에는 중상 또는 사망의 위험이 감소된다.

- 항상 운전자 안전장치를 사용한다.
- 뛰어내리지 않는다.
- 조향핸들을 꽉 잡는다.
- 발을 힘껏 벌린다.
- 상체를 전복되는 반대방향으로 기울인다.
- 머리와 몸을 앞쪽으로 기울인다.

출제 예상 문제

01 도로교통법상 교통사고에 해당되지 않는 것은?

① 도로운전 중 언덕길에서 추락하여 부상한 사고
② 차고에서 적재하던 화물이 전락하여 사람이 부상한 사고
③ 주행 중 브레이크 고장으로 도로변의 전주를 충돌한 사고
④ 도로주행 중에 화물이 추락하여 사람이 부상한 사고

답 : ②

02 교통사고가 발생하였을 때 운전자가 가장 먼저 취해야 할 조치로 적절한 것은?

① 즉시 보험회사에 신고한다.
② 모범운전자에게 신고한다.
③ 즉시 피해자 가족에게 알린다.
④ 즉시 사상자를 구호하고 경찰에 연락한다.

답 : ④

03 교통사고로서 중상의 기준에 해당하는 것은?

① 1주 이상의 치료를 요하는 부상
② 2주 이상의 치료를 요하는 부상
③ 3주 이상의 치료를 요하는 부상
④ 4주 이상의 치료를 요하는 부상

중상의 기준은 3주 이상의 치료를 요하는 부상이다.

답 : ③

04 자동차 운전 중 교통사고를 일으킨 때 사고 결과에 따른 벌점기준으로 틀린 것은?

① 부상신고 1명마다 2점
② 사망 1명마다 90점
③ 경상 1명마다 5점
④ 중상 1명마다 30점

교통사고 발생 후 벌점
• 사망 1명마다 90점 (사고발생으로부터 72시간 내에 사망한 때)
• 중상 1명마다 15점 (3주 이상의 치료를 요하는 의사의 진단이 있는 사고)
• 경상 1명마다 5점 (3주 미만 5일이상의 치료를 요하는 의사의 진단이 있는 사고)
• 부상신고 1명마다 2점 (5일 미만의 치료를 요하는 의사의 진단이 있는 사고)

답 : ④

05 화재에 대한 설명으로 틀린 것은?

① 화재는 어떤 물질이 산소와 결합하여 연소하면서 열을 방출시키는 산화반응을 말한다.
② 화재가 발생하기 위해서는 가연성 물질, 산소, 발화원이 반드시 필요하다.
③ 전기에너지가 발화원이 되는 화재를 C급 화재라 한다.
④ 가연성 가스에 의한 화재를 D급 화재라 한다.

가연성 가스에 의한 화재를 B급 화재라 한다.

답 : ④

06 화재발생 시 연소조건이 아닌 것은?

① 점화원   ② 산소(공기)
③ 발화시기   ④ 가연성 물질

연소조건은 점화원, 산소(공기), 가연성 물질이다.

답 : ③

07 화재의 분류기준으로 틀린 것은?

① A급 화재 : 고체 연료성 화재
② D급 화재 : 금속화재
③ B급 화재 : 액상 또는 기체상의 연료성 화재
④ C급 화재 : 가스화재

화재의 분류
• A급 화재 : 고체연료(나무, 석탄 등) 연소 후 재를 남기는 일반적인 화재
• B급 화재 : 액상 또는 기체연료(휘발유, 벤젠 등)의 유류화재
• C급 화재 : 전기화재
• D급 화재 : 금속화재

답 : ④

08 목재, 종이, 석탄 등 일반 가연물의 화재는 어떤 화재로 분류하는가?

① A급 화재   ② B급 화재
③ C급 화재   ④ D급 화재

답 : ①

09 화재의 분류기준에서 휘발유로 인해 발생한 화재는?

① C급 화재   ② A급 화재
③ D급 화재   ④ B급 화재

답 : ④

10 B급 화재에 대한 설명으로 옳은 것은?

① 목재, 섬유류 등의 화재로서 일반적으로 냉각소화를 한다.
② 유류 등의 화재로서 일반적으로 질식효과(공기차단)로 소화한다.
③ 전기기기의 화재로서 일반적으로 전기절연성을 갖는 소화제로 소화한다.
④ 금속나트륨 등의 화재로서 일반적으로 건조사를 이용한 질식효과로 소화한다.

답 : ②

11 전기시설과 관련된 화재로 분류되는 것은?

① A급 화재   ② B급 화재
③ C급 화재   ④ D급 화재

답 : ③

12 화재예방 조치로서 적합하지 않은 것은?

① 가연성 물질을 인화 장소에 두지 않는다.
② 유류취급 장소에는 방화수를 준비한다.
③ 흡연은 정해진 장소에서만 한다.
④ 화기는 정해진 장소에서만 취급한다.

답 : ②

13 가스 및 인화성 액체에 의한 화재예방 조치 방법으로 틀린 것은?

① 가연성 가스는 대기 중에 자주 방출시킬 것
② 인화성 액체의 취급은 폭발한계의 범위를 초과한 농도로 할 것
③ 배관 또는 기기에서 가연성 증기의 누출여부를 철저히 점검할 것
④ 화재를 진화하기 위한 방화 장치는 위급상황 시 눈에 잘 띄는 곳에 설치할 것

답 : ①

14 소화설비 선택 시 고려하여야 할 사항이 아닌 것은?

① 작업의 성질 ② 작업자의 성격
③ 화재의 성질 ④ 작업장의 환경

답 : ②

15 소화설비를 설명한 내용으로 맞지 않는 것은?

① 포말 소화설비는 저온 압축한 질소가스를 방사시켜 화재를 진화한다.
② 분말 소화설비는 미세한 분말 소화제를 화염에 방사시켜 진화시킨다.
③ 물분무 소화설비는 연소물의 온도를 인화점 이하로 냉각시키는 효과가 있다.
④ 이산화탄소 소화설비는 질식작용에 의해 화염을 진화시킨다.

포말 소화기는 외통용기에 탄산수소나트륨, 내통용기에 황산알루미늄을 물에 용해하여 충전한다. 사용할 때 양 용기의 약제가 화합되어 탄산가스가 발생하며, 거품을 발생시켜 방사한다.

답 : ①

16 소화작업 시 행동요령으로 틀린 것은?

① 카바이드 및 유류에는 물을 뿌린다.
② 가스밸브를 잠그고 전기 스위치를 끈다.
③ 전선에 물을 뿌릴 때는 송전 여부를 확인한다.
④ 화재가 일어나면 화재경보를 한다.

소화작업의 기본요소
• 가연물질과 점화원을 제거하고 산소공급을 차단한다.
• 가스밸브를 잠그고 전기스위치를 끈다.
• 전선에 물을 뿌릴 때는 송전 여부를 확인한다.
• 화재가 일어나면 화재경보를 한다.
• 카바이드 및 유류화재에는 물을 뿌려서는 안 된다.
• 점화원을 발화점 이하의 온도로 낮춘다.

답 : ①

17 소화작업의 기본요소가 아닌 것은?

① 가연물질을 제거하면 된다.
② 산소를 차단하면 된다.
③ 점화원을 제거시키면 된다.
④ 연료를 기화시키면 된다.

답 : ④

18 화재 시 소화원리에 대한 설명으로 틀린 것은?

① 기화소화법은 가연물을 기화시키는 것이다.
② 냉각소화법은 열원을 발화온도 이하로 냉각하는 것이다.
③ 질식소화법은 가연물에 산소공급을 차단하는 것이다.
④ 제거소화법은 가연물을 제거하는 것이다.

답 : ①

19 유류화재 시 소화용으로 가장 거리가 먼 것은?

① 물   ② 소화기
③ 모래   ④ 흙

답 : ①

20 작업장에서 휘발유 화재가 일어났을 경우 가장 적합한 소화방법은?

① 물 호스의 사용
② 불의 확대를 막는 덮개의 사용
③ 소다 소화기의 사용
④ 탄산가스 소화기의 사용

유류화재에는 탄산가스(이산화탄소) 소화기를 사용하여야 한다.

답 : ④

21 전기화재에 적합하며 화재 때 화점에 분사하는 소화기로 산소를 차단하는 소화기는?

① 포말 소화기
② 이산화탄소 소화기
③ 분말 소화기
④ 증발 소화기

이산화탄소 소화기는 유류, 전기화재 모두 적용 가능하나, 산소차단(질식작용)에 의해 화염을 진화하기 때문에 실내에서 사용할 때는 특히 주의를 기울여야 한다.

답 : ②

22 다음 중 전기설비 화재 시 가장 적합하지 않은 소화기는?

① 포말 소화기
② 이산화탄소 소화기
③ 무상강화액 소화기
④ 할로겐화합물 소화기

전기화재의 소화에 포말 소화기는 사용해서는 안 된다.

답 : ①

23 금속나트륨이나 금속칼륨 화재의 소화재로서 가장 적합한 것은?

① 물
② 포말 소화기
③ 건조사
④ 이산화탄소 소화기

D급 화재는 금속나트륨, 금속칼륨 등의 화재로서 일반적으로 건조사를 이용한 질식효과로 소화한다.

답 : ③

24 소화방식의 종류 중 주된 작용이 질식소화에 해당하는 것은?

① 강화액   ② 호스방수
③ 에어-폼   ④ 스프링클러

답 : ③

25 건설기계에 비치할 가장 적합한 종류의 소화기는?

① A급 화재소화기
② 포말B 소화기
③ ABC 소화기
④ 포말 소화기

건설기계에는 ABC 소화기를 비치하여야 한다.

답 : ③

26 화재발생 시 소화기를 사용하여 소화작업을 하고 할 때 올바른 방법은?

① 바람을 안고 우측에서 좌측을 향해 실시한다.
② 바람을 등지고 좌측에서 우측을 향해 실시한다.
③ 바람을 안고 아래쪽에서 위쪽을 향해 실시한다.
④ 바람을 등지고 위쪽에서 아래쪽을 향해 실시한다.

소화기를 사용하여 소화 작업을 할 경우에는 바람을 등지고 위쪽에서 아래쪽을 향해 실시한다.

답 : ④

27 화재발생 시 초기진화를 위해 소화기를 사용하고자 할 때, 다음 보기에서 소화기 사용방법에 따른 순서로 맞는 것은?

보기
a. 안전핀을 뽑는다. b. 안전핀 걸림장치를 제거한다. c. 손잡이를 움켜잡아 분사한다. d. 노즐을 불이 있는 곳으로 향하게 한다.

① a→b→c→d   ② c→a→b→d
③ d→b→c→a   ④ b→a→d→c

소화기 사용 순서
안전핀 걸림장치를 제거한다.→안전핀을 뽑는다.→노즐을 불이 있는 곳으로 향하게 한다.→손잡이를 움켜잡아 분사한다.

답 : ④

제8편

안전관리

제1장 안전보호구 착용 및 안전장치 확인

01 안전사고 발생의 개요

1 사고발생 원인

사고발생의 원인은 작업자의 불안전한 행동에 의한 경우가 80%, 작업자의 불안정한 상태에 의한 것이 10%, 다른 작업자의 실수에 의한 경우가 8%, 천재지변에 의한 경우가 2% 정도를 차지한다.

2 안전관리 결함

안전관리의 결함에는 작업자의 인적요인, 설비적인 요인, 작업적인 요인, 관리적 요인 등이 있다.

3 위험예지 훈련

① 제1단계 : 현상파악
② 제2단계 : 본질추구
③ 제3단계 : 대책수립
④ 제4단계 : 목표설정

02 안전 보호구

1 안전 보호구 이해

안전 보호구란 산업재해를 예방하기 위하여 작업자가 작업하기 전에 착용하는 기구나 장치이다.

(1) 안전 보호구의 구비조건

① 착용이 간단하고 착용 후 작업하기가 용이해야 한다.
② 유해·위험요소로부터 보호성능이 충분해야 한다.
③ 품질과 끝마무리가 양호해야 한다.
④ 외관 및 디자인이 양호해야 한다.

(2) 안전 보호구를 선택할 때 주의사항

① 사용목적에 적합해야 한다.
② 품질이 좋아야 한다.
③ 사용하기가 용이해야 한다.
④ 관리하기가 편해야 한다.
⑤ 작업자에게 잘 맞아야 한다.

2 안전모

안전모는 작업자가 작업할 때 비래하는 물건이나 낙하하는 물건에 의한 위험성으로부터 머리를 보호한다.

(1) 안전모의 종류

① A형 : 물체의 낙하 및 비래에 의한 위험을 방지 또는 경감시키기 위한 것이며, 재질은 합성수지 또는 금속이다.
② AB형 : 물체의 낙하 또는 비래 및 추락에 의한 위험을 방지 또는 경감시키기 위한 것이며, 재질은 합성수지이다.
③ AE형 : 물체의 낙하 및 비래에 의한 위험을 방지 또는 경감하고, 머리부위 감전에 의한 위험을 방지하기 위한 것이며, 재질은 합성수지이다. 내전압성(7,000V 이하의 전압에 견디는 것)이 크다.
④ ABE형 : 물체의 낙하 또는 비래 및 추락에 의한 위험을 방지 또는 경감하고, 머리부위 감전에 의한 위험을 방지하기 위한 것이며, 재질은 합성수지이다. 내전압성이 크다.

(2) 안전모 사용 및 관리방법

① 작업내용에 적합한 안전모를 착용한다.
② 안전모를 착용할 때 턱 끈을 바르게 한다.
③ 충격을 받은 안전모나 변형된 안전모는 폐기 처분한다.
④ 자신의 크기에 맞도록 착장제의 머리 고정대를 조절한다.
⑤ 안전모에 구멍을 내지 않도록 한다.
⑥ 합성수지는 자외선에 균열 및 노화가 되므로 자동차 뒤 창문 등에 보관을 하지 않는다.

3 안전화

안전화는 작업장소의 상태가 나쁘거나, 작업자세가 부적합할 때 발이 미끄러져 넘어져서 발생하는 사고 및 물건의 취급, 운반할 때 취급하고 있는 물품에 발등이 다치는 재해로부터 작업자를 보호하기 위한 신발이다.

① 경 작업용 : 금속선별, 전기제품조립, 화학품 선별, 식품가공업 등 경량의 물체를 취급하는 작업장
② 보통 작업용 : 기계공업, 금속가공업, 등 공구품을 손으로 취급하는 작업 및 차량 사업장, 기계 등을 조작하는 일반 작업장
③ 중 작업용 : 중량물 운반 작업 및 중량이 큰 물체를 취급하는 작업장

4 안전작업복

① 안전작업복의 기본적인 요소 : 기능성·심미성·상징성이 작업복 스타일이 기본적인 3요소이다.
② 안전작업복의 조건 : 작업복이 갖추어야 할 조건으로는 보건성, 장신성, 적응성, 내구성이 있다.

5 보안경

보안경은 날아오는 물체로부터 눈을 보호하고 유해광선에 의한 시력 장해를 방지하기 위해 사용한다.

① 유리 보안경 : 고운가루, 칩, 기타 비산물체로부터 눈을 보호하기 위한 보안경이다.

② 플라스틱 보안경 : 고운 가루, 칩, 액체, 약품 등의 비산물체로부터 눈을 보호하기 위한 보안경이다.

③ 도수렌즈 보안경 : 원시 또는 난시인 작업자가 보안경을 착용해야 하는 작업장에서 유해 물질로부터 눈을 보호하고 시력을 교정하기 위한 보안경이다.

6 방음보호구(귀마개·귀 덮개)

방음보호구는 소음이 발생하는 작업장에서 작업자의 청력을 보호하기 위해 사용되며 소음의 허용 기준은 8시간 작업을 할 때 90데시벨(db)이고 그 이상의 소음 작업장에서는 귀마개나 귀 덮개를 착용한다.

7 호흡용 보호구

호흡용 보호구는 산소결핍 작업, 분진 및 유독가스 발생 작업장에서 작업할 때 신선한 공기 공급 및 여과를 통하여 호흡기를 보호한다.

03 안전장치

안전장치는 작업자의 위해를 방지하거나 기계설비의 손상을 방지하기 위하여 기계적, 전지적인 기능을 구비한 장치이다.

1 지게차 전도방지 안전장치

지게차에 화물을 적재하였을 때 앞 타이어가 받침대 역할을 하고 뒷면 평형추(count weight)의 무게에 의해 안정된 상태를 유지할 수 있도록 최대 하중 이하로 적재한다.

2 지게차의 안정도

안정도는 지게차의 화물하역 및 운반할 때 전도에 대한 안전성을 표시하는 수치로 하중을 높이 올리면 중심이 높아져서 언덕길 등의 경사면에서는 가로위치가 되면 쉽게 전도가 된다.

이 때문에 지게차의 안정도 시험을 하여 규정된 안정도 값을 유지해야 한다.

① 하역작업을 할 때 전후 안정도 : 4%(5t 이상 : 3.5%)

② 주행을 할 때 전후 안정도 : 18%

③ 하역작업을 할 때 좌우 안정도 : 6%

④ 주행할 때 좌우 안정도 : (15+1.1V)% (V : 최고 주행속도 km/h)

3 지게차 안전장치

① 주행연동 안전벨트

② 후방접근 경보장치

③ 대형 후사경

④ 룸 미러

⑤ 포크위치 표시

⑥ 지게차의 식별을 위한 형광 테이프 부착

⑦ 경광등 설치

⑧ 오버헤드 가드(over head guard)

⑨ 포크 받침대

제2장 위험요소 확인

01 안전표지

① 작업장에서 작업자의 판단이나 행동 실수가 발생하기 쉬운 장소나 중대한 재해를 일으킬 우려가 있는 장소에 안전을 확보하기 위해 표시하는 표지이다.

② 종류에는 금지표지, 경고표지, 지시표지, 안내표지가 있다.

[안전표지의 종류]

	출입금지	보행금지	차량통행 금지	사용금지	탑승금지
금지표지					
	금연	화기금지	물체이동 금지		

경고표지	인화성 물질경고	산화성 물질경고	폭발물 경고	독극물 경고	부식성 물질경고
	방화성 물질경고	고압전기 경고	매달린 물체 경고	낙하물 경고	고온경고
	저온경고	몸균형상실 경고	레이저광선 경고	유해물질 경고	위험장소 경고
지시표지	보안경 착용	방독마스크 착용	방진마스크 착용	보안면 착용	안전모 착용
	귀마개 착용	안전화 착용	안전장갑 착용	안전복 착용	
안내표지	녹십자	응급구호	들것	세안장치	비상구
	좌측 비상구	우측 비상구			

02 안전수칙

① **안전보호구 지급 착용** : 기계, 설비 등 위험 요인으로부터 작업자를 보호하기 위해 작업 조건에 맞는 안전보호구의 착용방법을 숙지하고 착용한다.

② **안전 보건표지 부착** : 위험장소 및 작업별로 위험요인에 대한 경각심을 부여하기 위하여 작업장의 눈에 잘 띄는 해당 장소에 안전표지를 부착한다.

③ 안전 보건교육 실시 : 작업자 및 사업주에게 안전 보건교육을 실시하여 안전의식에 대한 경각심을 고취하고 작업 중 발생할 수 있는 안전사고에 대비한다.

④ 안전작업 절차 준수 : 정비, 보수 등의 비계획적 작업 또는 잠재 위험이 존재하는 작업 공정에서 지켜야 할 작업 단위별 안전작업 절차와 순서를 숙지하여 안전작업을 할 수 있도록 유도한다.

03 위험요소

1 화물의 낙하재해 예방

① 화물의 적재상태를 확인한다.
② 허용하중을 초과한 적재를 금지한다.
③ 마모가 심한 타이어를 교체한다.
④ 무자격자는 운전을 금지한다.
⑤ 작업장 바닥의 요철을 확인한다.

2 협착 및 충돌재해 예방

① 지게차 전용통로를 확보한다.
② 지게차 운행구간별 제한속도 지정 및 표지판을 부착한다.
③ 교차로 등 사각지대에 반사경을 설치한다.
④ 불안전한 화물적재 금지 및 시야를 확보하도록 적재한다.
⑤ 경사진 노면에 지게차를 방치하지 않는다.

3 지게차 전도재해 예방

① 연약한 지반에서는 받침판을 사용하고 작업한다.
② 연약한 지반에서 편하중에 주의하여 작업한다.
③ 지게차의 용량을 무시하고 무리하게 작업하지 않는다.
④ 급선회, 급제동, 오작동 등을 하지 않는다.
⑤ 화물의 적재중량 보다 작은 소형 지게차로 작업하지 않는다.

4 추락재해 예방

① 운전석 이외에 작업자 탑승을 금지한다.
② 난폭운전 금지 및 유도자의 신호에 따라 작업한다.
③ 작업 전 안전띠를 착용하고 작업한다.
④ 지게차를 이용한 고소작업을 금지한다.

5 작업장 주변상황 파악

① 작업 지시사항에 따라 정확하고 안전한 작업을 수행하기 위해서는 작업에 투입하는 지게차의 일일점검을 실시해야 하므로 지게차의 주기상태를 육안으로 확인한다.

② 작업할 때 안전사고 예방을 위해 지게차 작업 반경 내의 위험요소를 육안으로 확인한다.

③ 작업 지시사항에 따라 안전한 작업을 수행하기 위해 작업장 주변 구조물의 위치를 육안으로 확인한다.

제3장　안전운반 작업

01　지게차 사용설명서

지게차 사용설명서는 지게차를 안전하게 사용하기 위한 방법을 상세히 명기하여 사용자에게 주요기능을 안내하는 책으로, 지게차를 유지 관리하는 사용방법 등에 관한 구체적인 항목이 열거되어 있으며 운전자 매뉴얼, 지게차 사용 매뉴얼, 정비지침서 등이 있다.

02　안전운반

1　안전운반의 일반적인 사항

① 작업 전 일일점검을 실시하고, 정해진 운전자만 운전한다.

② 작업할 때 적재하중을 초과하여 적재하지 않는다.

③ 작업할 때 안전벨트를 착용한다.

④ 작업할 때 규정 주행속도를 준수한다.

⑤ 작업 중 운전석을 이탈할 때에는 시동키를 반드시 휴대한다.

⑥ 작업할 때 안전표지 내용을 준수한다.

⑦ 작업할 때 안전한 경로를 선택해 규정 속도로 주행한다.

⑧ 지게차를 다른 용도로 사용하지 않는다.

⑨ 작업할 때 운전시야를 확보한다.

⑩ 작업할 때 휴대전화를 사용하지 않는다.

⑪ 작업할 때 음주운전을 하지 않는다.

2　운반할 때 안전수칙

① 마스트를 뒤로 충분하게 기울인 상태에서 포크 높이를 지면으로부터 20~30cm 유지하며 운반한다.

② 적재한 화물이 운전시야를 가릴 때에는 후진주행이나 유도차를 배치하여 주행한다.

③ 주행할 때 이동방향을 확인하고 작업장 바닥과의 간격을 유지하면서 화물을 운반한다.

④ 혼잡한 지역이나 운전시야가 가려질 때는 장애물과 보행자에 주의하면서 주행속도를 감속하여 주행한다.

⑤ 경사로를 올라가거나 내려올 때는 적재물이 경사로의 위쪽을 향하도록 하고 경사로를 내려오는 경우에는 엔진 브레이크를 사용하여 천천히 내려온다.

03 작업안전 및 그 밖의 안전사항

1 작업 전 점검사항

① 일상 점검표에 의거 작업 전, 작업 중, 작업 후 점검을 실시한다.

② 연료누유 및 각종 오일누유 점검은 작업 전 점검사항으로 주기된 지게차의 지면을 확인하여 연료 및 각종오일의 누유 여부를 확인한다.

③ 리프트 레버를 작동하여 리프트 실린더의 누유 여부 및 피스톤 로드의 손상을 점검한다.

④ 작업 전·후진 레버를 조작하여 레버가 부드럽게 작동하는지 확인한다.

⑤ 브레이크 페달을 밟아 페달유격이 정상인지 확인한다.

⑥ 주차 브레이크가 원활하게 해제되고 확실히 제동되는지 확인한다.

⑦ 조향핸들을 조작하여 조향핸들에 이상 진동이 느껴지는지 확인하고 유격상태를 점검한다.

2 주행할 때 안전수칙

① 작업장 내에서는 제한속도를 준수한다.

② 운전시야가 불량하면 유도자의 지시에 따라 전후좌우를 충분히 관찰 후 운행한다.

③ 진입로, 교차로 등 시야가 제한되는 장소에서는 주행속도를 줄이고 운행한다.

④ 경사로 및 좁은 통로 등에서 급출발, 급정지, 급선회를 하지 않는다.

⑤ 다른 차량과 안전 차간거리를 유지한다.

⑥ 선회할 때 뒷바퀴에 주의하여 천천히 선회하며 다른 작업자나 구조물과의 충돌에 주의한다.

3 적재작업할 때 안전수칙

① 적재할 화물 앞에서 안전한 속도로 감속한다.

② 화물 앞에서 정지하여 마스트를 수직으로 조정한다.

③ 화물의 폭에 따라 포크 간격을 조절하여 화물 무게의 중심이 중앙에 오도록 한다.

④ 지게차가 화물에 대해 똑바로 향하고 팔레트 또는 스키드에 포크의 삽입위치를 확인 후 포크를 수평으로 유지하여 천천히 삽입한다.

⑤ 포크삽입 후 포크를 지면으로부터 10cm 들어 올려 화물의 안정상태와 포크에 대한 편하중을 확인한다.

⑥ 화물에 대한 안정상태 및 포크에 대한 편하중에 이상이 없음을 확인 후 마스트를 뒤로 충분하게 기울이고 포크를 지면으로부터 20~30cm 높이를 유지한다.

4 하역작업을 할 때 안전수칙

① 화물을 적재할 장소에 도착하면 안전한 속도로 감속하여 적재할 장소 앞에 정지한다.

② 적재하고 있는 화물의 붕괴, 파손 등의 위험 여부를 확인한다.

③ 마스트를 수직으로 하고 포크를 수평으로 유지하며 하역할 위치보다 약간 높은 위치까지 포크를 상승한다.

④ 지게차를 천천히 주행하여 내려놓을 위치를 확인 후 적재할 장소에 화물을 하역한다.

안전관리

5 주차 및 작업 종료 후 안전수칙

① 포크를 지면에 완전히 내리고 마스트를 앞으로 기울인다.

② 주차 브레이크를 체결하고 전·후진 레버를 중립 위치에 놓은 상태에서 엔진시동을 정지하고 시동키는 운전자가 지참하여 관리한다.

③ 작업 후 점검을 실시하여 지게차 이상 유무를 확인한다.

④ 지게차 내·외부를 청소하고 더러움이 심할 경우 물로 세척한다.

제4장 지게차 안전관리

01 지게차 안전관리

지게차 조종면허를 소지한 조종사를 지정하여 운전하도록 하고, 시동스위치는 별도 관리하도록 한다.

1 안전작업 매뉴얼 준수

① 작업계획서를 작성한다.

② 지게차 작업 장소의 안전한 운행경로를 확보한다.

③ 안전수칙 및 안정도를 준수한다.

2 작업할 때 안전수칙 준수

① 작업 전 일일점검을 실시한다.

② 주행할 때 안전수칙을 준수한다.

③ 운반할 때 안전수칙을 준수한다.

④ 하역작업을 할 때의 안전수칙을 준수한다.

⑤ 주차 및 작업 종료 후 안전수칙을 준수한다.

3 작업계획서 작성

지게차 작업계획서는 작업의 내용, 시작 및 작업시간, 종료시간 등을 세우는 계획서로 운반할 화물의 품명, 중량, 운반수량, 운반거리 및 지게차 제원 등이 포함된다.

① 작업계획서를 확인한다.

② 작업개요에 대하여 확인한다.

③ 신호수의 배치에 대하여 확인한다.

④ 운반할 화물에 대하여 확인한다.

⑤ 지게차 제원에 대하여 확인한다.

⑥ 보험가입에 대하여 확인한다.

⑦ 조종사의 안전 기구(안전모, 작업복, 안전조끼, 안전화의 착용 여부)를 확인한다.

⑧ 지게차로 작업할 때 준수사항을 확인한다.

- 작업장 내 관계자 이외 출입이 통제되었는지 확인한다.
- 정격하중 내에서 적재하는지 확인한다.
- 지게차를 운전할 때 안전거리에 유의한다.
- 지게차로 이동할 때 규정 주행속도를 준수한다.
---

02 작업 요청서

작업 요청서는 화물운반 작업을 해당 업체에 의뢰하는 서류로 의뢰인의 작업 요청 내용을 정확하게 파악할 수 있도록 작성한다.

1 도로상태 확인

① 내비게이션이 장착된 지게차는 내비게이션을 활용하고, 미디어 매체를 참고하여 도착지점까지 상·하수도 및 가스공사 작업현장을 확인하여 도로가 막힐 경우에는 도로사정에 맞는 우회도로를 선택하여 주행한다.

② 비가 온 후 도로에 물의 흐름이 있으면 수막현상으로 제동능력이 상실되어 제동거리가 길어지므로 감속운행 및 앞 차량과의 차간거리를 충분히 유지한다.

2 작업시간 확인

작업 요청서의 화물 이름, 규격, 중량, 운반수량, 운반거리 및 작업에 필요한 지게차를 선정하고 출발지·도착지 및 작업장 환경을 고려하여 작업시간을 계산한다.

03 지게차 안전관리 교육

1 화물을 취급할 때 위험요인 확인

① 조종사 시야확보 불량
② 운전미숙
③ 과속에 의한 충돌
④ 급선회 할 때 전도
⑤ 화물과다 적재
⑥ 화물 편하중 적재
⑦ 무자격자 운전
⑧ 지게차를 용도 이외에 사용

2 위험요인에 대한 안전대책 수립

① 지게차로 작업할 때 안전통로를 확보한다.
② 지게차 안전장치를 설치한다.
③ 지게차 전용 작업구간에 보행자의 출입을 금지시킨다.
④ 작업구역 내 장애물을 제거한다.
⑤ 안전표지판을 설치하고 안전표지를 부착한다.
⑥ 사각지역에 반사경을 설치한다.
⑦ 지게차 조종사 운전시야를 확보한다.
⑧ 유자격자만 지게차를 운전한다.
⑨ 주행할 때 포크 높이는 지면으로 부터 20~30cm 올린다.

3 화물운반 방법

(1) 화물운반 3원칙

① 화물을 들어 올린다.
② 화물을 운반한다.
③ 화물을 안전하게 놓는다.

(2) 화물취급 방법

① 인력에 의한 방법
② 운반 기구에 의한 방법
③ 동력기계, 기구에 의한 방법

(3) 제품 및 원자재 적재방법

① 모양을 갖추어서 적재하고, 즉시 사용할 물품은 별도로 보관한다.
② 가벼운 화물은 랙의 상단에, 무거운 화물은 랙의 하단에 적재한다.
③ 큰 것으로부터 작은 것으로 겹쳐서 보관한다.
④ 높이는 밑의 길이보다 3배 이하로 하고, 긴 물건은 옆으로 눕혀 놓는다.
⑤ 화물의 안정성이 나쁜 것은 눕혀 놓는다.
⑥ 화물을 세워서 보관할 때에는 전도방지 조치를 한다.
⑦ 구르기 쉬운 것은 고임대로 받친다.
⑧ 파손되기 쉬운 화물은 별도로 보관한다.

(4) 정리정돈

① 화물이 흐트러지지 않도록 보관한다.
② 정해진 장소에 물건을 보관하고, 필요 없는 물품은 치운다.
③ 안전하게 적재하고, 항상 청소하여 청결하게 유지한다.
④ 품명·수량을 알 수 있도록 정확하게 정리·정돈한다.
⑤ 무너지기 쉬운 물품은 고임대를 받치고 정리한다.
⑥ 자주 사용하는 물품은 편리한 곳에 별도로 보관한다.

04 기계 · 기구 및 공구에 관한 사항

1 수공구 안전사항

(1) 수공구를 사용할 때 주의사항

① 수공구를 사용하기 전에 이상 유무를 확인한다.

② 작업자는 필요한 보호구를 착용한다.

③ 용도 이외의 수공구는 사용하지 않는다.

④ 사용 전에 공구에 묻은 기름 등은 닦아낸다.

⑤ 수공구 사용 후에는 정해진 장소에 보관한다.

⑥ 작업대 위에서 떨어지지 않게 안전한 곳에 둔다.

⑦ 예리한 공구 등을 주머니에 넣고 작업을 하여서는 안 된다.

⑧ 공구를 던져서 전달해서는 안 된다.

(2) 렌치를 사용할 때 주의사항

① 볼트 및 너트에 맞는 것을 사용. 즉, 볼트 및 너트 머리 크기와 같은 조(jaw)의 렌치를 사용한다.

② 볼트 및 너트에 렌치를 깊이 물린다.

③ 렌치를 몸 안쪽으로 잡아 당겨 움직이도록 한다.

④ 힘의 전달을 크게 하기 위하여 파이프 등을 끼워서 사용해서는 안 된다.

⑤ 렌치를 해머로 두들겨서 사용하지 않는다.

⑥ 높거나 좁은 장소에서는 몸을 안전하게 한 후 작업한다.

⑦ 해머대용으로 사용하지 않는다.

⑧ 복스렌치를 오픈엔드렌치(스패너)보다 많이 사용하는 이유는 볼트와 너트 주위를 완전히 싸게 되어있어 사용 중에 미끄러지지 않기 때문이다.

(3) 토크렌치(torque wrench) 사용방법

① 볼트·너트 등을 조일 때 조이는 힘을 측정하기(조임력을 규정 값에 정확히 맞도록)위하여 사용한다.

② 오른손은 렌치 끝을 잡고 돌리며, 왼손은 지지점을 누르고 눈은 게이지 눈금을 확인한다.

(4) 드라이버(driver)를 사용할 때 주의사항

① 스크루 드라이버의 크기는 손잡이를 제외한 길이로 표시한다.

② 날 끝의 홈의 폭과 길이가 같은 것을 사용한다.

③ 작은 크기의 부품이라도 경우 바이스(vise)에 고정시키고 작업한다.

④ 전기 작업을 할 때에는 절연된 손잡이를 사용한다.

⑤ 드라이버에 압력을 가하지 말아야 한다.

⑥ 정(chisel) 대용으로 드라이버를 사용해서는 안 된다.

⑦ 자루가 쪼개졌거나 허술한 드라이버는 사용하지 않는다.

⑧ 드라이버의 끝을 항상 양호하게 관리하여야 한다.

⑨ 날 끝이 수평이어야 한다.

(5) 해머작업할 때 주의사항

① 해머로 녹슨 것을 때릴 때에는 반드시 보안경을 쓴다.

② 기름이 묻은 손이나 장갑을 끼고 작업하지 않는다.

③ 해머는 작게 시작하여 차차 큰 행정으로 작업한다.

④ 해머 대용으로 다른 것을 사용하지 않는다.

⑤ 타격면은 평탄하고, 손잡이는 튼튼한 것을 사용한다.

⑥ 사용 중에 자루 등을 자주 조사한다.

⑦ 타격 가공하려는 것을 보면서 작업한다.

⑧ 해머를 휘두르기 전에 반드시 주위를 살핀다.

⑨ 좁은 곳에서는 해머작업을 해지 않는다.

2 드릴작업할 때의 안전대책

① 구멍을 거의 뚫었을 때 일감 자체가 회전하기 쉽다.

② 드릴의 탈·부착은 회전이 멈춘 다음 행한다.

③ 공작물은 단단히 고정시켜 따라 돌지 않게 한다.

④ 드릴 끝이 가공물 관통 여부를 손으로 확인해서는 안 된다.

⑤ 드릴작업은 장갑을 끼고 작업해서는 안 된다.

⑥ 작업 중 쇳가루를 입으로 불어서는 안 된다.

⑦ 드릴작업을 하고자 할 때 재료 밑의 받침은 나무판을 이용한다.

3 그라인더(연삭숫돌) 작업할 때의 주의사항

① 숫돌차와 받침대 사이의 표준간격은 2~3mm 정도가 좋다.

② 반드시 보호안경을 착용하여야 한다.

③ 안전커버를 떼고서 작업해서는 안 된다.

④ 숫돌작업은 측면에 서서 숫돌의 정면을 이용하여 연삭한다.

⑤ 숫돌차의 회전은 규정 이상 빠르게 회전시켜서는 안 된다.

⑥ 숫돌차를 고정하기 전에 균열이 있는지 확인한다.

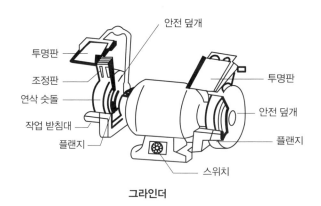

그라인더

01 지게차 사용 시 다음 중 맞는 것은?

① 운전 중 운전자 이외에는 승차시켜서는 안 된다.
② 포크에 적재한 화물은 작업능률을 위하여 빠르게 내린다.
③ 교통법규는 상황에 따라 무시할 수 있다.
④ 운전자는 반드시 면허증 소지자가 아니라도 무방하다.

답 : ①

02 지게차를 운전하여 화물운반 시 주의사항으로 적합하지 않은 것은?

① 경사지를 운전 시 화물을 위쪽으로 한다.
② 화물운반 거리는 5m 이내로 한다.
③ 노면이 좋지 않을 때는 저속으로 운행한다.
④ 노면에서 포크를 약 20~30cm 상승시킨 후 이동한다.

지게차의 화물운반 거리는 일반적으로 100m 이내로 한다.

답 : ②

03 지게차의 화물운반 방법 중 틀린 것은?

① 화물운반 중에는 마스트를 뒤로 4° 가량 경사시킨다.
② 화물을 적재하고 운반할 때에는 항상 후진으로 운행한다.
③ 경사지에서 화물을 운반할 때 내리막에서는 후진으로, 오르막에서는 전진으로 운행한다.
④ 운행 중 포크를 지면에서 20~30cm 정도 유지한다.

화물의 부피가 커 전방시야를 가리거나 경사지에서 화물을 싣고 내려올 때에는 후진을 하도록 한다.

답 : ②

04 지게차 포크에 화물을 적재하고 주행할 때 포크와 지면과 간격으로 가장 적합한 것은?

① 50~55cm   ② 80~85cm
③ 지면에 밀착   ④ 20~30cm

화물을 적재하고 주행할 때 포크와 지면과 간격은 20~30cm가 좋다.

답 : ④

05 지게차 주행 시 포크는 어떤 위치로 하는 것이 좋은가?

① 포크를 하강시켜 지면에 닿지 않도록 하고 주행한다.
② 포크를 중간위치로 들고 주행한다.
③ 포크를 보행자 머리 위로 상승시키고 주행한다.
④ 포크를 상승시키면서 빠른 속도로 주행한다.

답 : ①

06 지게차에 정해진 용량 이상의 화물을 적재하고 운행할 경우 미치는 영향으로 관계가 없는 것은?

① 주위 사람들에게 위험을 느끼게 한다.
② 화물에 피해를 줄 수 있다.
③ 지게차의 손상원인이 된다.
④ 인칭페달 고장의 원인이 된다.

답 : ④

안전관리

07 지게차에서 화물취급 방법으로 틀린 것은?

① 포크를 지면에서 약 800mm 정도 올려서 주행해야 한다.
② 화물을 적재하고 경사지를 주행할 때에는 화물이 언덕 위쪽으로 향하도록 한다.
③ 포크는 화물의 팔레트 속에 정확히 들어갈 수 있도록 조작한다.
④ 운반 중 마스트를 뒤로 약 6° 정도 경사시킨다.

답 : ①

08 지게차 포크의 간격은 팔레트 폭의 어느 정도로 하는 것이 가장 적당한가?

① 팔레트 폭의 1/2~1/3
② 팔레트 폭의 1/3~2/3
③ 팔레트 폭의 1/2~2/3
④ 팔레트 폭의 1/2~3/4

포크의 간격은 팔레트 폭의 1/2~3/4 정도가 좋다.

답 : ④

09 지게차로 팔레트의 화물을 이동시킬 때 주의할 점으로 틀린 것은?

① 적재 장소에 물건 등이 있는지 살핀다.
② 포크를 팔레트에 평행하게 넣는다.
③ 작업 시 클러치 페달을 밟고 작업한다.
④ 포크를 적당한 높이까지 올린다.

답 : ③

10 지게차로 가파른 경사지에서 화물을 운반할 때에는 어떤 방법이 좋겠는가?

① 기어의 변속을 저속상태로 놓고 후진으로 내려온다.
② 지그재그로 회전하여 내려온다.
③ 화물을 앞으로 하여 천천히 내려온다.
④ 기어의 변속을 중립에 놓고 내려온다.

화물을 포크에 적재하고 경사지를 내려올 때는 기어변속을 저속상태로 놓고 후진으로 내려온다.

답 : ①

11 지게차를 경사면에서 화물을 싣고 내려올 때 화물의 방향은?

① 운전에 편리하도록 화물의 방향을 정한다.
② 화물의 크기에 따라 방향이 정해진다.
③ 화물이 언덕 위쪽으로 가도록 한다.
④ 화물이 언덕 아래쪽으로 가도록 한다.

경사면에서 화물을 싣고 내려올 때에는 화물이 언덕 위쪽으로 가도록 한다.

답 : ③

12 지게차로 야간작업 시 주의사항으로 틀린 것은?

① 전조등과 작업등을 이용하여 현장을 밝게 하고 작업한다.
② 야간에는 주위에 차량이 별로 없으므로 고속으로 주행한다.
③ 항상 운전석의 각종 계기들이 정확하게 작동하는지를 확인한다.
④ 원근감이나 땅의 고저가 불명확하므로 장애물을 주의 깊게 확인하며 작업한다.

답 : ②

13 지게차 운전 전 관리를 나타낸 것이다. 틀린 것은?

① 라디에이터 내의 냉각수량 확인 및 부족 시 보충
② 엔진오일량 확인 및 부족 시 보충
③ V-벨트 상태 확인 및 장력부족 시 조정
④ 배출가스의 상태 확인

답 : ④

14 지게차에서 작업 전 점검사항으로 맞지 않는 것은?

① 포크의 작동상태를 점검한다.
② 엔진오일은 1주일에 한 번씩 점검한다.
③ 유압 실린더와 파이프의 오일누출 상태를 점검한다.
④ 연료량을 점검하고 연료탱크 내의 수분을 배출한다.

답 : ②

15 지게차 운전 종료 후 점검사항과 가장 거리가 먼 것은?

① 타이어의 손상 여부
② 연료 보유량
③ 각종 게이지
④ 오일누설 부위

각종 게이지는 기관을 시동한 후에 점검한다.

답 : ③

16 지게차의 작업이 끝난 후 점검사항과 관계가 없는 것은?

① 연료점검 후 사용량을 보충한다.
② 유압 파이프에서의 오일누출 여부를 점검한다.
③ 타이어 공기압을 점검한다.
④ 릴리프 밸브의 작동상태를 점검한다.

답 : ④

17 안전 제일이념에 해당하는 것은?

① 품질향상   ② 재산보호
③ 인간존중   ④ 생산성 향상

안전 제일이념은 인간존중. 즉, 인명보호이다.

답 : ③

18 산업안전을 통한 기대효과로 옳은 것은?

① 기업의 생산성이 저하된다.
② 근로자의 생명만 보호된다.
③ 기업의 재산만 보호된다.
④ 근로자와 기업의 발전이 도모된다.

답 : ④

19 산업안전에서 근로자가 안전하게 작업을 할 수 있는 세부작업 행동지침을 무엇이라고 하는가?

① 안전수칙   ② 안전표지
③ 작업지시   ④ 작업수칙

안전수칙이란 근로자가 안전하게 작업을 할 수 있는 세부작업 행동지침이다.

답 : ①

20 산업재해를 예방하기 위한 재해예방 4원칙으로 틀린 것은?

① 대량생산의 원칙 ② 예방가능의 원칙
③ 원인계기의 원칙 ④ 대책선정의 원칙

재해예방의 4원칙에는 예방가능의 원칙, 손실우연의 원칙, 원인계기의 원칙, 대책선정의 원칙이 있다.

답 : ①

21 하인리히의 사고예방원리 5단계를 순서대로 나열한 것은?

① 조직, 사실의 발견, 평가분석, 시정책의 선정, 시정책의 적용
② 시정책의 적용, 조직, 사실의 발견, 평가분석, 시정책의 선정
③ 사실의 발견, 평가분석, 시정책의 선정, 시정책의 적용, 조직
④ 시정책의 선정, 시정책의 적용, 조직, 사실의 발견, 평가분석

하인리히의 사고예방원리 5단계 순서
조직→사실의 발견→평가분석→시정책의 선정→시정책의 적용

답 : ①

안전관리

22 하인리히가 말한 안전의 3요소에 속하지 않는 것은?

① 교육적 요소 ② 자본적 요소
③ 기술적 요소 ④ 관리적 요소

안전의 3요소에는 관리적 요소, 기술적 요소, 교육적 요소가 있다.

답 : ②

23 인간공학적 안전설정으로 페일 세이프에 관한 설명 중 가장 적절한 것은?

① 안전도 검사방법을 말한다.
② 안전통제의 실패로 인하여 원상복귀가 가장 쉬운 사고의 결과를 말한다.
③ 안전사고 예방을 할 수 없는 물리적·불안전 조건과 불안전 인간의 행동을 말한다.
④ 인간 또는 기계에 과오나 동작상의 실패가 있어도 안전사고를 발생시키지 않도록 하는 통제책을 말한다.

페일 세이프(fail safe)
인간 또는 기계에 과오나 동작상의 실패가 있어도 안전사고를 발생시키지 않도록 하는 통제방책

답 : ④

24 근로자 1,000명 당 1년간에 발생하는 재해자 수를 나타낸 것은?

① 도수율 ② 강도율
③ 연천인율 ④ 사고율

연천인율
1년 동안 1,000명의 근로자가 작업할 때 발생하는 사상자의 비율

답 : ③

25 사고를 많이 발생시키는 원인순서로 나열한 것은?

① 불안전 행위>불가항력>불안전 조건
② 불안전 조건>불안전 행위>불가항력
③ 불안전 행위>불안전 조건>불가항력
④ 불가항력>불안전 조건>불안전 행위

사고를 많이 발생시키는 원인순서는 불안전 행위>불안전 조건>불가항력이다.

답 : ③

26 재해의 원인 중 생리적인 원인에 해당되는 것은?

① 작업자의 피로
② 작업복의 부적당
③ 안전장치의 불량
④ 안전수칙의 미준수

생리적인 원인은 작업자의 피로이다.

답 : ①

27 재해발생 원인이 아닌 것은?

① 잘못된 작업방법
② 관리감독 소홀
③ 방호장치의 기능제거
④ 작업 장치 회전반경 내 출입금지

답 : ④

28 사고의 직접원인으로 가장 옳은 것은?

① 유전적인 요소
② 사회적 환경요인
③ 성격결함
④ 불안전한 행동 및 상태

사고의 직접적인 원인은 작업자의 불안한 행동 및 상태이다.

답 : ④

29 보기는 재해발생 시 조치요령이다. 조치순서로 가장 적합하게 이루어 진 것은?

> **보기**
>
> ⓐ 운전정지
> ⓑ 관련된 또 다른 재해방지
> ⓒ 피해자 구조
> ⓓ 응급처치

① ⓐ→ⓑ→ⓒ→ⓓ

② ⓒ→ⓑ→ⓓ→ⓐ

③ ⓒ→ⓓ→ⓐ→ⓑ

④ ⓐ→ⓒ→ⓓ→ⓑ

재해 발생 시 조치순서
운전정지→피해자 구조→응급처치→2차 재해방지

답 : ④

30 보호구의 구비조건으로 틀린 것은?

① 작업에 방해가 안 되어야 한다.

② 착용이 간편해야 한다.

③ 유해위험 요소에 대한 방호성능이 경미해야 한다.

④ 구조와 끝마무리가 양호해야 한다.

보호구의 구비조건
• 착용이 간편할 것
• 작업에 방해가 되지 않도록 할 것
• 유해 위험요소에 대한 방호성능이 충분할 것
• 구조와 끝마무리가 양호할 것

답 : ③

31 올바른 보호구 선택방법으로 가장 적합하지 않은 것은??

① 잘 맞는지 확인하여야 한다.

② 사용목적에 적합하여야 한다.

③ 사용방법이 간편하고 손질이 쉬워야 한다.

④ 품질보다는 식별기능 여부를 우선해야 한다.

답 : ④

32 안전 보호구가 아닌 것은?

① 안전모   ② 안전 가드레일

③ 안전화   ④ 안전장갑

안전 가드레일은 안전시설이다.

답 : ②

33 낙하 또는 물건의 추락에 의해 머리의 위험을 방지하는 보호구는?

① 안전대   ② 안전모

③ 안전화   ④ 안전장갑

답 : ②

34 낙하, 비래, 추락, 감전으로부터 근로자의 머리를 보호하기 위하여 착용하여야 할 안전모는?

① A형   ② BC형

③ ABC형   ④ ABE형

ABE형
물체의 낙하 또는 비래 및 추락에 의한 위험을 방지 또는 경감하고, 머리부위 감전에 의한 위험을 방지하기 위한 것이며, 재질은 합성수지이다. 내전압성이 크다.

답 : ④

35 안전모에 대한 설명으로 바르지 못한 것은?

① 알맞은 규격으로 성능시험에 합격품이어야 한다.

② 구멍을 뚫어서 통풍이 잘되게 하여 착용한다.

③ 각종 위험으로부터 보호할 수 있는 종류의 안전모를 선택해야 한다.

④ 가볍고 성능이 우수하며 머리에 꼭 맞고 충격흡수성이 좋아야 한다.

안전모에 구멍을 뚫어서는 안 된다.

답 : ②

안전관리

36 안전모의 관리 및 착용방법으로 틀린 것은?

① 큰 충격을 받은 것은 사용을 피한다.
② 사용 후 뜨거운 스팀으로 소독하여야 한다.
③ 정해진 방법으로 착용하고 사용하여야 한다.
④ 통풍을 목적으로 모체에 구멍을 뚫어서는 안 된다.

안전모는 사용 후 뜨거운 스팀으로 소독하지 않아도 된다.

답 : ②

37 중량물 운반 작업 시 착용하여야 할 안전화로 가장 적절한 것은?

① 중 작업용   ② 보통 작업용
③ 경 작업용   ④ 절연용

중량물 운반 작업을 할 때에는 중 작업용 안전화를 착용하여야 한다.

답 : ①

38 작업장에서 작업복을 착용하는 이유로 가장 옳은 것은?

① 작업장의 질서를 확립시키기 위해서
② 작업자의 직책과 직급을 알리기 위해서
③ 재해로부터 작업자의 몸을 보호하기 위해서
④ 작업자의 복장통일을 위해서

답 : ③

39 작업복에 대한 설명으로 적합하지 않은 것은?

① 작업복은 몸에 알맞고 동작이 편해야 한다.
② 착용자의 연령·성별 등에 관계없이 일률적인 스타일을 선정해야 한다.
③ 작업복은 항상 깨끗한 상태로 입어야 한다.
④ 주머니가 너무 많지 않고, 소매가 단정한 것이 좋다.

답 : ②

40 보안경을 사용하는 이유로 틀린 것은?

① 유해약물의 침입을 막기 위하여
② 떨어지는 중량물을 피하기 위하여
③ 비산되는 칩에 의한 부상을 막기 위하여
④ 유해광선으로부터 눈을 보호하기 위하여

답 : ②

41 안전관리상 보안경을 사용해야 하는 작업과 가장 거리가 먼 것은?

① 건설기계 밑에서 정비작업을 할 때
② 산소결핍 발생이 쉬운 장소에서 작업을 할 때
③ 철분 또는 모래 등이 날리는 작업을 할 때
④ 전기용접 및 가스용접 작업을 할 때

답 : ②

42 연삭작업 시 반드시 착용해야 하는 보호구는?

① 방독면   ② 장갑
③ 보안경   ④ 마스크

답 : ③

43 시력을 교정하고 비산물체로부터 눈을 보호하기 위한 보안경은?

① 고글형 보안경   ② 도수렌즈 보안경
③ 유리 보안경   ④ 플라스틱 보안경

도수렌즈 보안경은 시력을 교정하고 비산물체로부터 눈을 보호할 수 있다.

답 : ②

44 액체약품 취급 시 비산물체로부터 눈을 보호하기 위한 보안경은?

① 고글형   ② 스펙타클형
③ 프론트형   ④ 일반형

답 : ①

45 사용구분에 따른 차광보안경의 종류에 해당하지 않는 것은?

① 자외선용   ② 적외선용
③ 용접용   ④ 비산방지용

차광보안경의 종류에는 자외선 차단용, 적외선 차단용, 용접용, 복합용이 있다.

답 : ④

46 용접작업과 같이 불티나 유해광선이 나오는 작업에 착용해야 할 보호구는?

① 차광안경   ② 방진안경
③ 산소마스크   ④ 보호마스크

답 : ①

47 작업안전상 보호안경을 사용하지 않아도 되는 작업은?

① 건설기계 운전 작업
② 용접작업
③ 연마작업
④ 먼지세척 작업

답 : ①

48 귀마개가 갖추어야 할 조건으로 틀린 것은?

① 내습·내유성을 가질 것
② 적당한 세척 및 소독에 견딜 수 있을 것
③ 가벼운 귓병이 있어도 착용할 수 있을 것
④ 안경이나 안전모와 함께 착용을 하지 못하게 할 것

답 : ④

49 방진마스크를 착용해야 하는 작업장은?

① 온도가 낮은 작업장
② 분진이 많은 작업장
③ 산소가 결핍되기 쉬운 작업장
④ 소음이 심한 작업장

분진(먼지)이 발생하는 장소에서는 방진마스크를 착용하여야 한다.

답 : ②

50 산소결핍의 우려가 있는 장소에서 착용하여야 하는 마스크의 종류는?

① 방독마스크   ② 방진마스크
③ 송기마스크   ④ 가스마스크

산소가 결핍되어 있는 장소에서는 송풍(송기)마스크를 착용하여야 한다.

답 : ③

51 안전표지의 구성요소가 아닌 것은?

① 모양   ② 색깔
③ 내용   ④ 크기

안전표지의 구성요소는 모양, 색깔, 내용이다.

답 : ④

52 산업안전보건법상 안전·보건표지의 종류가 아닌 것은?

① 위험표지　　② 경고표지
③ 지시표지　　④ 금지표지

산업안전 보건표지의 종류에는 금지표지, 경고표지, 지시표지, 안내표지가 있다.

답 : ①

53 적색원형으로 만들어지는 안전표지판은?

① 경고표시　　② 안내표시
③ 지시표시　　④ 금지표시

금지표시는 적색원형으로 만들어지는 안전표지판이다.

답 : ④

54 안전·보건표지의 종류별 용도, 사용 장소, 형태 및 색채에서 바탕은 흰색, 기본모형은 빨간색, 관련부호 및 그림은 검정색으로 된 표지는?

① 보조표지　　② 지시표지
③ 주의표지　　④ 금지표지

금지표지는 바탕은 흰색, 기본모형은 빨간색, 관련부호 및 그림은 검정색으로 되어 있다.

답 : ④

55 다음 그림과 같은 안전 표지판이 나타내는 것은?

① 비상구
② 출입금지
③ 인화성 물질경고
④ 보안경 착용

답 : ②

56 산업안전 보건표지에서 그림이 나타내는 것은?

① 비상구 없음 표지
② 방사선위험 표지
③ 탑승금지 표지
④ 보행금지 표지

답 : ④

57 안전·보건표지의 종류와 형태에서 그림의 표지로 맞는 것은?

① 차량통행 금지　② 사용금지
③ 탑승금지　　　④ 물체이동 금지

답 : ①

58 안전·보건표지의 종류와 형태에서 그림의 안전표지판이 나타내는 것은?

① 사용금지　　② 탑승금지
③ 보행금지　　④ 물체이동 금지

답 : ④

59 산업안전보건법령상 안전·보건표지의 종류 중 다음 그림에 해당하는 것은?

① 산화성 물질경고
② 인화성 물질경고
③ 폭발성 물질경고
④ 급성독성 물질경고

답 : ②

60 안전·보건 표지에서 그림이 표시하는 것으로 맞는 것은?

① 독극물 경고　② 폭발물 경고
③ 고압전기 경고　④ 낙하물 경고

답 : ③

61 안전·보건표지의 종류와 형태에서 그림의 안전표지판이 나타내는 것은?

① 폭발물 경고　② 매달린 물체 경고
③ 몸 균형상실 경고 ④ 방화성 물질경고

답 : ②

62 산업안전보건표지의 종류에서 지시표지에 해당하는 것은?

① 차량통행 금지　② 출입금지
③ 고온경고　④ 안전모 착용

지시표지에는 보안경 착용, 방독마스크 착용, 방지마스크 착용, 보안면 착용, 안전모 착용, 귀마개 착용, 안전화 착용, 안전장갑 착용, 안전복 착용 등이 있다.

답 : ④

63 보안경 착용, 방독마스크 착용, 방진마스크 착용, 안전모자 착용, 귀마개 착용 등을 나타내는 표지의 종류는?

① 금지표지　② 지시표지
③ 안내표지　④ 경고표지

답 : ②

64 다음 그림은 안전표지의 어떠한 내용을 나타내는가?

① 지시표지　② 금지표지
③ 경고표지　④ 안내표지

보안경을 착용하라는 지시표지이다.

답 : ①

65 안전·보건표지의 종류와 형태에서 그림의 표지로 맞는 것은?

① 안전복 착용　② 안전모 착용
③ 보안면 착용　④ 출입금지

답 : ②

66 안전표지의 종류 중 안내표지에 속하지 않는 것은?

① 녹십자 표지　② 응급구호 표지
③ 비상구　④ 출입금지

안내표지에는 녹십자 표지, 응급구호 표지, 들것 표지, 세안장치 표지, 비상구 표지가 있다.

답 : ④

67 안전·보건표지에서 안내표지의 바탕색은?

① 녹색　　　　② 청색
③ 흑색　　　　④ 적색

안내표지는 녹색바탕에 백색으로 안내대상을 지시하는 표지판이다.

답 : ①

68 안전·보건표지 종류와 형태에서 그림의 안전표지판이 나타내는 것은?

① 병원표지　　　② 비상구 표지
③ 녹십자 표지　　④ 안전지대 표지

답 : ③

69 안전·보건표지의 종류와 형태에서 그림의 표지로 맞는 것은?

① 비상구　　　　② 안전제일 표지
③ 응급구호 표지　④ 들것 표지

답 : ③

70 산업안전보건법령상 안전·보건표지에서 색채와 용도가 다르게 짝지어진 것은?

① 파란색 : 지시
② 녹색 : 안내
③ 노란색 : 위험
④ 빨간색 : 금지, 경고

노란색 : 주의(충돌, 추락, 전도 및 그 밖의 비슷한 사고의 방지를 위해 물리적 위험성을 표시)

답 : ③

71 안전표지의 색채 중에서 대피장소 또는 비상구의 표지에 사용되는 것으로 맞는 것은?

① 빨간색　　　　② 주황색
③ 녹색　　　　　④ 청색

답 : ③

72 기계 및 기계장치 취급 시 사고발생 원인이 아닌 것은?

① 불량한 공구를 사용할 때
② 안전장치 및 보호장치가 잘 되어있지 않을 때
③ 정리정돈 및 조명장치가 잘 되어있지 않을 때
④ 기계 및 기계장치가 넓은 장소에 설치되어 있을 때

답 : ④

73 기계운전 중 안전 측면에서 설명으로 옳은 것은?

① 빠른 속도로 작업 시에는 일시적으로 안전장치를 제거한다.
② 기계장비의 이상으로 정상가동이 어려운 상황에서는 중속 회전상태로 작업한다.
③ 기계운전 중 이상한 냄새, 소음, 진동이 날 때는 정지하고, 전원을 끈다.
④ 작업의 속도 및 효율을 높이기 위해 작업범위 이외의 기계도 동시에 작동한다.

답 : ③

74 기계의 보수점검 시 운전상태에서 해야 하는 작업은?

① 체인의 장력상태 확인
② 베어링의 급유상태 확인
③ 벨트의 장력상태 확인
④ 클러치의 상태 확인

클러치의 상태 확인은 기계 운전 중에 하여야 한다.

답 : ④

75 동력공구 사용 시 주의사항으로 틀린 것은?

① 보호구는 사용 안 해도 무방하다.
② 압축공기 중의 수분을 제거하여 준다.
③ 규정 공기압력을 유지한다.
④ 에어 그라인더는 회전수에 유의한다.

답 : ①

76 공기(air)기구 사용 작업에서 적당치 않은 것은?

① 공기기구의 섭동 부위에 윤활유를 주유하면 안 된다.
② 규정에 맞는 토크를 유지하면서 작업한다.
③ 공기를 공급하는 고무호스가 꺾이지 않도록 한다.
④ 공기기구의 반동으로 생길 수 있는 사고를 미연에 방지한다.

공기기구의 섭동 부위(미끄럼 운동 부위)에는 윤활유를 주유하여야 한다.

답 : ①

77 공구 및 장비사용에 대한 설명으로 틀린 것은?

① 공구는 사용 후 공구상자에 넣어 보관한다.
② 볼트와 너트는 가능한 소켓렌치로 작업한다.
③ 토크렌치는 볼트와 너트를 푸는데 사용한다.
④ 마이크로미터를 보관할 때는 직사광선에 노출시키지 않는다.

토크렌치는 볼트와 너트를 규정토크로 조일 때만 사용하여야 한다.

답 : ③

78 공구사용 시 주의해야 할 사항으로 틀린 것은?

① 강한 충격을 가하지 않을 것
② 손이나 공구에 기름을 바른 다음에 작업할 것
③ 주위환경에 주의해서 작업할 것
④ 해머작업 시 보호안경을 쓸 것

답 : ②

79 수공구 사용 시 안전수칙으로 바르지 못한 것은?

① 톱 작업은 밀 때 절삭되게 작업한다.
② 줄 작업으로 생긴 쇳가루는 브러시로 털어낸다.
③ 해머작업은 미끄러짐을 방지하기 위해서 반드시 면장갑을 끼고 작업한다.
④ 조정렌치는 조정조가 있는 부분에 힘을 받지 않게 하여 사용한다.

해머작업을 할 때 장갑을 껴서는 안 된다.

답 : ③

80 수공구인 렌치를 사용할 때 지켜야 할 안전사항으로 옳은 것은?

① 볼트를 풀 때는 지렛대 원리를 이용하여, 렌치를 밀어서 힘이 받도록 한다.
② 볼트를 조일 때는 렌치를 해머로 쳐서 조이면 강하게 조일 수 있다.
③ 렌치작업 시 큰 힘으로 조일 경우 연장대를 끼워서 작업한다.
④ 볼트를 풀 때는 렌치 손잡이를 당길 때 힘을 받도록 한다.

답 : ④

81 작업장에서 수공구 재해예방 대책으로 잘못된 사항은?

① 결함이 없는 안전한 공구사용
② 공구의 올바른 사용과 취급
③ 공구는 항상 오일을 바른 후 보관
④ 작업에 알맞은 공구 사용

답 : ③

82 볼트 등을 조일 때 조이는 힘을 측정하기 위하여 사용하는 렌치는?

① 복스렌치   ② 오픈엔드렌치
③ 소켓렌치   ④ 토크렌치

토크렌치는 볼트 등을 조일 때 조이는 힘을 측정하기 위하여 사용한다.

답 : ④

83 렌치의 사용이 적합하지 않은 것은?

① 둥근 파이프를 죌 때 파이프렌치를 사용하였다.
② 렌치는 적당한 힘으로 볼트, 너트를 죄고 풀어야 한다.
③ 오픈렌치로 파이프 피팅 작업에 사용하였다.
④ 토크렌치의 용도는 큰 토크를 요할 때만 사용한다.

답 : ④

84 스패너 사용 시 주의사항으로 잘못된 것은?

① 스패너의 입이 폭과 맞는 것을 사용한다.
② 필요 시 두 개를 이어서 사용할 수 있다.
③ 스패너를 너트에 정확하게 장착하여 사용한다.
④ 스패너의 입이 변형된 것은 폐기한다.

답 : ②

85 볼트머리나 너트의 크기가 명확하지 않을 때나 가볍게 조이고 풀 때 사용하며 크기는 전체 길이로 표시하는 렌치는?

① 소켓렌치   ② 조정렌치
③ 복스렌치   ④ 파이프렌치

조정렌치는 볼트머리나 너트의 크기가 명확하지 않을 때나 가볍게 조이고 풀 때 사용하며 크기는 전체 길이로 표시한다.

답 : ②

86 조정렌치 사용상 안전 및 주의사항으로 맞는 것은?

① 렌치를 사용할 때는 밀면서 사용한다.
② 렌치를 잡아당기며 작업한다.
③ 렌치를 사용할 때는 반드시 연결대 등을 사용한다.
④ 렌치를 사용할 때는 규정보다 큰 공구를 사용한다.

답 : ②

87 6각 볼트·너트를 조이고 풀 때 가장 적합한 공구는?

① 바이스
② 플라이어
③ 드라이버
④ 복스렌치

6각 볼트·너트를 조이고 풀 때 가장 적합한 공구는 복스렌치(box wrench)이다.

답 : ④

88 복스렌치가 오픈엔드렌치보다 비교적 많이 사용되는 이유로 옳은 것은?

① 두 개를 한 번에 조일 수 있다.
② 마모율이 적고 가격이 저렴하다.
③ 다양한 볼트 너트의 크기를 사용할 수 있다.
④ 볼트와 너트 주위를 감싸 힘의 균형 때문에 미끄러지지 않는다.

복스렌치를 오픈엔드렌치보다 비교적 많이 사용하는 이유는 볼트와 너트 주위를 감싸서, 힘의 균형으로 미끄러지지 않기 때문이다.

답 : ④

89 볼트나 너트를 조이고 풀 때 사항으로 틀린 것은?

① 볼트와 너트는 규정토크로 조인다.
② 토크렌치는 볼트를 풀 때만 사용한다.
③ 한 번에 조이지 말고, 2~3회 나누어 조인다.
④ 규정된 공구를 사용하여 풀고, 조이도록 한다.

토크렌치는 볼트나 너트를 조일 때만 사용한다.

답 : ②

90 드라이버 사용방법으로 틀린 것은?

① 날 끝 홈의 폭과 깊이가 같은 것을 사용한다.
② 전기 작업 시 자루는 모두 금속으로 되어 있는 것을 사용한다.
③ 날 끝이 수평이어야 하며 둥글거나 빠진 것은 사용하지 않는다.
④ 작은 공작물이라도 한손으로 잡지 않고 바이스 등으로 고정하고 사용한다.

전기 작업할 때 손잡이 전체가 절연되어야 한다.

답 : ②

91 드라이버 사용 시 주의할 점으로 틀린 것은?

① 규격에 맞는 드라이버를 사용한다.
② 드라이버는 지렛대 대신으로 사용하지 않는다.
③ 클립(clip)이 있는 드라이버는 옷에 걸고 다녀도 무방하다.
④ 잘 풀리지 않는 나사는 플라이어를 이용하여 강제로 뺀다.

잘 풀리지 않는 나사는 플라이어를 이용하여 강제로 빼면 나사 머리 부분이 변형되거나 파손되기 쉽다.

답 : ④

92 줄 작업 시 주위사항으로 틀린 것은?

① 줄은 반드시 자루를 끼워서 사용한다.
② 줄은 반드시 바이스 등에 올려놓아야 한다.
③ 줄은 부러지기 쉬우므로 절대로 두드리거나 충격을 주어서는 안 된다.
④ 줄은 사용하기 전에 균열 유무를 충분히 점검하여야 한다.

답 : ②

93 안전한 해머작업을 위한 해머상태로 옳은 것은?

① 머리가 깨어진 것
② 쐐기가 없는 것
③ 타격면에 홈이 있는 것
④ 타격면이 평탄한 것

해머는 타격면이 평탄한 것을 사용하여야 한다.

답 : ④

94 해머사용 시의 주의사항이 아닌 것은?

① 쐐기를 박아서 자루가 단단한 것을 사용한다.
② 기름 묻은 손으로 자루를 잡지 않는다.
③ 타격면이 닳아 경사진 것은 사용하지 않는다.
④ 처음에는 크게 휘두르고 차차 작게 휘두른다.

답 : ④

95 연삭기에서 연삭 칩의 비산을 막기 위한 안전방호장치는?

① 안전덮개
② 광전식 안전방호장치
③ 급정지 장치
④ 양수조작식 방호장치

연삭기에는 연삭 칩의 비산을 막기 위하여 안전덮개를 부착하여야 한다.

답 : ①

96 연삭기의 안전한 사용방법으로 틀린 것은?

① 숫돌 측면 사용제한
② 숫돌덮개 설치 후 작업
③ 보안경과 방진마스크 착용
④ 숫돌과 받침대 간격을 가능한 넓게 유지

연삭기의 숫돌 받침대와 숫돌과의 틈새는 2~3mm 이내로 조정한다.

답 : ④

97 연삭작업 시 주의사항으로 틀린 것은?

① 숫돌 측면을 사용하지 않는다.
② 작업은 반드시 보안경을 쓰고 작업한다.
③ 연삭작업은 숫돌차의 정면에 서서 작업한다.
④ 연삭숫돌에 일감을 세게 눌러 작업하지 않는다.

연삭작업은 숫돌차의 측면에 서서 작업한다.

답 : ③

98 드릴작업의 안전수칙이 아닌 것은?

① 일감은 견고하게 고정시키고 손으로 잡고 구멍을 뚫지 않는다.
② 칩을 제거할 때는 회전을 정지시킨 상태에서 솔로 제거한다.
③ 장갑을 끼고 작업하지 않는다.
④ 드릴을 끼운 후에 척 렌치는 그대로 둔다.

드릴을 끼운 후 척 렌치는 분리하여야 한다.

답 : ④

99 마이크로미터를 보관하는 방법으로 틀린 것은?

① 습기가 없는 곳에 보관한다.
② 직사광선에 노출되지 않도록 한다.
③ 앤빌과 스핀들을 밀착시켜 둔다.
④ 측정부분이 손상되지 않도록 보관함에 보관한다.

마이크로미터를 보관할 때 앤빌과 스핀들을 밀착시켜서는 안 된다.

답 : ③

100 지렛대 사용 시 주의사항이 아닌 것은?

① 손잡이가 미끄럽지 않을 것
② 화물 중량과 크기에 적합한 것
③ 화물 접촉면을 미끄럽게 할 것
④ 둥글고 미끄러지기 쉬운 지렛대는 사용하지 말 것

답 : ③

원큐패스는 수험생들이 **한번에 합격**하기를 응원합니다.

지게차 필기
운전기능사

다락원아카데미 편

특별
부록

최종마무리
실전모의고사

다락원

Q PASS

지게차 운전기능사 필기

최종 마무리
실전 모의고사 3회

다락원

CBT(Computer Based Test)

CBT(Computer Based Test) 시험 안내

2017년부터 모든 기능사 필기시험은 시험장의 컴퓨터를 통해 이루어집니다. 화면에 나타난 문제를 풀고 마우스를 통해 정답을 표시하여 모든 문제를 다 풀었는지 한 번 더 확인한 후 답안을 제출하고, 제출된 답안은 감독자의 컴퓨터에 자동으로 저장되는 방식입니다. 처음 응시하는 학생들은 시험 환경이 낯설어 실수할 수 있으므로, 반드시 사전에 CBT 시험에 대한 충분한 연습이 필요합니다. Q-Net 홈페이지에서는 CBT 체험하기를 제공하고 있으니, 잘 활용하기를 바랍니다.

■ Q-Net 홈페이지의 CBT 체험하기

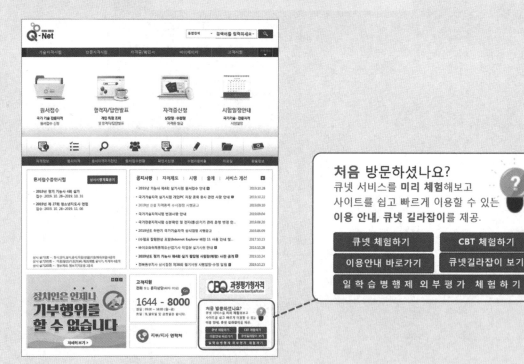

〈http://www.q-net.or.kr〉

■ CBT 시험을 위한 모바일 모의고사

① QR코드 스캔 → 도서 소개화면에서 '모바일 모의고사' 터치

② 로그인 후 '실전모의고사' 회차 선택

③ 스마트폰 화면에 보이는 문제를 보고 정답란에 정답 체크

④ 문제를 다 풀고 채점하기 터치 → 내 점수, 정답, 오답, 해설 확인 가능

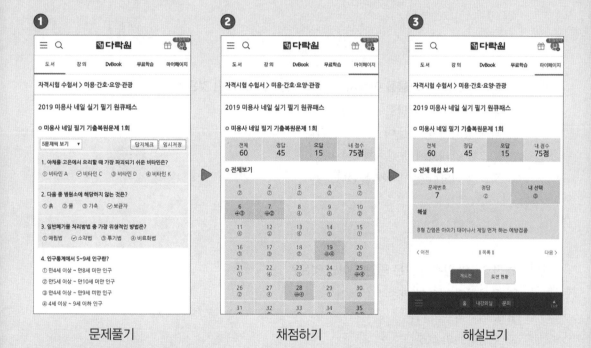

문제풀기   채점하기   해설보기

전체 문제 수 : 60
안 푼 문제 수 :

01 지게차 운전 시 유의사항으로 적합하지 않은 것은?

① 내리막길에서는 급회전을 하지 않는다.

② 화물적재 후 최고속 주행을 하여 작업능률을 높인다.

③ 운전석에는 운전자 이외는 승차하지 않는다.

④ 면허소지자 이외는 운전하지 못하도록 한다.

02 지게차로 팔레트의 화물을 이동시킬 때 주의할 점으로 틀린 것은?

① 작업 시 클러치 페달을 밟고 작업한다.

② 적재 장소에 물건 등이 있는지 살핀다.

③ 포크를 팔레트에 평행하게 넣는다.

④ 포크를 적당한 높이까지 올린다.

03 엔진오일의 압력이 낮은 원인이 아닌 것은?

① 플라이밍 펌프의 파손

② 오일파이프의 파손

③ 오일펌프의 고장

④ 오일에 다량의 연료혼입

04 자동차 전용도로의 정의로 가장 적합한 것은?

① 자동차 고속주행의 교통에만 이용되는 도로

② 자동차만 다닐 수 있도록 설치된 도로

③ 보도와 차도의 구분이 있는 도로

④ 보도와 차도의 구분이 없는 도로

답안 표기란

05 ① ② ③ ④
06 ① ② ③ ④
07 ① ② ③ ④
08 ① ② ③ ④
09 ① ② ③ ④

05 건설기계 정기검사 연기사유가 아닌 것은?

① 건설기계를 도난당했을 때
② 건설기계를 건설현장에 투입했을 때
③ 건설기계의 사고가 발생했을 때
④ 1월 이상에 걸친 정비를 하고 있을 때

06 지게차 작업방법 중 틀린 것은?

① 경사길에서 내려올 때에는 후진으로 주행한다.
② 주행방향을 바꿀 때에는 완전정지 또는 저속에서 운행한다.
③ 틸트는 적재물이 백 레스트에 완전히 닿도록 하고 운행한다.
④ 조향륜이 지면에서 5cm 이하로 떨어졌을 때에는 밸런스 카운터 중량을 높인다.

07 지게차로 적재작업할 때 유의사항으로 틀린 것은?

① 운반하려고 하는 화물가까이 가면 주행속도를 줄인다.
② 화물 앞에서 일단 정지한다.
③ 화물이 무너지거나 파손 등의 위험성 여부를 확인한다.
④ 화물을 높이 들어 올려 아랫부분을 확인하며 천천히 출발한다.

08 축전지의 소비된 전기에너지를 보충하기 위한 충전방법이 아닌 것은?

① 정전류 충전
② 정전압 충전
③ 급속충전
④ 초 충전

09 소음기나 배기관 내부에 많은 양의 카본이 부착되면 배압은 어떻게 되는가?

① 저속에서는 높아졌다가 고속에서는 낮아진다.
② 높아진다.
③ 낮아진다.
④ 영향을 미치지 않는다.

답안 표기란
10 ① ② ③ ④
11 ① ② ③ ④
12 ① ② ③ ④
13 ① ② ③ ④
14 ① ② ③ ④

10 배선의 색과 기호에서 파랑색(blue)의 기호는?

① B

② R

③ L

④ G

11 건설기계 조종사 면허의 취소사유가 아닌 것은?

① 부정한 방법으로 건설기계 조종사 면허를 받은 때

② 술에 만취한 상태(혈중 알코올 농도 0.08% 이상)에서 건설기계를 조종한 때

③ 1,000만 원 이상의 재산피해를 입힌 때

④ 약물(마약, 대마 등의 환각물질)을 투여한 상태에서 건설기계를 조종한 때

12 냉각장치에서 냉각수가 줄어드는 원인과 정비방법으로 틀린 것은?

① 워터펌프 불량 : 조정

② 서머스타트 하우징 불량 : 개스킷 및 하우징 교체

③ 히터 혹은 라디에이터 호스 불량 : 수리 및 부품교환

④ 라디에이터 캡 불량 : 부품교환

13 건설기계를 도난당한 때 등록말소 사유 확인서류로 적당한 것은?

① 수출신용장

② 봉인 및 번호판

③ 주민등록 등본

④ 경찰서장이 발생한 도난신고 접수 확인원

14 정(chisel) 작업 시 안전수칙으로 부적합한 것은?

① 차광안경을 착용한다.

② 기름을 깨끗이 닦은 후에 사용한다.

③ 머리가 벗겨진 것은 사용하지 않는다.

④ 담금질한 재료를 정으로 쳐서는 안 된다.

15 일반화재 발생장소에서 화염이 있는 곳을 대피하기 위한 요령이다. 보기 항에서 맞는 것을 모두 고른 것은?

> 보기 ⓐ 머리카락, 얼굴, 발, 손 등을 불과 닿지 않게 한다.
> ⓑ 수건에 물을 적셔 코와 입을 막고 탈출한다.
> ⓒ 몸을 낮게 엎드려서 통과한다.
> ⓓ 옷을 물로 적시고 통과한다.

① ⓐ, ⓒ
② ⓐ, ⓑ, ⓒ, ⓓ
③ ⓐ, ⓑ, ⓒ
④ ⓐ

16 디젤기관의 연료분사 펌프에서 연료분사량 조정은?
① 컨트롤 슬리브와 피니언의 관계위치를 변화하여 조정
② 프라이밍 펌프를 조정
③ 플런저 스프링의 장력조정
④ 리밋 슬리브를 조정

17 건설기계 조종사 면허를 거짓이나 그 밖의 부정한 방법으로 받았거나, 건설기계를 도로나 타인의 토지에 버려두어 방치한 자에 대해 적용하는 벌칙은?
① 1,000만 원 이하의 벌금
② 2년 이하의 징역 또는 1,000만 원 이하의 벌금
③ 1년 이하의 징역 또는 1,000만 원 이하의 벌금
④ 2,000만 원 이하의 벌금

18 엔진이 시동된 다음에는 피니언이 공회전하여 링 기어에 의해 엔진의 회전력이 기동전동기에 전달되지 않도록 하는 장치는?
① 피니언
② 전기자
③ 오버러닝 클러치
④ 정류자

15 ① ② ③ ④
16 ① ② ③ ④
17 ① ② ③ ④
18 ① ② ③ ④

답안 표기란
19 ① ② ③ ④
20 ① ② ③ ④
21 ① ② ③ ④
22 ① ② ③ ④
23 ① ② ③ ④
24 ① ② ③ ④

19 작동유가 넓은 온도범위에서 사용되기 위한 조건으로 옳은 것은?

① 산화작용이 양호해야 한다.

② 점도지수가 높아야 한다.

③ 소포성이 좋아야 한다.

④ 유성이 커야 한다.

20 도로교통법에 위반이 되는 행위는?

① 철길건널목 바로 전에 일시정지하였다.

② 다리 위에서 앞지르기를 하였다.

③ 주간에 방향을 전환할 때 방향지시등을 켰다.

④ 야간에 차가 서로 마주보고 진행할 때 전조등의 광도를 감하였다.

21 디젤기관에서 회전속도에 따라 연료의 분사시기를 조절하는 장치는?

① 타이머   ② 과급기

③ 기화기   ④ 조속기

22 도체 내의 전류의 흐름을 방해하는 성질은?

① 전하   ② 전류

③ 전압   ④ 저항

23 유압탱크의 주요 구성요소가 아닌 것은?

① 유면계   ② 주입구

③ 유압계   ④ 격판(배플)

24 최고 주행속도 15km/h 미만의 타이어식 건설기계가 반드시 갖추어야 할 조명장치가 아닌 것은

① 후부반사기

② 제동등

③ 전조등

④ 비상점멸 표시등

답안 표기란

25 ① ② ③ ④
26 ① ② ③ ④
27 ① ② ③ ④
28 ① ② ③ ④
29 ① ② ③ ④

25 공기청정기의 종류 중 특히 먼지가 많은 지역에 적합한 공기청정기는?

① 건식 ② 유조식
③ 복합식 ④ 습식

26 주차 및 정차금지 장소는 건널목 가장자리로부터 몇 미터 이내인 곳인가?

① 50m ② 10m
③ 30m ④ 40m

27 유압장치에서 가변용량형 유압펌프의 기호는?

①   ②

③   ④

28 자체중량에 의한 자유낙하 등을 방지하기 위하여 회로에 배압을 유지하는 밸브는?

① 카운터 밸런스 밸브
② 체크밸브
③ 안전밸브
④ 감압밸브

29 지게차를 운전하여 교차로에서 우회전을 하려고 할 때 가장 적합한 것은?

① 우회전은 신호가 필요 없으며, 보행자를 피하기 위해 빠른 속도로 진행한다.
② 신호를 행하면서 서행으로 주행하여야 하며, 교통신호에 따라 횡단하는 보행자의 통행을 방해하여서는 아니 된다.
③ 우회전은 언제 어느 곳에서나 할 수 있다.
④ 우회전 신호를 행하면서 빠르게 우회전한다.

답안 표기란	
30	① ② ③ ④
31	① ② ③ ④
32	① ② ③ ④
33	① ② ③ ④
34	① ② ③ ④
35	① ② ③ ④

30 유압이 진공에 가까워짐으로서 기포가 생기며, 이로 인해 국부적인 고압이나 소음이 발생하는 현상을 무엇이라 하는가?

① 오리피스 현상
② 담금질 현상
③ 캐비테이션 현상
④ 시효경화 현상

31 유압 실린더의 종류에 해당하지 않는 것은?

① 복동 실린더 더블로드형
② 복동 실린더 싱글로드형
③ 단동 실린더 배플형
④ 단동 실린더 램형

32 재해발생 원인 중 직접원인이 아닌 것은?

① 기계배치의 결함
② 불량공구 사용
③ 교육훈련 미숙
④ 작업조명의 불량

33 안전·보건표지에서 안내표지의 바탕색은?

① 백색 ② 적색
③ 녹색 ④ 흑색

34 유압계통에서 오일누설 시의 점검사항이 아닌 것은?

① 유압유의 윤활성
② 실(seal)의 마모
③ 볼트의 이완
④ 실(seal)의 파손

35 유압펌프에서 사용되는 GPM의 의미는?

① 계통 내에서 형성되는 압력의 크기
② 복동 실린더의 치수
③ 분당 토출하는 작동유의 양
④ 흐름에 대한 저항

답안 표기란

36	① ② ③ ④
37	① ② ③ ④
38	① ② ③ ④
39	① ② ③ ④
40	① ② ③ ④

36 지게차에서 적재상태의 마스트 경사로 적합한 것은?

① 뒤로 기울어지도록 한다.

② 앞으로 기울어지도록 한다.

③ 진행 좌측으로 기울어지도록 한다.

④ 진행 우측으로 기울어지도록 한다.

37 지게차 리프트 실린더의 주된 역할은?

① 마스터를 틸트시킨다.

② 마스터를 하강 이동시킨다.

③ 포크를 상승·하강시킨다.

④ 포크를 앞뒤로 기울게 한다.

38 장갑을 끼고 작업할 때 가장 위험한 작업은?

① 지게차운전 작업

② 오일교환 작업

③ 해머작업

④ 타이어교환 작업

39 유압모터의 장점이 아닌 것은?

① 관성력이 크며, 소음이 크다.

② 전동모터에 비하여 급속정지가 쉽다.

③ 광범위한 무단변속을 얻을 수 있다.

④ 작동이 신속·정확하다.

40 오일탱크 내의 오일을 전부 배출시킬 때 사용하는 것은?

① 드레인 플러그

② 배플

③ 어큐뮬레이터

④ 리턴라인

41 보기는 재해발생 시 조치요령이다. 조치순서로 가장 적합하게 이루어 진 것은?

| 보기 | ⓐ 운전정지 | ⓑ 관련된 또 다른 재해방지 |
| | ⓒ 피해자 구조 | ⓓ 응급처치 |

① ⓐ→ⓑ→ⓒ→ⓓ
② ⓒ→ⓑ→ⓓ→ⓐ
③ ⓒ→ⓓ→ⓐ→ⓑ
④ ⓐ→ⓒ→ⓓ→ⓑ

42 안전적인 측면에서 병 속에 들어있는 약품을 냄새로 알아보고자 할 때 가장 좋은 방법은?

① 내용물을 조금 쏟아서 확인한다.
② 손바람을 이용하여 확인한다.
③ 숟가락으로 약간 떠내어 냄새를 직접 맡아본다.
④ 종이로 적셔서 알아본다.

43 제동장치의 기능을 설명한 것으로 틀린 것은?

① 속도를 감속시키거나 정지시키기 위한 장치이다.
② 독립적으로 작동시킬 수 있는 2계통의 제동장치가 있다.
③ 급제동 시 노면으로부터 발생되는 충격을 흡수하는 장치이다.
④ 경사로에서 정지된 상태를 유지할 수 있는 구조이다.

44 지게차는 자동차와 다르게 현가 스프링을 사용하지 않는 이유를 설명한 것으로 옳은 것은?

① 롤링이 생기면 적하물이 떨어질 수 있기 때문에
② 현가장치가 있으면 조향이 어렵기 때문에
③ 화물에 충격을 줄여주기 위해
④ 앞차축이 구동축이기 때문에

45 지게차의 마스트를 전경 또는 후경시키는 작용을 하는 것은?

① 조향실린더
② 리프트 실린더
③ 마스터 실린더
④ 틸트 실린더

46 적색 원형으로 만들어지는 안전표지판은?

① 경고표시　　　　　　② 안내표시

③ 지시표시　　　　　　④ 금지표시

47 양중기에 해당되지 않는 것은?

① 곤돌라　　　　　　② 크레인

③ 리프트　　　　　　④ 지게차

48 지게차에 화물을 적재하고 주행할 때의 주의사항으로 틀린 것은?

① 급한 고갯길을 내려갈 때는 변속 레버를 중립에 두거나 엔진을 끄고 타력으로 내려간다.

② 포크나 카운터 웨이트 등에 사람을 태우고 주행해서는 안 된다.

③ 전방시야가 확보되지 않을 때는 후진으로 진행하며서 경적을 울리며 천천히 주행한다.

④ 험한 땅, 좁은 통로, 고갯길 등에서는 급발진, 급제동, 급선회 하지 않는다.

49 납산배터리 액체를 취급하는데 가장 적합한 것은?

① 고무로 만든 옷

② 가죽으로 만든 옷

③ 무명으로 만든 옷

④ 화학섬유로 만든 옷

50 지게차의 운전방법으로 틀린 것은?

① 화물운반 시 내리막길은 후진으로 오르막길은 전진으로 주행한다.

② 화물운반 시 포크는 지면에서 20~30cm 정도 띄운다.

③ 화물운반 시 마스트를 뒤로 4° 정도 경사시킨다.

④ 화물운반은 항상 후진으로 주행한다.

답안 표기란

51 ① ② ③ ④
52 ① ② ③ ④
53 ① ② ③ ④
54 ① ② ③ ④
55 ① ② ③ ④

51 클러치 디스크 구조에서 댐퍼 스프링 작용으로 옳은 것은?

① 클러치 작용 시 회전력을 증가시킨다.
② 클러치 디스크의 마멸을 방지한다.
③ 압력판의 마멸을 방지한다.
④ 클러치 작용 시 회전충격을 흡수한다.

52 지게차에서 리프트 실린더의 상승력이 부족한 원인과 거리가 먼 것은?

① 오일필터의 막힘
② 유압펌프의 불량
③ 리프트 실린더에서 유압유 누출
④ 틸트 로크 밸브의 밀착 불량

53 지게차의 포크 양쪽 중 한쪽이 낮아졌을 경우에 해당되는 원인은?

① 체인의 늘어짐
② 사이드 롤러의 과다한 마모
③ 실린더의 마모
④ 윤활유 불충분

54 토크컨버터에 사용되는 오일의 구비조건이 아닌 것은?

① 착화점이 낮을 것
② 비중이 클 것
③ 비점이 높을 것
④ 점도가 낮을 것

55 지게차 인칭조절 장치에 대한 설명으로 옳은 것은?

① 트랜스미션 내부에 있다.
② 브레이크 드럼 내부에 있다.
③ 디셀레이터 페달이다.
④ 작업 장치의 유압상승을 억제한다.

답안 표기란
56	① ② ③ ④
57	① ② ③ ④
58	① ② ③ ④
59	① ② ③ ④
60	① ② ③ ④

56 지게차에서 주행 중 조향핸들이 떨리는 원인으로 가장 거리가 먼 것은?

① 타이어 밸런스가 맞지 않을 때
② 휠이 휘었을 때
③ 스티어링 기어의 마모가 심할 때
④ 포크가 휘었을 때

57 지게차 작업 시 안전수칙으로 틀린 것은?

① 주차 시에는 포크를 완전히 지면에 내려야 한다.
② 화물을 적재하고 경사지를 내려갈 때는 운전시야 확보를 위해 전진으로 운행해야 한다.
③ 포크를 이용하여 사람을 싣거나 들어 올리지 않아야 한다.
④ 경사지를 오르거나 내려올 때는 급회전을 금해야 한다.

58 지게차의 화물운반 작업 중 가장 적당한 것은?

① 댐퍼를 뒤로 3° 정도 경사시켜서 운반한다.
② 마스트를 뒤로 6° 정도 경사시켜서 운반한다.
③ 샤퍼를 뒤로 6° 정도 경사시켜서 운반한다.
④ 바이브레이터를 뒤로 8° 정도 경사시켜서 운반한다.

59 지게차에서 지켜야 할 안전수칙으로 틀린 것은?

① 후진 시에는 반드시 뒤를 살필 것
② 전진에서 후진변속 시에는 지게차가 정지된 상태에서 행할 것
③ 주·정차시는 반드시 주차 브레이크를 작동시킬 것
④ 이동 시에는 포크를 반드시 지상에서 높이 들고 이동할 것

60 건설기계의 정기검사 신청기간까지 신청한 경우 정기검사 유효기간 시작일을 바르게 설명한 것은?

① 검사를 받은 다음 날부터
② 유효기간 만료일부터
③ 종전 검사유효기간 만료일 다음 날부터
④ 검사를 받은 날부터

전체 문제 수 : 60
안 푼 문제 수 :

01 화재발생 시 연소조건이 아닌 것은?

① 점화원   ② 산소(공기)

③ 발화시기   ④ 가연성 물질

02 지게차 주행 시 포크의 높이로 가장 적절한 것은?

① 지면으로부터 60~70cm 정도 높인다.

② 지면으로부터 90cm 정도 높인다.

③ 지면으로부터 20~30cm 정도 높인다.

④ 최대한 높이를 올리는 것이 좋다.

03 유압기기 속에 혼입되어 있는 불순물을 제거하기 위해 사용되는 것은?

① 패킹   ② 릴리프 밸브

③ 배수기   ④ 스트레이너

04 화재의 분류기준으로 틀린 것은?

① A급 화재 : 고체 연료성 화재

② D급 화재 : 금속화재

③ B급 화재 : 액상 또는 기체상의 연료성 화재

④ C급 화재 : 가스화재

05 유압모터의 일반적인 특징으로 가장 적합한 것은?

① 넓은 범위의 무단변속이 용이하다.

② 직선운동 시 속도조절이 용이하다.

③ 각도에 제한 없이 왕복 각운동을 한다.

④ 운동량을 자동으로 직선 조작할 수 있다.

06 건설기계의 범위에 속하지 않는 것은?

① 공기 토출량이 매분당 2.83m³ 이상의 이동식인 공기압축기

② 노상안정장치를 가진 자주식인 노상안정기

③ 정지장치를 가진 자주식인 모터그레이더

④ 전동식 솔리드타이어를 부착한 것 중 도로가 아닌 장소에서만 운행하는 지게차

07 도로교통법에 의한 통고처분의 수령을 거부하거나 범칙금을 기간 안에 납부하지 못한 자는 어떻게 처리되는가?

① 면허증이 취소된다.

② 즉결 심판에 회부된다.

③ 연기신청을 한다.

④ 면허의 효력이 정지된다.

08 지게차에 사용되는 12볼트(V)–80암페어(A) 축전지 2개를 직렬연결하면 전압과 전류는?

① 24볼트(V)–160암페어(A)가 된다.

② 12볼트(V)–160암페어(A)가 된다.

③ 24볼트(V)–80암페어(A)가 된다.

④ 12볼트(V)–80암페어(A)가 된다.

09 작업 시 일반적인 안전에 대한 설명으로 틀린 것은?

① 회전되는 물체에 손을 대지 않는다.

② 장비는 취급자가 아니어도 사용한다.

③ 장비는 사용 전에 점검한다.

④ 장비 사용법은 사전에 숙지한다.

10 사용 중인 작동유의 수분함유 여부를 현장에서 판정하는 것으로 가장 적합한 방법은?

① 오일을 가열한 철판 위에 떨어뜨려 본다.

② 오일의 냄새를 맡아본다.

③ 오일을 시험관에 담아서 침전물을 확인한다.

④ 여과지에 약간(3~4 방울)의 오일을 떨어뜨려 본다.

11 유압유의 유체에너지(압력, 속도)를 기계적인 일로 변환시키는 유압장치는?

① 유압펌프

② 유압 액추에이터

③ 어큐뮬레이터

④ 유압밸브

12 디젤기관의 배출물로 규제 대상은?

① 일산화탄소

② 매연

③ 탄화수소

④ 공기 과잉율(λ)

13 고속도로 통행이 허용되지 않는 건설기계는?

① 콘크리트믹서트럭

② 덤프트럭

③ 지게차

④ 기중기(트럭적재식)

14 건설기계의 출장검사가 허용되는 경우가 아닌 것은?

① 너비가 2.5m 미만 건설기계

② 최고 속도가 35km/h 미만인 건설기계

③ 도서지역에 있는 건설기계

④ 자체중량이 40ton을 초과 하거나 축중이 10ton을 초과하는 건설기계

답안 표기란				
10	①	②	③	④
11	①	②	③	④
12	①	②	③	④
13	①	②	③	④
14	①	②	③	④

15 정기검사 신청을 받은 검사대행자는 며칠 이내에 검사일시 및 장소를 신청인에게 통지하여야 하는가?

① 3일   ② 20일

③ 15일   ④ 5일

16 클러치의 구비조건으로 틀린 것은?

① 단속 작용이 확실하며 조작이 쉬워야 한다.

② 회전부분의 평형이 좋아야 한다.

③ 방열이 잘 되고 과열되지 않아야 한다.

④ 회전부분의 관성력이 커야 한다.

17 지게차 운전 및 작업 시 안전사항으로 맞는 것은?

① 작업의 속도를 높이기 위해 조종 레버 조작을 빨리 한다.

② 지게차에 승·하차 시에는 지게차에 장착된 손잡이 및 발판을 사용한다.

③ 지게차의 무게는 무시해도 된다.

④ 작업도구나 적재물이 장애물에 걸려도 동력에 무리가 없으므로 그냥 작업한다.

18 엔진의 부하에 따라 연료 분사량을 가감하여 최고 회전속도를 제어하는 장치는?

① 플런저와 노즐 펌프

② 토크컨버터

③ 래크와 피니언

④ 거버너

19 유압회로에서 어떤 부분회로의 압력을 주 회로의 압력보다 저압으로 해서 사용하고자 할 때 사용하는 밸브는?

① 릴리프 밸브

② 리듀싱 밸브

③ 카운터 밸런스 밸브

④ 체크밸브

20 베인 펌프의 일반적인 특징이 아닌 것은?

① 대용량, 고속 가변형에 적합하지만 수명이 짧다.

② 맥동과 소음이 적다.

③ 간단하고 성능이 좋다.

④ 소형, 경량이다.

21 4행정 사이클 기관에서 주로 사용되고 있는 오일펌프는?

① 로터리 펌프와 기어펌프

② 로터리 펌프와 나사펌프

③ 기어펌프와 플런저 펌프

④ 원심펌프와 플런저 펌프

22 기계의 회전부분(기어, 벨트, 체인)에 덮개를 설치하는 이유는?

① 좋은 품질의 제품을 얻기 위하여

② 회전부분과 신체의 접촉을 방지하기 위하여

③ 회전부분의 속도를 높이기 위하여

④ 제품의 제작과정을 숨기기 위하여

23 기관 냉각장치에서 비등점을 높이는 기능을 하는 것은?

① 물재킷　　　　　　② 라디에이터

③ 압력식 캡　　　　　④ 물펌프

24 작동유가 넓은 온도범위에서 사용되기 위한 조건으로 옳은 것은?

① 산화작용이 양호해야 한다.

② 점도지수가 높아야 한다.

③ 유성이 커야 한다.

④ 소포성이 좋아야 한다.

25 배기터빈 과급기에서 터빈축 베어링의 윤활방법으로 옳은 것은?

① 기관오일 급유

② 오일리스 베어링 사용

③ 그리스로 윤활

④ 기어오일 급유

답안 표기란				
20	①	②	③	④
21	①	②	③	④
22	①	②	③	④
23	①	②	③	④
24	①	②	③	④
25	①	②	③	④

26 가스 용접기에서 아세틸렌 용접장치의 방호장치는?

① 자동전격 방지기

② 안전기

③ 제동장치

④ 덮개

27 공구사용 시 주의해야 할 사항으로 틀린 것은?

① 강한 충격을 가하지 않을 것

② 손이나 공구에 기름을 바른 다음에 작업할 것

③ 주위환경에 주의해서 작업할 것

④ 해머작업 시 보호안경을 쓸 것

28 건설기계관리법령상 건설기계 조종사 면허의 취소처분 기준에 해당하지 않는 것은?

① 건설기계 조종사 면허증을 다른 사람에게 빌려 준 경우

② 술에 취한 상태(혈중 알코올 농도 0.03% 이상 0.08% 미만)에서 건설기계를 조종하다가 사고로 사람을 죽게 하거나 다치게 한 경우

③ 등록번호표를 부착 및 봉인하지 아니한 건설기계를 운행한 경우

④ 술에 만취한 상태(혈중 알코올 농도 0.08% 이상)에서 건설기계를 조종한 경우

29 지게차에 포크에 화물을 싣고 창고나 공장을 출입할 때의 주의사항 중 틀린 것은?

① 팔이나 몸을 차체 밖으로 내밀지 않는다.

② 차폭이나 출입구의 폭은 확인할 필요가 없다.

③ 주위 장애물 상태를 확인 후 이상이 없을 때 출입한다.

④ 화물이 출입구 높이에 닿지 않도록 주의한다.

30 지게차 작업 시 안전수칙으로 틀린 것은?

① 주차 시에는 포크를 완전히 지면에 내려야 한다.

② 화물을 적재하고 경사지를 내려갈 때는 운전시야 확보를 위해 전진으로 운행해야 한다.

③ 포크를 이용하여 사람을 싣거나 들어 올리지 않아야 한다.

④ 경사지를 오르거나 내려올 때는 급회전을 금해야 한다.

31 추진축의 각도변화를 가능하게 하는 이음은?

① 등속이음

② 자재이음

③ 플랜지 이음

④ 슬립이음

32 방향지시등 스위치 작동 시 한쪽은 정상이고, 다른 한쪽은 점멸작용이 정상과 다르게(빠르게, 느리게, 작동불량) 작용할 때, 고장 원인으로 가장 거리가 먼 것은?

① 플래셔 유닛이 고장 났을 때

② 한쪽 전구소켓에 녹이 발생하여 전압강하가 있을 때

③ 전구 1개가 단선 되었을 때

④ 한쪽 램프 교체 시 규정용량의 전구를 사용하지 않았을 때

33 등록번호표 제작자는 등록번호표 제작 등의 신청을 받은 날로부터 며칠 이내에 제작하여야 하는가?

① 3일 　　　　② 5일

③ 7일 　　　　④ 10일

34 그림과 같은 교통안전표지의 뜻은?

① 좌합류 도로가 있음을 알리는 것

② 좌로 굽은 도로가 있음을 알리는 것

③ 우합류 도로가 있음을 알리는 것

④ 철길 건널목이 있음을 알리는 것

답안 표기란

35	① ② ③ ④
36	① ② ③ ④
37	① ② ③ ④
38	① ② ③ ④
39	① ② ③ ④
40	① ② ③ ④

35 지게차를 운전할 때 유의사항으로 틀린 것은?

① 주행을 할 때에는 포크를 가능한 낮게 내려 주행한다.

② 적재물이 높아 전방 시야가 가릴 때에는 후진하여 운전한다.

③ 포크 간격은 화물에 맞게 수시로 조정한다.

④ 후방시야 확보를 위해 뒤쪽에 사람을 탑승시켜야 한다.

36 지게차를 운행할 때 주의사항으로 틀린 것은?

① 급유 중은 물론 운전 중에도 화기를 가까이 하지 않는다.

② 적재 시 급제동을 하지 않는다.

③ 내리막길에서는 브레이크 페달을 밟으면서 서서히 주행한다.

④ 적재 시에는 최고 속도로 주행한다.

37 건설기계관리법상의 건설기계사업에 해당하지 않는 것은?

① 건설기계매매업   ② 건설기계해체재활용업

③ 건설기계정비업   ④ 건설기계제작업

38 지게차 하역작업 시 안전한 방법이 아닌 것은?

① 무너질 위험이 있는 경우 화물 위에 사람이 올라간다.

② 가벼운 것은 위로, 무거운 것은 밑으로 적재한다.

③ 굴러갈 위험이 있는 물체는 고임목으로 고인다.

④ 허용적재 하중을 초과하는 화물의 적재는 금한다.

39 지게차의 좌우포크 높이가 다를 경우에 조정하는 부위는?

① 리프트 밸브로 조정한다.

② 리프트 체인의 길이로 조정한다.

③ 틸트 레버로 조정한다.

④ 틸트 실린더로 조정한다.

40 도로교통법에서 정하는 주차금지 장소가 아닌 곳은?

① 소방용 방화 물통으로부터 5m 이내인 곳

② 전신주로부터 20m 이내인 곳

③ 화재경보기로부터 3m 이내인 곳

④ 터널 안 및 다리 위

41 지게차의 충전장치에서 주로 사용하고 있는 발전기는?

① 직류발전기

② 3상 교류발전기

③ 와전류발전기

④ 단상 교류발전기

42 지게차의 리프트 실린더(lift cylinder) 작동회로에서 플로우 프로텍터(벨로시티 퓨즈)를 사용하는 주된 목적은?

① 컨트롤 밸브와 리프터 실린더 사이에서 배관파손 시 적재물 급강하를 방지한다.

② 포크의 정상 하강 시 천천히 내려올 수 있게 한다.

③ 짐을 하강할 때 신속하게 내려올 수 있도록 작용한다.

④ 리프트 실린더 회로에서 포크상승 중 중간 정지 시 내부 누유를 방지한다.

43 지게차의 포크를 상승시키는 역할을 하는 장치는?

① 틸트 실린더

② 리프트 실린더

③ 볼 실린더

④ 조향 실린더

44 지게차의 틸트 레버를 운전석에서 운전자 몸 쪽으로 당기면 마스트는 어떻게 기울어지는가?

① 운전자의 몸 쪽에서 멀어지는 방향으로 기운다.

② 지면방향 아래쪽으로 내려온다.

③ 운전자의 몸 쪽 방향으로 기운다.

④ 지면에서 위쪽으로 올라간다.

45 구급처치 중에서 환자의 상태를 확인하는 사항과 거리가 먼 것은?

① 의식   ② 격리

③ 상처   ④ 출혈

답안 표기란

46	① ② ③ ④
47	① ② ③ ④
48	① ② ③ ④
49	① ② ③ ④
50	① ② ③ ④

46 배터리의 자기방전 원인에 대한 설명으로 틀린 것은?

① 전해액 중에 불순물이 혼입되어 있다.

② 배터리 케이스의 표면에서는 전기누설이 없다.

③ 이탈된 작용물질이 극판의 아랫부분에 퇴적되어 있다.

④ 배터리의 구조상 부득이하다.

47 자연적 재해가 아닌 것은?

① 방화   ② 홍수

③ 태풍   ④ 지진

48 벨트를 풀리(pulley)에 장착 시 작업방법에 대한 설명으로 옳은 것은?

① 중속으로 회전시키면서 건다.

② 회전을 중지시킨 후 건다.

③ 저속으로 회전시키면서 건다.

④ 고속으로 회전시키면서 건다.

49 지게차로 가파른 경사지에서 화물을 운반할 때에는 어떤 방법이 좋겠는가?

① 화물을 앞으로 하여 천천히 내려온다.

② 기어의 변속을 중립에 놓고 내려온다.

③ 기어의 변속을 저속상태로 놓고 후진으로 내려온다.

④ 지그재그로 회전하여 내려온다.

50 지게차로 적재작업할 때 유의사항으로 틀린 것은?

① 운반하려고 하는 화물 가까이 가면 속도를 줄인다.

② 화물 앞에서 일단 정지한다.

③ 화물이 무너지거나 파손 등의 위험성 여부를 확인한다.

④ 화물을 높이 들어 올려 아랫부분을 확인하며 천천히 출발한다.

51 유압 실린더의 종류에 해당하지 않은 것은?

① 복동 실린더 더블로드형

② 복동 실린더 싱글로드형

③ 단동 실린더 램형

④ 단동 실린더 배플형

52 지게차로 길고 급한 경사길을 운전할 때 반 브레이크를 오래 사용하면 어떤 현상이 생기는가?

① 라이닝은 페이드, 파이프는 스팀 록

② 파이프는 증기폐쇄, 라이닝은 스팀 록

③ 라이닝은 페이드, 파이프는 베이퍼 록

④ 파이프는 스팀 록, 라이닝은 베이퍼 록

53 지게차의 일반적인 조향방식은?

① 전륜 조향방식이다.

② 후륜 조향방식이다.

③ 허리꺾기 조향방식이다.

④ 작업조건에 따라 바꿀 수 있다.

54 축전지와 전동기를 동력원으로 하는 지게차는?

① 전동 지게차

② 유압 지게차

③ 엔진 지게차

④ 수동 지게차

55 그림에서 체크밸브를 나타낸 것은?

①

②

③

④

답안 표기란

56 ① ② ③ ④
57 ① ② ③ ④
58 ① ② ③ ④
59 ① ② ③ ④
60 ① ② ③ ④

56 유압회로에서 속도제어 회로에 속하지 않는 것은?

① 시퀀스 회로

② 미터-인 회로

③ 블리드 오프 회로

④ 미터-아웃 회로

57 디젤기관의 연소실 중 연료 소비율이 낮으며 연소 압력이 가장 높은 연소실 형식은?

① 예연소실식

② 공기실식

③ 직접분사실식

④ 와류실식

58 지게차 운전종료 후 점검사항과 가장 거리가 먼 것은?

① 각종 게이지

② 타이어의 손상 여부

③ 연료보유량

④ 오일누설 부위

59 지게차의 운전을 종료했을 때 취해야 할 안전사항이 아닌 것은?

① 각종 레버는 중립에 둔다.

② 연료를 빼낸다.

③ 주차 브레이크를 작동시킨다.

④ 전원 스위치를 차단시킨다.

60 지게차는 자동차와 다르게 현가스프링을 사용하지 않는 이유를 설명한 것으로 옳은 것은?

① 롤링이 생기면 적하물이 떨어질 수 있기 때문에

② 현가장치가 있으면 조향이 어렵기 때문에

③ 화물에 충격을 줄여주기 위해

④ 앞차축이 구동축이기 때문에

전체 문제 수 : 60
안 푼 문제 수 :

01 그림과 같이 12V용 축전지 2개를 사용하여 24V용 건설기계를 사용하고자 할 때 연결 방법으로 옳은 것은?

① B - D
② A - B
③ A - C
④ B - C

02 지게차 포크의 간격은 파레트 폭의 어느 정도로 하는 것이 가장 적당한가?

① 팔레트 폭의 1/2~1/3
② 팔레트 폭의 1/3~2/3
③ 팔레트 폭의 1/2~2/3
④ 팔레트 폭의 1/2~3/4

03 지게차를 운행할 때 주의사항으로 틀린 것은?

① 급유 중은 물론 운전 중에도 화기를 가까이 하지 않는다.
② 적재 시 급제동을 하지 않는다.
③ 내리막길에서는 브레이크 페달을 밟으면서 서서히 주행한다.
④ 적재 시에는 최고 속도로 주행한다.

04 건설기계 등록이 말소되는 사유에 해당하지 않은 것은?

① 건설기계를 폐기한 때
② 건설기계의 구조변경을 했을 때
③ 건설기계가 멸실되었을 때
④ 건설기계를 수출할 때

05 4행정 사이클 디젤기관이 작동 중 흡입밸브와 배기밸브가 동시에 닫혀있는 행정은?

① 배기행정

② 소기행정

③ 흡입행정

④ 동력행정

06 지게차에서 적재상태의 마스트 경사로 적합한 것은?

① 뒤로 기울어지도록 한다.

② 앞으로 기울어지도록 한다.

③ 진행 좌측으로 기울어지도록 한다.

④ 진행 우측으로 기울어지도록 한다.

07 자동차 운전 중 교통사고를 일으킨 때 사고결과에 따른 벌점기준으로 틀린 것은?

① 부상신고 1명마다 2점

② 사망 1명마다 90점

③ 경상 1명마다 5점

④ 중상 1명마다 30점

08 유압회로 내의 압력이 설정압력에 도달하면 펌프에서 토출된 오일의 일부 또는 전량을 직접 탱크로 돌려보내 회로의 압력을 설정값으로 유지하는 밸브는?

① 체크밸브

② 릴리프 밸브

③ 시퀀스 밸브

④ 언로드 밸브

09 지게차 화물취급 작업 시 준수하여야 할 사항으로 틀린 것은?

① 화물 앞에서 일단 정지해야 한다.

② 화물 근처에 왔을 때에는 가속페달을 살짝 밟는다.

③ 팔레트에 실려 있는 물체의 안전한 적재 여부를 확인한다.

④ 지게차를 화물 쪽으로 반듯하게 향하고 포크가 팔레트를 마찰하지 않도록 주의한다.

10 고속도로 통행이 허용되지 않는 건설기계는?

① 콘크리트믹서트럭

② 기중기(트럭적재식)

③ 덤프트럭

④ 지게차

답안 표기란
10 ① ② ③ ④
11 ① ② ③ ④
12 ① ② ③ ④
13 ① ② ③ ④
14 ① ② ③ ④

11 라이너식 실린더에 비교한 일체식 실린더의 특징으로 틀린 것은?

① 부품수가 적고 중량이 가볍다.

② 라이너 형식보다 내마모성이 높다.

③ 강성 및 강도가 크다

④ 냉각수 누출 우려가 적다

12 지게차에 대한 설명으로 틀린 것은?

① 암페어미터의 지침은 방전되면 (-)쪽을 가리킨다.

② 연료탱크에 연료가 비어 있으면 연료게이지는 "E"를 가리킨다.

③ 히터시그널은 연소실 글로우 플러그의 가열상태를 표시한다.

④ 오일압력 경고등은 시동 후 워밍업 되기 전에 점등되어야 한다.

13 지게차 운전 중 엔진이 부조를 하다가 시동이 꺼졌을 때 그 원인이 아닌 것은?

① 연료여과기 막힘

② 분사노즐이 막힘

③ 연료장치의 오버플로 호스가 파손

④ 연료에 물 혼입

14 일반적으로 장갑을 착용하고 작업을 하게 되는데, 안전을 위해서 오히려 장갑을 사용하지 않아야 하는 작업은?

① 전기용접 작업   ② 오일교환 작업

③ 타이어 교환 작업   ④ 해머작업

15 토크컨버터가 설치된 지게차의 출발방법은?

① 저·고속 레버를 저속위치로 하고 클러치 페달을 밟는다.

② 전·후진 레버를 전진이나 후진으로 선택한 후 가속페달을 서서히 밟는다.

③ 저·고속 레버를 저속위치로 하고 브레이크 페달을 밟는다.

④ 클러치 페달에서 서서히 발을 때면서 가속페달을 밟는다.

16 유압모터의 특징을 설명한 것으로 틀린 것은?

① 관성력이 크다.

② 구조가 간단하다.

③ 무단변속이 가능하다.

④ 자동 원격조작이 가능하다.

17 공기(air)기구 사용 작업에서 적당치 않은 것은?

① 공기기구의 섭동 부위에 윤활유를 주유하면 안 된다.

② 규정에 맞는 토크를 유지하면서 작업한다.

③ 공기를 공급하는 고무호스가 꺾이지 않도록 한다.

④ 공기기구의 반동으로 생길 수 있는 사고를 미연에 방지한다.

18 엔진 윤활유의 기능이 아닌 것은?

① 윤활작용

② 연소작용

③ 냉각작용

④ 방청작용

19 건설기계 범위에 해당되지 않는 것은?

① 준설선

② 자체중량 1톤 미만 굴착기

③ 3톤 지게차

④ 항타 및 항발기

	답안 표기란			
15	①	②	③	④
16	①	②	③	④
17	①	②	③	④
18	①	②	③	④
19	①	②	③	④

20 폭발행정 끝 부분에서 실린더 내의 압력에 의해 배기가스가 배기밸브를 통해 배출되는 현상은?

① 블로업(blow up)

② 블로바이(blow by)

③ 블로다운(blow down)

④ 블로백(blow back)

21 점검주기에 따른 안전점검의 종류에 해당되지 않는 것은?

① 특별점검

② 정기점검

③ 구조점검

④ 수시점검

22 오일량은 정상인데 유압유가 과열되고 있다면 우선적으로 어느 부분을 점검해야 하는가?

① 유압호스

② 필터

③ 오일 쿨러

④ 컨트롤 밸브

23 커먼레일 디젤기관의 가속페달 포지션 센서에 대한 설명 중 옳지 않는 것은?

① 가속페달 포지션 센서는 운전자의 의지를 전달하는 센서이다.

② 가속페달 포지션 센서 2는 센서 1을 감시하는 센서이다.

③ 가속페달 포지션 센서 3은 연료온도에 따른 연료량 보정신호를 한다.

④ 가속페달 포지션 센서 1은 연료량과 분사시기를 결정한다.

24 지게차의 틸트 레버를 운전석에서 운전자 몸 쪽으로 당기면 마스트는 어떻게 기울어지는가?

① 운전자의 몸 쪽에서 멀어지는 방향으로 기운다.

② 지면방향 아래쪽으로 내려온다.

③ 운전자의 몸 쪽 방향으로 기운다.

④ 지면에서 위쪽으로 올라간다.

25 유압탱크에 대한 구비조건으로 가장 거리가 먼 것은?

① 적당한 크기의 주유구 및 스트레이너를 설치한다.

② 오일 냉각을 위한 쿨러를 설치한다.

③ 오일에 이물질이 혼입되지 않도록 밀폐되어야 한다.

④ 드레인(배출밸브) 및 유면계를 설치한다.

26 한쪽 방향의 오일 흐름은 가능하지만 반대방향으로는 흐르지 못하게 하는 밸브는?

① 분류밸브 ② 감압밸브

③ 체크밸브 ④ 제어밸브

27 축전지의 방전은 어느 한도 내에서 단자전압이 급격히 저하하며 그 이후는 방전능력이 없어지게 된다. 이때의 전압을 무엇이라고 하는가?

① 충전전압 ② 누전전압

③ 방전전압 ④ 방전종지전압

28 지게차에 사용되는 전기장치 중 플레밍의 오른손법칙이 적용되어 사용되는 부품은?

① 발전기 ② 기동전동기

③ 점화코일 ④ 릴레이

29 건설기계의 소유자는 건설기계 등록사항에 변경(주소지 또는 사용 본거지가 변경된 경우를 제외)이 있는 때에는 그 변경이 있은 날부터 며칠 이내에 건설기계 등록사항 변경신고서를 등록을 한 시·도지사에게 제출하여야 하는가?

① 20일 이내 ② 30일 이내

③ 15일 이내 ④ 10일 이내

30 날개로 펌핑 동작을 하며, 소음과 진동이 적은 유압펌프는?

① 기어 펌프 ② 플런저 펌프

③ 베인 펌프 ④ 나사펌프

25	① ② ③ ④
26	① ② ③ ④
27	① ② ③ ④
28	① ② ③ ④
29	① ② ③ ④
30	① ② ③ ④

답안 표기란			
31	① ② ③ ④		
32	① ② ③ ④		
33	① ② ③ ④		
34	① ② ③ ④		
35	① ② ③ ④		

31 자동변속기의 메인압력이 떨어지는 이유가 아닌 것은?

① 클러치판 마모

② 오일펌프 내 공기생성

③ 오일필터 막힘

④ 오일 부족

32 정비작업 시 안전에 가장 위배되는 것은?

① 깨끗하고 먼지가 없는 작업환경을 조성한다.

② 가연성 물질 취급 시 소화기를 준비한다.

③ 회전 부분에 옷이나 손이 닿지 않도록 한다.

④ 연료를 비운 상태에서 연료통을 용접한다.

33 화재에 대한 설명으로 틀린 것은?

① 화재는 어떤 물질이 산소와 결합하여 연소하면서 열을 발출시 키는 산화반응을 말한다.

② 화재가 발생하기 위해서는 가연성 물질, 산소, 발화원이 반드 시 필요하다.

③ 전기 에너지가 발화원이 되는 화재를 C급 화재라 한다.

④ 가연성 가스에 의한 화재를 D급 화재라 한다.

34 유압 실린더 피스톤의 운동속도를 빠르게 하기 위한 가장 적절한 제어방법은?

① 회로의 유량을 증가시킨다.

② 회로의 압력을 낮게 한다.

③ 고점도 유압유를 사용한다.

④ 실린더 출구 쪽에 카운터 밸런스 밸브를 설치한다.

35 지게차 타이어의 정비점검 중 틀린 것은?

① 휠 너트를 풀기 전에 차체에 고임목을 고인다.

② 림 부속품의 균열이 있는 것은 재가공, 용접, 땜질, 열처리하 여 사용한다.

③ 적절한 공구를 이용하여 절차에 맞춰 수행한다.

④ 타이어와 림의 정비 및 교환 작업은 위험하므로 반드시 숙련 공이 한다.

답안 표기란

36 ① ② ③ ④
37 ① ② ③ ④
38 ① ② ③ ④
39 ① ② ③ ④
40 ① ② ③ ④

36 작업용도에 따른 지게차의 종류가 아닌 것은?

① 로테이팅 클램프(rotating clamp)

② 곡면 포크(curved fork)

③ 로드 스태빌라이저(load stabilizer)

④ 힌지드 버킷(hinged bucket)

37 정기검사 유효기간을 1개월 경과한 후에 정기검사를 받은 경우 다음 정기검사 유효기간 산정 기산일은?

① 검사를 받은 날의 다음 날부터

② 검사를 신청한 날부터

③ 종전 검사 유효기간 만료일의 다음 날부터

④ 종전 검사 신청기간 만료일의 다음 날부터

38 지게차의 조향방법으로 옳은 것은?

① 전자 조향

② 배력 조향

③ 전륜 조향

④ 후륜 조향

39 일반적으로 캠(cam)으로 조작되는 유압밸브로써 액추에이터의 속도를 서서히 감속시키는 밸브는?

① 카운터 밸런스 밸브

② 프레필 밸브

③ 방향제어 밸브

④ 디셀러레이션 밸브

40 보기 항에서 유압계통에 사용되는 오일의 점도가 너무 낮을 경우 나타날 수 있는 현상으로 모두 맞는 것은?

보기	ⓐ 펌프효율 저하	ⓑ 오일누설 증가
	ⓒ 유압회로 내의 압력저하	ⓓ 시동저항 증가

① ⓐ, ⓒ, ⓓ   ② ⓐ, ⓑ, ⓒ

③ ⓑ, ⓒ, ⓓ   ④ ⓐ, ⓑ, ⓓ

답안 표기란

41	① ② ③ ④
42	① ② ③ ④
43	① ② ③ ④
44	① ② ③ ④
45	① ② ③ ④
46	① ② ③ ④

41 화재발생으로 부득이 화염이 있는 곳을 통과할 때의 요령으로 틀린 것은?

① 몸을 낮게 엎드려서 통과한다.

② 물수건으로 입을 막고 통과한다.

③ 머리카락, 얼굴, 발, 손 등을 불과 닿지 않게 한다.

④ 뜨거운 김은 입으로 마시면서 통과한다.

42 둥근 목재나 파이프 등을 작업하는데 적합한 지게차의 작업 장치는?

① 블록 클램프   ② 사이드 시프트

③ 하이 마스트   ④ 힌지드 포크

43 작업안전 상 보호안경을 사용하지 않아도 되는 작업은?

① 건설기계 운전 작업   ② 용접작업

③ 연마작업   ④ 먼지세척 작업

44 벨트를 풀리(pulley)에 장착 시 기관의 상태로 옳은 것은?

① 저속으로 회전상태

② 회전을 중지한 상태

③ 고속으로 회전상태

④ 중속으로 회전상태

45 지게차의 구성부품이 아닌 것은?

① 마스트

② 밸런스 웨이트

③ 틸트 실린더

④ 블레이드

46 재해 발생원인 중 직접원인이 아닌 것은?

① 기계배치의 결함

② 불량공구 사용

③ 작업조명의 불량

④ 교육훈련 미숙

답안 표기란

47 ① ② ③ ④
48 ① ② ③ ④
49 ① ② ③ ④
50 ① ② ③ ④
51 ① ② ③ ④

47 기관에서 완전연소 시 배출되는 가스 중에서 인체에 가장 해가 없는 가스는?

① CO_2

② NOx

③ HC

④ CO

48 전동 지게차의 동력전달 순서로 옳은 것은?

① 축전지→제어기구→구동모터→변속기→종감속 및 차동기어 장치→앞바퀴

② 축전지→구동모터→제어기구→변속기→종감속 및 차동기어 장치→앞바퀴

③ 축전지→제어기구→구동모터→변속기→종감속 및 차동기어 장치→뒷바퀴

④ 축전지→구동모터→제어기구→변속기→종감속 및 차동기어 장치→뒷바퀴

49 기관을 점검하는 요소 중 디젤기관과 관계없는 것은?

① 예열

② 점화

③ 연료

④ 연소

50 유압회로에 사용되는 제어밸브의 역할과 종류의 연결사항으로 틀린 것은?

① 일의 속도 제어 : 유량조절 밸브

② 일의 시간 제어 : 속도제어 밸브

③ 일의 방향 제어 : 방향전환 밸브

④ 일의 크기 제어 : 압력제어 밸브

51 지게차를 전·후진 방향으로 서서히 화물에 접근시키거나 빠른 유압작동으로 신속히 화물을 상승 또는 적재시킬 때 사용하는 것은?

① 인칭조절 페달

② 액셀러레이터 페달

③ 디셀러레이터 페달

④ 브레이크 페달

52 도로교통법에 의거, 야간에 자동차를 도로에서 정차 또는 주차하는 경우에 반드시 켜야 하는 등화는?

① 방향지시등을 켜야 한다.

② 미등 및 차폭등을 켜야 한다.

③ 전조등을 켜야 한다.

④ 실내등을 켜야 한다.

53 지게차의 주차 및 정차에 대한 안전사항으로 틀린 것은?

① 마스트를 전방으로 틸트하고 포크를 바닥에 내려놓는다.

② 키스위치를 OFF에 놓고 주차 브레이크를 고정시킨다.

③ 주정차 시에는 지게차에 키를 꽂아 놓는다.

④ 통로나 비상구에는 주차하지 않는다.

54 건설기계 조종사에 관한 설명 중 틀린 것은?

① 면허의 효력이 정지된 때에는 건설기계 조종사 면허증을 반납하여야 한다.

② 해당 건설기계 운전 국가기술자격소지자가 건설기계 조종사 면허를 받지 않고 건설기계를 조종한 때에는 무면허이다.

③ 건설기계 조종사의 면허가 취소된 경우에는 그 사유가 발생한 날부터 30일 이내에 주소지를 관할하는 시·도지사에게 그 면허증을 반납하여야 한다.

④ 건설기계 조종사가 건설기계 조종사 면허의 효력 정지기간 중 건설기계를 조종한 경우, 시·도지사는 건설기계 조종사 면허를 취소하여야 한다.

55 지게차의 주된 구동방식은?

① 앞바퀴 구동

② 뒷바퀴 구동

③ 전후 구동

④ 중간차축 구동

56 교차로 통과에서 가장 우선하는 것은?

① 경찰공무원의 수신호

② 안내판의 표시

③ 운전자의 임의 판단

④ 신호기의 신호

57 지게차를 경사면에서 운전할 때 화물의 방향은?

① 화물이 언덕 위쪽으로 향하도록 한다.

② 화물이 언덕 아래쪽으로 향하도록 한다.

③ 운전에 편리하도록 화물의 방향을 정한다.

④ 화물의 크기에 따라 방향이 정해진다.

58 도로교통법에 의한 제1종 대형면허로 조종할 수 없는 건설기계는?

① 노상안정기

② 콘크리트펌프

③ 덤프트럭

④ 굴착기

59 지게차의 조종 레버 명칭이 아닌 것은?

① 리프트 레버

② 밸브 레버

③ 변속 레버

④ 틸트 레버

60 지게차 하역작업 시 안전한 방법이 아닌 것은?

① 무너질 위험이 있는 경우 화물 위에 사람이 올라간다.

② 가벼운 것은 위로, 무거운 것은 밑으로 적재한다.

③ 굴러갈 위험이 있는 물체는 고임목으로 고인다.

④ 허용적재 하중을 초과하는 화물의 적재는 금한다.

정답

1	②	2	①	3	①	4	②	5	②	6	④	7	④	8	④	9	②	10	③
11	③	12	①	13	④	14	①	15	②	16	①	17	④	18	③	19	③	20	②
21	①	22	④	23	③	24	④	25	②	26	②	27	①	28	①	29	②	30	③
31	③	32	①	33	③	34	①	35	③	36	①	37	③	38	③	39	①	40	①
41	④	42	②	43	③	44	①	45	④	46	④	47	④	48	①	49	①	50	④
51	④	52	④	53	①	54	①	55	①	56	④	57	②	58	②	59	④	60	③

해설

03 플라이밍 펌프는 디젤기관 연료계통에 공기가 혼입되었을 시 공기빼기 작업할 때 사용한다.

05 정기검사 연기사유
천재지변, 건설기계의 도난, 사고발생, 압류, 1월 이상에 걸친 정비 그 밖의 부득이 한 사유로 검사 신청기간 내에 검사를 신청할 수 없는 경우

07 지게차로 적재작업을 할 때 화물을 높이 들어 올리면 전복되기 쉽다.

08 축전지의 충전방법에는 정전류 충전, 정전압 충전, 단별전류 충전, 급속충전 등이 있다.

09 소음기나 배기관 내부에 많은 양의 카본이 부착되면 배압은 높아진다.

10 G(green, 녹색), L((blue, 파랑색), B(black, 검정색), R(red, 빨강색)

12 워터펌프(water pump)가 불량하면 교환해야 한다.

16 연료분사량 조정은 분사펌프 내의 컨트롤 슬리브와 피니언의 관계위치를 변화하여 조정한다.

17 건설기계 조종사 면허를 거짓이나 그 밖의 부정한 방법으로 받았거나, 건설기계를 도로에 계속하여 버려두거나 정당한 사유 없이 타인의 토지에 버려둔 경우의 처벌은 1년 이하의 징역 또는 1,000만 원 이하의 벌금

18 오버러닝 클러치는 엔진이 시동된 다음에는 피니언이 공회전하여 링 기어에 의해 엔진의 회전력이 기동전동기에 전달되지 않도록 한다.

19 작동유가 넓은 온도범위에서 사용되기 위해서는 점도지수가 높아야 한다.

20 다리 위에는 진로변경 제한선(백색 실선)이 있으므로 앞지르기를 해서는 안 된다.

21 타이머(timer)는 기관의 회전속도에 따라 자동적으로 분사시기를 조정하여 운전을 안정되게 한다.

24 최고 주행속도가 시간당 15km 미만인 타이어식 건설기계에 설치하여야 하는 조명장치
전조등, 제동등(다만, 유량 제어로 속도를 감속하거나 가속하는 건설기계는 제외), 후부반사기, 후부반사판 또는 후부반사지

25 유조식 공기청정기는 먼지가 많은 지역에 적합하다.

26 건널목의 가장자리로부터 10m 이내의 곳

28 카운터 밸런스 밸브(counter balance valve)는 유압 실린더 등이 중력에 의한 자유낙하를 방지하기 위해 배압을 유지한다.

29 교차로에서 우회전을 하려고 할 때에는 신호를 행하면서 서행으로 주행하여야 하며, 교통신호에 따라 횡단하는 보행자의 통행을 방해하여서는 아니 된다.

30 캐비테이션(cavitation)은 저압부분의 유압이 진공에 가까워짐으로서 기포가 발생하며 이로 인해 국부적인 고압이나 소음과 진동이 발생하고, 양정과 효율이 저하되는 현상이다.

31 유압 실린더의 종류에는 단동 실린더, 복동 실린더(싱글로드형과 더블로드형), 다단 실린더, 램형 실린더 등이 있다.

33 안내표지는 녹색바탕에 백색으로 안내대상을 지시하는 표지판이다.

35 GPM(gallon per minute)이란 계통 내에서 이동되는 작동유의 양. 즉, 분당 토출하는 작동유의 양이다.

36 적재상태에서 마스트는 뒤로 기울어지도록 한다.

37 리프트 실린더는 포크를 상승·하강시키는 기능을 한다.

39 유압모터는 회전체의 관성이 작아 응답성이 빠른 장점이 있다.

40 오일탱크 내의 오일을 배출시킬 때에는 드레인 플러그를 사용한다.

41 재해 발생 시 조치 순서
운전정지→피해자 구조→응급처치→2차 재해 방지

43 제동장치는 주행속도를 감속시키거나 정지시키기 위한 장치이며, 독립적으로 작동시킬 수 있는 2계통의 제동장치가 있다. 또 경사로에서

정지된 상태를 유지할 수 있는 구조이다.

44 지게차에서 현가 스프링을 사용하지 않는 이유는 롤링(rolling ; 좌우 진동)이 생기면 적하물이 떨어지기 때문이다.

45 틸트 실린더
마스크의 전경 및 후경 작용

46 금지표시는 적색 원형으로 만들어지는 안전표지판이다.

47 양중기에 해당되는 것은 크레인(호이스트 포함), 이동식 크레인, 리프트, 곤돌라, 승강기이다.

48 화물을 적재하고 급한 고갯길을 내려갈 때는 변속 레버를 저속으로 하고 후진으로 천천히 내려가야 한다.

51 클러치판의 댐퍼 스프링(비틀림 코일 스프링, 토션 스프링)은 클러치가 작동할 때 충격을 흡수한다.

53 리프트 체인의 한쪽이 늘어나면 포크가 한쪽으로 기울어진다.

54 토크컨버터 오일의 구비조건
• 점도가 낮고 착화점이 높을 것
• 빙점이 낮고 비점이 높을 것
• 비중이 크고 유성이 좋을 것
• 윤활성과 내산성이 클 것

55 인칭조절 장치는 트랜스미션 내부에 설치되어 있다.

57 화물을 적재하고 경사지를 내려갈 때는 기어의 변속을 저속상태로 놓고 후진으로 내려온다.

60 정기검사 신청기간까지 신청한 경우 다음 정기검사 유효기간의 산정은 종전 검사유효기간 만료일의 다음날부터 기산한다.

정답

1	③	2	③	3	④	4	④	5	①	6	④	7	②	8	③	9	②	10	①
11	②	12	②	13	③	14	①	15	④	16	④	17	②	18	④	19	②	20	①
21	①	22	②	23	③	24	②	25	①	26	②	27	②	28	③	29	②	30	②
31	②	32	①	33	③	34	③	35	④	36	④	37	④	38	①	39	②	40	②
41	②	42	①	43	②	44	②	45	②	46	②	47	②	48	②	49	③	50	④
51	④	52	③	53	②	54	①	55	①	56	①	57	③	58	①	59	②	60	①

해설

01 화재가 발생하기 위해서는 가연성 물질, 산소, 점화원(발화원)이 필요하다.

02 지게차가 주행할 때 포크는 지면으로부터 20~30cm 정도 높인다.

03 스트레이너(strainer)는 유압펌프의 흡입관에 설치하는 여과기이다.

04 C급 화재 : 전기화재

05 유압모터는 넓은 범위의 무단변속이 용이한 장점이 있다.

06 지게차의 건설기계 범위는 타이어식으로 들어올림 장치와 조종석을 가진 것. 다만, 전동식으로 솔리드타이어를 부착한 것 중 도로가 아닌 장소에서만 운행하는 것은 제외한다.

07 통고처분의 수령을 거부하거나 범칙금을 기간 안에 납부하지 못한 자는 즉결 심판에 회부된다.

08 12V-80A 축전지 2개를 직렬로 연결하면 24V-80A가 된다.

10 작동유의 수분함유 여부를 판정하기 위해서는 가열한 철판 위에 오일을 떨어뜨려 본다.

11 유압 액추에이터는 유압펌프에서 발생된 유압(유체)에너지를 기계적 에너지(직선운동이나 회전운동)로 바꾸는 장치이다.

14 출장검사를 받을 수 있는 경우
- 도서지역에 있는 경우
- 자체중량이 40ton 이상 또는 축중이 10ton 이상인 경우
- 너비가 2.5m 이상인 경우
- 최고 속도가 시간당 35km 미만인 경우

15 정기검사 신청을 받은 검사대행자는 5일 이내에 검사일시 및 장소를 신청인에게 통지하여야 한다.

16 클러치의 구비조건
- 회전부분의 관성력이 작을 것
- 동력전달이 확실하고 신속할 것
- 방열이 잘 되어 과열되지 않을 것
- 회전부분의 평형이 좋을 것
- 단속 작용이 확실하며 조작이 쉬울 것

18 거버너(governor ; 조속기)는 분사펌프에 설치되어 있으며, 기관의 부하에 따라 자동적으로 연료분사량을 가감하여 최고 회전속도를 제어한다.

19 리듀싱(감압) 밸브는 회로일부의 압력을 릴리프 밸브의 설정압력(메인 유압) 이하로 하고 싶을 때 사용한다.

20 베인 펌프는 소형 경량이고, 구조가 간단하고 성능이 좋으며, 맥동과 소음이 적은 장점이 있다.

21 4행정 사이클 기관에서는 오일펌프로 로터리 펌프와 기어펌프를 주로 사용한다.

23 압력식 캡은 냉각장치 내의 비등점(비점)을 높이고, 냉각범위를 넓히기 위하여 사용한다.

24 작동유가 넓은 온도범위에서 사용되기 위해서는 점도지수가 높아야 한다.

25 과급기의 터빈축 베어링에는 기관오일을 급유한다.

26 아세틸렌 용접장치의 방호장치는 안전기이다.

28 등록번호표를 부착 및 봉인하지 아니한 건설기계를 운행한 경우의 벌칙은 100만 원 이하의 과태료

31 자재이음(유니버설 조인트)은 추진축의 각도 변화를 가능하게 한다.

32 플래셔 유닛이 고장 나면 모든 방향지시등이 점멸되지 못한다.

33 등록번호표 제작자는 등록번호표 제작 등의 신청을 받은 때에는 7일 이내에 등록번호표 제작 등을 하여야 하며, 등록번호표 제작 등 통지(명령)서는 이를 3년간 보존하여야 한다.

37 건설기계사업의 종류에는 건설기계매매업, 건설기계대여업, 건설기계정비업, 건설기계해체재활용업이 있다.

39 좌우포크 높이가 다를 경우에는 리프트 체인의 길이로 조정한다.

41 건설기계의 충전장치에서는 3상 교류발전기를 사용한다.

42 플로우 프로텍터(벨로시티 퓨즈)는 컨트롤 밸브와 리프터 실린더사이에서 배관이 파손되었을 때 적재물 급강하를 방지한다.

43 리프트 실린더(lift cylinder)는 포크를 상승·하강시키는 기능을 한다.

44 틸트 레버를 당기면 운전자의 몸 쪽 방향으로 기운다.

46 **축전지 자기방전의 원인**
- 음극판의 작용물질이 황산과의 화학작용으로 황산납이 되기 때문에(구조상 부득이 한 경우)
- 전해액에 포함된 불순물이 국부전지를 구성하기 때문에
- 탈락한 극판 작용물질이 축전지 내부에 퇴적되기 때문에
- 양극판 작용물질 입자가 축전지 내부에 단락되기 때문에
- 축전지 커버와 케이스의 표면에서 전기누설 때문에

49 화물을 포크에 적재하고 경사지를 내려올 때는 기어변속을 저속상태로 놓고 후진으로 내려온다.

50 지게차로 적재작업을 할 때 화물을 높이 들어올리면 전복되기 쉽다.

51 **유압 실린더의 종류**
단동 실린더, 복동 실린더(싱글로드형과 더블로드형), 다단 실린더, 램형 실린더

52 길고 급한 경사길을 운전할 때 반 브레이크를 사용하면 라이닝에서는 페이드가 발생하고, 파이프에서는 베이퍼 록이 발생한다.

53 지게차의 조향방식은 후륜(뒷바퀴) 조향이다.

56 속도제어 회로에는 미터-인(meter in) 회로, 미터-아웃(meter out) 회로, 블리드 오프(bleed off) 회로가 있다.

57 직접분사실식은 디젤기관의 연소실 중 연료 소비율이 낮으며 연소 압력이 가장 높다.

58 각종 게이지 점검은 운전 중에 점검한다.

60 지게차에서 현가 스프링을 사용하지 않는 이유는 롤링(rolling ; 좌우 진동)이 생기면 적하물이 떨어지기 때문이다.

정답

1	④	2	④	3	④	4	②	5	④	6	①	7	④	8	②	9	②	10	④
11	②	12	④	13	③	14	④	15	②	16	①	17	①	18	②	19	②	20	③
21	③	22	③	23	③	24	③	25	②	26	②	27	④	28	①	29	②	30	③
31	①	32	④	33	④	34	①	35	②	36	②	37	①	38	④	39	④	40	②
41	④	42	④	43	①	44	②	45	④	46	①	47	①	48	①	49	②	50	②
51	①	52	②	53	③	54	③	55	①	56	①	57	①	58	④	59	②	60	①

해설

01 직렬연결이란 전압과 용량이 동일한 축전지 2개 이상을 (+)단자와 연결대상 축전지의 (−)단자에 서로 연결하는 방식이며, 이때 전압은 축전지를 연결한 개수만큼 증가하나 용량은 1개일 때와 같다.

02 포크의 간격은 팔레트 폭의 1/2~3/4 정도가 좋다.

04 건설기계의 구조변경을 했을 때에는 구조변경검사를 받아야 한다.

05 4행정 사이클 디젤기관이 작동 중 흡입밸브와 배기밸브는 압축과 동력행정에서 동시에 닫혀 있다.

06 적재상태에서 마스트는 뒤로 기울어지도록 한다.

07 교통사고 발생 후 벌점
- 사망 1명마다 90점(사고발생으로부터 72시간 내에 사망한 때)
- 중상 1명마다 15점(3주 이상의 치료를 요하는 의사의 진단이 있는 사고)
- 경상 1명마다 5점(3주 미만 5일 이상의 치료를 요하는 의사의 진단이 있는 사고)
- 부상신고 1명마다 2점(5일 미만의 치료를 요하는 의사의 진단이 있는 사고)

08 릴리프 밸브는 유압회로 내의 압력이 설정압력에 도달하면 펌프에서 토출된 오일의 일부 또는 전량을 직접 탱크로 돌려보내 회로의 압력을 설정값으로 유지한다.

09 화물의 근처에 왔을 때에는 브레이크 페달을 가볍게 밟아 정지할 준비를 한다.

11 일체식 실린더는 강성 및 강도가 크고 냉각수 누출 우려가 적으며, 부품수가 적고 중량이 가볍다.

12 오일압력 경고등은 기관이 시동되면 즉시 소등되어야 한다.

13 엔진이 부조를 하다가 시동이 꺼지는 원인은 연료 여과기 막힘, 분사노즐 막힘, 연료에 물 혼입, 연료계통에 공기유입 등이다.

16 유압모터
구조가 간단하고, 무단변속이 가능하며, 자동원격 조작이 가능하며, 관성력이 작아 전동모터에 비하여 급속정지가 쉽다.

17 공기기구의 섭동(미끄럼 운동) 부위에는 윤활유를 주유하여야 한다.

18 윤활유의 주요기능
기밀작용(밀봉작용), 방청작용(부식방지작용), 냉각작용, 마찰 및 마멸방지작용, 응력분산작용, 세척작용

19 굴착기의 건설기계 범위는 무한궤도 또는 타이어식으로 굴착장치를 가진 자체중량 1톤 이상인 것이다.

20 블로다운은 폭발행정 끝 부분에서 실린더 내의 압력에 의해 배기가스가 배기밸브를 통해 배출되는 현상이다.

21 안전점검의 종류에는 일상점검, 정기점검, 수시점검, 특별점검 등이 있다.

22 오일량은 정상인데 유압오일이 과열되면 오일쿨러를 가장 먼저 점검한다.

23 가속페달 위치센서는 운전자의 의지를 컴퓨터로 전달하는 센서이며, 센서 1에 의해 연료분사량과 분사시기가 결정되며, 센서 2는 센서 1을 감시하는 기능으로 차량의 급출발을 방지하기 위한 것이다.

24 틸트 레버를 운전석에서 운전자 몸 쪽으로 당기면 마스트는 운전자의 몸 쪽 방향으로 기운다.

25 유압탱크의 구비조건
오일에 이물질이 혼입되지 않도록 밀폐되어야 하며, 드레인(배출밸브) 및 유면계에 적당한 크기의 주유구 및 스트레이너를 설치해야 한다.

26 체크밸브는 한쪽 방향의 오일 흐름은 가능하지만 반대방향으로는 흐르지 못하게 한다.

27 방전종지전압이란 축전지의 방전은 어느 한도 내에서 단자전압이 급격히 저하하며 그 이후는 방전능력이 없어지게 될 때의 전압이다.

28 발전기의 원리는 플레밍의 오른손법칙을 사용한다.

29 건설기계의 소유자는 건설기계 등록사항에 변경(주소지 또는 사용 본거지가 변경된 경우를 제외)이 있는 때에는 그 변경이 있는 날부터 30일(상속의 경우에는 상속개시일부터 6개월) 이내에 건설기계 등록사항 변경신고서를 등록을 한 시·도지사에게 제출하여야 한다.

30 베인 펌프는 원통형 캠링(cam ring) 안에 편심된 로터(rotor)가 들어 있으며 로터에는 홈이 있고, 그 홈 속에 판 모양의 날개(vane)가 끼워져 자유롭게 작동유가 출입할 수 있도록 되어 있다.

31 자동 변속기의 메인압력이 떨어지는 이유는 오일펌프 내 공기 생성, 오일필터 막힘, 오일 부족 등이다.

32 연료통은 폭발할 우려가 있으므로 용접을 해서는 안 된다.

33 가연성 가스에 의한 화재를 B급 화재라 한다.

34 유압 실린더 피스톤의 운동속도를 빠르게 하려면 회로의 유량을 증가시킨다.

35 림 부속품에 균열이 있으면 교환한다.

36 지게차 작업 장치에는 하이마스트, 3단 마스트, 사이드시프트 마스트, 사이드 클램프, 로드 스태빌라이저, 로테이팅 클램프, 블록 클램프, 힌지드 버킷, 힌지드 포크 등이 있다.

37 정기검사 유효기간을 1개월 경과한 후에 정기검사를 받은 경우 다음 정기검사 유효기간 산정기산일은 검사를 받은 날의 다음 날부터이다.

38 지게차의 조향방식은 후륜(뒷바퀴)조향이다.

39 디셀러레이션 밸브는 캠(cam)으로 조작되는 유압밸브로써 액추에이터의 속도를 서서히 감속시키고자 할 때 사용한다.

40 오일의 점도가 너무 낮으면 유압펌프의 효율저하, 오일누설 증가, 유압회로 내의 압력저하 등이 발생한다.

42 힌지드 포크는 둥근 목재, 파이프 등의 화물을 운반 및 적재하는데 적합하다.

47 기관에서 배출되는 유해가스는 일산화탄소(CO), 탄화수소(HC), 질소산화물(NOx)이다.

48 **전동 지게차의 동력전달 순서**
축전지→제어기구→구동모터→변속기→종감속 및 차동기어장치→앞바퀴

49 점화는 가솔린 기관과 관계있다.

50 제어밸브에는 일의 크기를 제어하는 압력제어밸브, 일의 속도를 제어하는 유량조절밸브, 일의 방향을 제어하는 방향전환밸브가 있다.

51 인칭조절 페달은 지게차를 전·후진 방향으로 서서히 화물에 접근시키거나 빠른 유압작동으로 신속히 화물을 상승 또는 적재시킬 때 사용하며, 트랜스미션 내부에 설치되어 있다.

52 야간에 자동차를 도로에서 정차 또는 주차하는 경우에 반드시 미등 및 차폭등을 켜야 한다.

54 건설기계 조종사의 면허가 취소된 경우에는 그 사유가 발생한 날부터 10일 이내에 주소지를 관할하는 시·도지사에게 그 면허증을 반납하여야 한다.

55 지게차는 앞바퀴 구동, 뒷바퀴 조향이다.

57 경사면에서 운전할 때 화물이 언덕 위쪽으로 향하도록 한다. 즉, 후진을 한다.

58 제1종 대형 운전면허로 조종할 수 있는 건설기계
덤프트럭, 아스팔트 살포기, 노상안정기, 콘크리트 믹서트럭, 콘크리트펌프, 트럭적재식 천공기

Q PASS

원큐패스는 수험생들이 한번에 합격하기를 응원합니다.

지게차 필기
운전기능사

특별 부록 최종마무리
실전모의고사